Thomas Sonar

Einführung in die Analysis

Aus dem Programm Mathematik

Mathematik zum Studienbeginn
von A. Kemnitz

Analysis 1
von O. Forster

Übungsbuch zur Analysis 1
von O. Forster und R. Wessoly

Analysis mit Mathematica und Maple
von W. Strampp

Lineare Algebra
von G. Fischer

Übungsbuch zur Linearen Algebra
von H. Stoppel und B. Griese

Lineare Algebra
von A. Beutelspacher

Stochastik für Einsteiger
von N. Henze

Zahlentheorie für Einsteiger
von A. Bartholomé, J. Rung und H. Kern

Leitfaden Arithmetik
von H.-J. Gorski und S. Müller-Philipp

vieweg

Thomas Sonar

Einführung in die Analysis

Unter besonderer Berücksichtigung
ihrer historischen Entwicklung
für Studierende des Lehramtes

Prof. Dr. Thomas Sonar
Institut für Analysis
Abteilung für Funktionalanalysis und Differentialgleichungen
TU Braunschweig
Pockelsstraße 14
38106 Braunschweig

Der Verlag Vieweg ist ein Unternehmen der Bertelsmann
Fachinformation GmbH.

http://www.vieweg.de

Konzeption und Layout: Ulrike Weigel, www.CorporateDesignGroup.de

Gedruckt auf säurefreiem Papier

ISBN-13:978-3-528-03133-6   e-ISBN-13:978-3-322-80216-3
DOI: 10.1007/978-3-322-80216-3

Meiner Tochter **Sophie-Charlotte** in Liebe zugeeignet

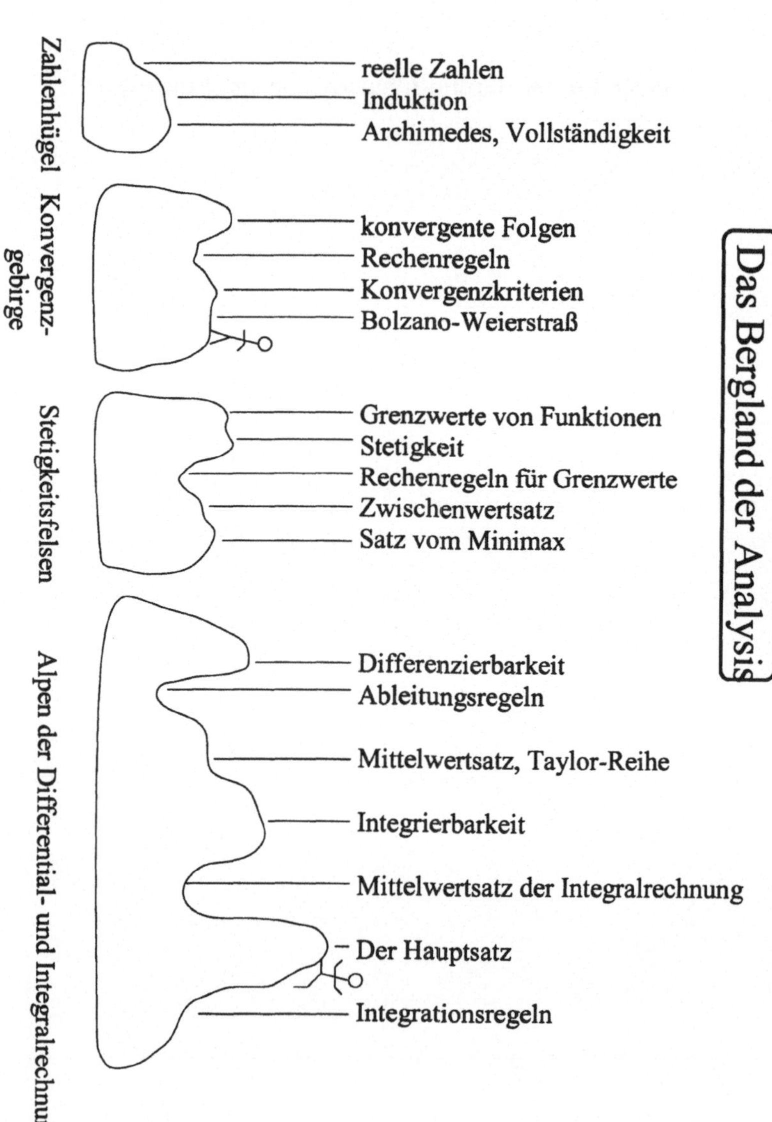

Bild 1: Das Bergland der Analysis nach einer Idee aus [51]

Vorwort

Im Sommersemester 1999 ergab sich für mich die Gelegenheit, die zweistündige Veranstaltung *Einführung in die Analysis unter besonderer Berücksichtigung ihrer historischen Entwicklung für Studierende der Lehrämter* an der Universität Hamburg zu lesen. Diese Vorlesung wurde vor einiger Zeit eingerichtet für diejenigen Studierenden, die in Hamburg im Sommersemester beginnen. Damit müssen sie bis zum nächsten Wintersemester auf den Beginn der eigentlichen Analysisvorlesung warten, diese Wartezeit sollte aber mit etwas propädeutischem Stoff ausgefüllt sein.

Erfreulicherweise konnte ich aber viel mehr Hörerinnen und Hörer zählen, als ich es erwartet hatte. Es stellte sich schnell heraus, daß viele Studierende der höheren Semester – oft kurz vor dem Abschluß ihres Studiums – noch einmal die Gelegenheit nutzten, ihre Analysiskenntnisse im historischen Kontext aufzufrischen. Ihre Bewertung des damaligen Skriptes, aus dem dieses Buch hervorgegangen ist, ihr zahlreiches Erscheinen bis zur letzten Vorlesung, und das katastrophale Abschneiden deutscher Schüler in der letzten TIMSS-Studie hat mich davon überzeugt, wie wichtig eine solche Vorlesung tatsächlich ist. So eignet sich das vorliegende Buch insbesondere als vorbereitende oder begleitende Lektüre eines klassischen Analysiskurses, wie er z.B. auf Grundlage des Buches *Analysis I* von OTTO FORSTER [18] an unseren Universitäten gelesen wird. Lehramtsstudierende können darin ebenso mit Gewinn lesen wie Diplomstudenten der Mathematik und Ingenieure, die praktisch einen ganzen Analysis-Kurs wie in [1] vorfinden. Ich würde mich sehr freuen, wenn auch Lehrer an gymnasialen Oberstufen einige ihrer Kurse auf der Basis dieser historisch untermalten Darstellung halten und die Ergebnisse mitteilen würden.

In der eigentlichen Analysisvorlesung ist für historische Aspekte leider wenig Platz. Häufig steht die Abstraktion im Vordergrund, obwohl wichtige Bausteine zum *Calculus* aus sehr praktischen Erwägungen hervorgegangen sind. Ich erinnere nur an Newton, der stets die Bewegung $t \mapsto x(t)$ eines Massenpunktes mit zeitabhängigen Koordinaten $x(t) = (x(t), y(t), z(t))$ vor Augen hatte, als er die Theorie seiner *Fluxionen* und *Fluenten* schuf. Leibniz war an der Berechnung von Variationsproblemen der Mechanik interessiert, er konstruierte Pumpen und Rechenmaschinen und war auch in anderen Gebieten des Lebens ein durchaus praktischer Mann. Selbst Gauß, unser *Princeps Mathematicorum*, kannte die unsinnige und falsche Trennung in reine und angewandte Mathematik gar nicht; er war in der Zahlentheorie ebenso zu Hause wie bei der auf Messungen beruhenden näherungsweisen Bahnverfolgung von Planeten und bei der Vermessung Norddeutschlands. Erst unser Jahrhundert hat durch eine Überbewertung des Abstrakten die Mathematik gespalten. In letzter Zeit sind glücklicherweise wieder Spuren erkennbar, daß dieser unsägliche Spaltungsprozeß rückläufig ist. Gerade werdende Lehrerinnen und Lehrer könnten davon profitieren, wenn die Mathematikausbildung in den ersten Semestern wieder vermehrt mit Beispielen aus Naturwissenschaft und Technik angereichert würde.

Mein Hauptmotiv bei dieser Vorlesung war, das Interesse der zukünftigen Lehrerinnen und Lehrer zu wecken und ihnen ein wenig von dem Feuer zu vermitteln, das sie selbst hoffentlich durch ihr Studium und die Referendariatszeit zu retten in der Lage sein mögen, um es wiederum an ihre Schülerinnen und Schüler weitergeben zu können. Es ist eine der gesellschaftlich nicht hoch genug einzuschätzenden Aufgaben, unserem Nachwuchs Wissen zu vermitteln, und eine der vornehmsten Aufgaben, die Freude an der Mathematik bei unseren Schülerinnen und Schülern zu wecken und wachzuhalten. Dessen sollten sich angehende Lehrerinnen und Lehrer stets bewußt sein, auch wenn es in diesen Zeiten, in denen Lehrer für eine seit

Jahrzehnten verfehlte Bildungspolitik in der Öffentlichkeit geprügelt werden, schwierig ist.

Nun zur Eingrenzung des Stoffes. Es ist bekannt, daß die Geschichte der Analysis in umgekehrter Reihenfolge dessen verlief, was wir als Vorlesungskanon heute akzeptieren. Archimedes hat bereits integriert (wie auch Kepler), Leibniz und Newton haben die Differentialrechnung aus der Taufe gehoben, aber Begriffe wie Konvergenz und Stetigkeit sind erst im 19. Jahrhundert entstanden. In dem hervorragenden Buch *Analysis by Its History* ([25]) präsentieren die Autoren die Analysis daher tatsächlich in der historisch korrekten Reihenfolge. Da unsere Hörerschaft den klassischen Kern der Analysis lernen soll, habe ich mich dazu entschlossen, am bekannten Kanon zu bleiben. Das führt dazu, daß im Anschluß an die Diskussion der griechischen Mathematik ein Exkurs in die Konvergenz von Folgen stattfindet. Archimedes dient als Einstieg in die unendlichen Reihen, das dunkle Mittelalter ist das Transportmittel für die Stetigkeit, Kepler inspiriert die Integration, usw.

Neben trockenen Fakten finde ich es stets belebend, wenn man sich von den beteiligten Personen ein Bild machen kann. Daher ist das Buch durch zahlreiche Bildnisse angereichert worden.

Mein herzlicher Dank gebührt meiner Hamburger Kollegin Frau Dr. R. STANIK – die durch ihre Arbeiten zum Vierfarbenproblem [8] selbst Mathematikgeschichte geschrieben hat – und die sich der Mühe unterzogen hat, mehrere Versionen des Skriptes zu lesen, zu korrigieren und mit konstruktiv-kritischen Anmerkungen zu versehen. Ebenso danken möchte ich meiner Doktorandin Frau Dipl.-Math. STEFANIE SCHMIDT für die akribische Fehlersuche. Mein verehrter Lehrer, Herr JÜRGEN DEHNHARDT, hat ein abschließendes waches Auge auf den Text geworfen. Alle verbleibenden Fehler und Ungenauigkeiten sind natürlich in meiner eigenen Verantwortung! Schließlich danke ich Frau Schmickler-Hirzebruch vom Verlag Vieweg für die freundliche Aufnahme des Buches in das Verlagsprogramm.

Braunschweig, im August 1999   THOMAS SONAR

Inhaltsverzeichnis

Handwerkszeug

Mathematik arbeitet mit Aussagen, die entweder wahr oder falsch sind. Zwischen zwei Aussagen A und B kann eine Implikation bestehen:

$$A \Rightarrow B.$$

Sprachlich bedeutet das *aus A folgt B*, oder B *ist notwendige Bedingung für* A oder A *ist hinreichende Bedingung für* B.
Bei der Äquivalenz

$$A \Leftrightarrow B$$

gilt B *dann und nur dann, wenn* A *gilt*. Man sagt auch, B *ist notwendig und hinreichend für* A.
Als Beispiel diene

A : n ist eine Primzahl
B : $n \geq 2$ ist nur durch sich selbst und durch 1 teilbar
A $\Rightarrow$ B.

Dass n nur durch sich selbst und durch 1 teilbar ist, ist notwendig dafür, daß n eine Primzahl ist. Allerdings gilt auch

$$A \Leftarrow B,$$

da ja eine Primzahl gerade so definiert ist, daß sie nur durch sich selbst und 1 teilbar ist. Also folgt $A \Leftrightarrow B$.
Die Implikation

$$A \Rightarrow B$$

ist äquivalent zu

$$\text{nicht } B \Rightarrow \text{nicht } A.$$

Nehmen wir wieder das Primzahlbeispiel, dann bedeutet nicht B, in Zeichen $\neg B$:

$$\neg B : \ n \text{ ist durch andere Zahlen als nur sich selbst oder 1 teilbar}$$

und

$$\neg A : \ n \text{ ist keine Primzahl.}$$

Wir sehen nun sofort ein, daß

$$\neg B \Rightarrow \neg A$$

gilt, denn wenn n durch andere Zahlen als sich selbst oder 1 teilbar ist, folgt, daß n keine Primzahl sein kann.

Ein mathematischer Satz ist eine Implikation oder Äquivalenz, die zu beweisen ist. Bei einem Satz $A \Rightarrow B$ nennt man A die Voraussetzung und B die Behauptung.

Wir verwenden einen naiven Mengenbegriff. Eine Menge ist eine Zusammenfassung von wohlbestimmten und wohlunterscheidbaren Dingen zu einem Ganzen. Mengen werden mit Mengenklammern {} geschrieben, z.B. ist

$$\{1, 2, 3, \ldots\}$$

die Menge der natürlichen Zahlen. Die leere Menge ist $\emptyset$.

Ist ein n Element einer Menge M, dann schreibt man

$$n \in M.$$

Ansonsten ist

$$n \notin M.$$

Die Vereinigung zweier Mengen M und N ist

$$M \cup N := \{\nu \mid \nu \in M \text{ oder } \nu \in N\},$$

der Durchschnitt ist

$$M \cap N := \{v \mid v \in M \text{ und } v \in N\}$$

und die Differenz ist

$$M \backslash N = \{m \in M \mid m \notin N\}.$$

Zur Formulierung von Aussagen verwendet man gewöhnlich Quantoren. Dabei bedeutet

$\forall$	für alle
$\exists$	es existiert ein
$\exists_1$	es existiert genau ein

Wenn die Radiosprecherin morgens in Ihrem Autoradio verkündet, daß Ihnen ein Falschfahrer entgegenkommt, dann bedeutet das mathematisch, daß es mindestens einen gibt ($\exists$). Was die Dame (hoffentlich!) meint, ist, daß es genau einen ($\exists_1$) Falschfahrer gibt.

Die Verwendung von Quantoren ist aus Gründen der Abkürzung sehr nützlich. Ich habe Quantoren konsequent vermieden und dafür deutsche Sätze geschrieben, da es Anfängern erfahrungsgemäß leichter fällt, wenn sie nicht gleich in einer großen Zahl von Symbolen untergehen.

1 Erstes Licht: Babylonische und ägyptische Geometrie

1.1 Ägypten

Mathematische Konzepte: Zahl, Größe, Form, treten ab ca. 2000 v.Chr. auf.

Herodot berichtet im 5.Jhd. v.Chr., daß Land an den Ufern des Nils nach seiner Fläche besteuert wurde. Wenn Flut ein Teil des Landes wegspülte, dann mußte neu vermessen werden.

Ein mathematisch bedeutsamer Papyrus ist der *Papyrus Rhind*, der ca. 1650 v.Chr. von einem Schreiber namens Ahmes kopiert wurde, der es von einer Vorlage aus dem Mittleren Reich (2000-1800 v.Chr.) kopiert haben will. Der Papyrus besteht aus einer Liste von Problemen und Lösungen, davon etwa 20 bzgl. Fläche von Feldern und Volumen von Kornkammern. Probleme werden nur an speziellen Zahlen gestellt, d.h. es gibt keine Buchstabenrechnung. Die Lösungen werden in Rezeptform gegeben, es gibt keine allgemeinen Formeln. Bekannt ist die Fläche eines Rechtecks und die Fläche eines beliebigen Dreiecks, siehe Abbildung 1.1. Die Fläche eines Kreises vom Durchmesser d wird mit

$$\tilde{A} = \left(\frac{8}{9}d\right)^2$$

angegeben. Ein Vergleich mit $A = \pi r^2$ liefert einen 'ägyptischen' Wert von

$$\pi_{\text{ägypt}} = \left(\frac{8}{9}2\right)^2 = 3.16049...$$

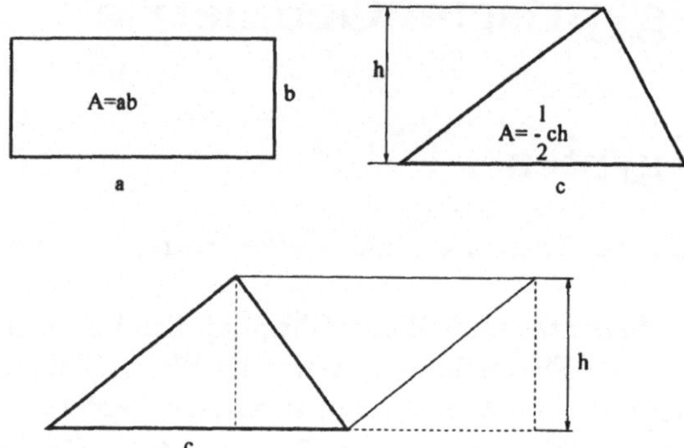

Bild 1.1: In Ägypten bekannte Flächen

Das ergibt einen relativen Fehler von

$$\frac{|\pi_{\text{ägypt}} - \pi|}{\pi} = 0.006 = 0.6\%.$$

Einen ähnlichen Fehler erzielt man durch folgende Konstruktion, die vielleicht den Ägyptern bekannt war, und die in Abbildung 1.2 skizziert ist. Ein Kreis vom Radius r wird in ein Quadrat einbeschrieben. Durch Drittelung der Quadratseiten entsteht das in Abbildung 1.2 gezeigte Achteck, womit sich die Kreisfläche näherungsweise durch

$$A_0 + 4A_1 + 2A_2$$

berechnet. Nun gilt

$$A_0 = d \cdot \frac{d}{3} = \frac{d^2}{3}$$

$$A_1 = \frac{1}{2}\left(\frac{d}{3} \cdot \frac{d}{3}\right) = \frac{d^2}{18}$$

$$A_2 = \frac{d}{3} \cdot \frac{d}{3} = \frac{d^2}{9}$$

und damit folgt

$$A_{\text{Kreis}} \approx \frac{d^2}{3} + 4\frac{d^2}{18} + 2\frac{d^2}{9} = \frac{63}{81}d^2 \approx \frac{64}{81}d^2 = \left(\frac{8}{9}d\right)^2.$$

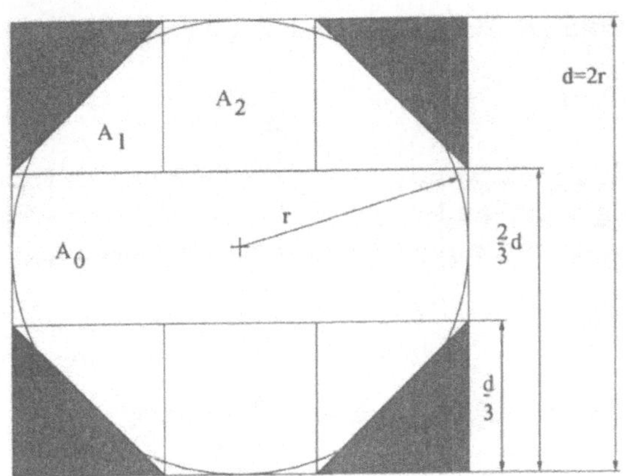

Bild 1.2: Mögliche Konstruktion von π

1.2 Babylonien

Ausgrabungen aus der Zeit der Hammurabi-Dynastie (1800-1600 v.Chr.) zeigen, daß die babylonische Mathematik der ägyptischen überlegen war. Bekannt waren bereits Lösungen algebraischer Probleme wie quadratische Gleichungen und Gleichunssysteme mit zwei linearen Gleichungen oder einer linearen und einer quadratischen Gleichung. Kein babylonischer Gelehrter hat dabei jemals die heute bei unseren Schülern so beliebte p, q-Formel verwendet, sondern es wurde mit der quadratischen Ergänzung gearbeitet[1]:

Gegeben ist eine quadratische Gleichung

$$ax^2 + bx + c = 0,$$

wobei wir ohne Beschränkung der Allgemeinheit (oBdA) $a \neq 0$ annehmen dürfen, da sich die Gleichung ansonsten auf ein lineares

---

[1]Lehrer, die ihren Schülerinnen und Schülern nur die p, q-Formel einpauken, ohne sie über die quadratische Ergänzung hergeleitet zu haben, gehören öffentlich ausgepeitscht!

Problem reduziert. Nach Division durch a ergibt sich

$$x^2 + \frac{b}{a}x + \frac{c}{a} = 0.$$

Die quadratische Ergänzung ist nun ein Ausdruck der Form $(x+?)^2$, wobei ? so gewählt werden muß, daß in $(x+?)^2 = x^2 + 2?x + ?^2$ der Term 2? gerade b/a ergibt. Das wird natürlich bewerkstelligt durch

$$\left(x + \frac{b}{2a}\right)^2 = x^2 + \frac{b}{a}x + \frac{b^2}{4a^2}.$$

Damit ergibt sich für die quadratische Gleichung

$$x^2 + \frac{b}{a}x + \frac{c}{a} \;=\; \left(x + \frac{b}{2a}\right)^2$$

$$\underbrace{-\frac{b^2}{4a^2}}_{\text{in qu. Erg. zuviel}}$$

$$\underbrace{+\frac{c}{a}}_{\text{fehlt in der qu. Erg.}} \;=\; 0,$$

also

$$\left(x + \frac{b}{2a}\right)^2 = \frac{b^2}{4a^2} - \frac{c}{a}$$

und damit wegen der Doppelwertigkeit der Wurzel

$$x + \frac{b}{2a} = \pm\sqrt{\frac{b^2}{4a^2} - \frac{c}{a}}.$$

Als Lösungen gewinnt man demnach

$$x_{1,2} = -\frac{b}{2a} \pm \sqrt{\frac{b^2}{4a^2} - \frac{c}{a}}.$$

Eine Besonderheit der babylonischen Mathematik bestand in der Verwendung des 60er-Zahlensystems. Wir haben uns an das Rechnen im 10er-System (Dezimalsystem) gewöhnt. Unsere Zahldarstellung ist

$$2306 = 6 \cdot 10^0 + 0 \cdot 10^1 + 3 \cdot 10^2 + 2 \cdot 10^3.$$

Wenn die Babylonier die Zahl 2306 schrieben, dann meinten sie

$$(2306)_{60} = 6 \cdot 60^0 + 0 \cdot 60^1 + 3 \cdot 60^2 + 2 \cdot 60^3 = (442806)_{10},$$

wobei die angehängte Zahl die Basis des jeweiligen Zahlsystems zeigen soll. Zur umgekehrten Umrechnung $(442806)_{10} = (?)_{60}$ vom Dezimalsystem ins 60er-System bedient man sich eines schlauen Algorithmus', der aus dem alten Griechenland stammt[2]. Dabei dividiert man fortgesetzt und merkt sich die Reste:

$$
\begin{array}{rcrcrll}
442806 & : & 60 & = & 7380 & \text{Rest} & 6 \\
7380 & : & 60 & = & 123 & \text{Rest} & 0 \\
123 & : & 60 & = & 2 & \text{Rest} & 3 \\
2 & : & 60 & = & 0 & \text{Rest} & 2
\end{array}
$$

Nun liest man die Reste von unten nach oben und erhält

$$(442806)_{10} = (2306)_{60}.$$

Die Begründung für diesen Algorithmus ist einfach. Aus der ersten Zeile wissen wir $442806 = 7380 \cdot 60 + 6$. Nun setzt man die Zerlegung der Zahl 7380 aus der zweiten Zeile ein und erhält $442806 = (123 \cdot 60 + 0) \cdot 60 + 6$. Aus der dritten Zeile übernimmt man die Zerlegung von 123, was auf $442806 = ((2 \cdot 60 + 3) \cdot 60 + 0) \cdot 60 + 6$ führt. Nun stellt man noch die Zahl 2 als $2 = 0 \cdot 60 + 2$ aus Zeile vier dar und kann damit schreiben $442806 = (((0 \cdot 60 + 2) \cdot 60 + 3) \cdot 60 + 0) \cdot 60 + 6$. Ausmultiplizieren und sortieren nach Potenzen von 60 liefert endlich

$$442806 = 0 \cdot 60^4 + 2 \cdot 60^3 + 3 \cdot 60^2 + 0 \cdot 60 + 6,$$

was genau unserem Resteschema $(2306)_{60}$ entspricht.

Das babylonische 60er-System spielt in heutiger Zeit keine Rolle mehr, dafür ist das Dualsystem, das Zahlsystem zur Basis 2, durch

---

[2]Euklidischer Algorithmus, Verfahren der iterierten Division

die Erfindung der Computer zu großem Ruhm gekommen. Im Dualsystem gibt es nur die beiden Ziffern 0 und 1, was offenbar den Grundfunktionen der Elektronik (*Strom ein* und *Strom aus*) entspricht. Analog zur Umrechnung ins babylonische Systeme gilt hier

$$(1101)_2 = 1 \cdot 2^0 + 0 \cdot 2^1 + 1 \cdot 2^2 + 1 \cdot 2^3 = (13)_{10}$$

und andersherum ergibt der Euklidische Algorithmus

$$
\begin{array}{ccccccc}
13 & : & 2 & = & 6 & \text{Rest} & 1 \\
6 & : & 2 & = & 3 & \text{Rest} & 0 \\
3 & : & 2 & = & 1 & \text{Rest} & 1 \\
1 & : & 2 & = & 0 & \text{Rest} & 1
\end{array}
$$

gerade wieder $(13)_{10} = (1101)_2$. Das Dualsystem ist übrigens keine Erfindung unserer Tage, sondern eine der genialen Ideen des großen GOTTFRIED WILHELM LEIBNIZ (21.6.1646-14.11.1716) aus dem 17.Jahrhundert, der uns in dieser Vorlesung noch beschäftigen wird.

Aber nun zurück zu den Babyloniern, die weder das Dualsystem, noch Computer kannten. Immerhin berechneten die Babylonier den Wert von $\sqrt{2}$ als

$$1 + \frac{24}{60} + \frac{51}{60^2} + \frac{10}{60^3} = 1.414213 = \sqrt{2} - 0.000001,$$

allerdings ist mir nicht klar, mit welchen Methoden sie diesen Wert berechnet haben?

Weiterhin kennen die Babylonier den Satz des Pythagoras, daß

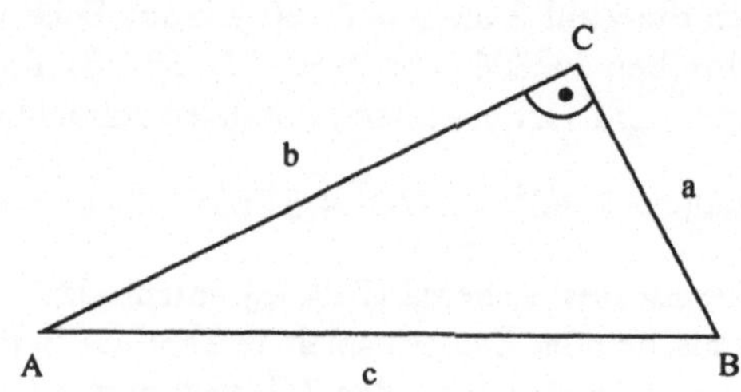

Bild 1.3: Rechtwinkliges Dreieck

für die Seitenlängen eines rechtwinkligen Dreiecks nach Abbildung 1.3

$$a^2 + b^2 = c^2$$

gilt[3].

Da man auch die Binomische Formel

$$(a + b)^2 = a^2 + 2ab + b^2$$

kannte, könnte ein babylonischer Beweis des Satzes von Pythagoras etwa so wie in Abbildung 1.4 ausgesehen haben. Dazu ergänzt man das Dreieck zu einem Quadrat mit Seitenlänge $a + b$, in dem drei Kopien des Dreiecks geschickt angeordnet werden. Dadurch entsteht im Inneren des Quadrates ein weiteres, kleineres, Quadrat der Seitenlänge c. Die Fläche eines Dreiecks ist $A_\triangle = \frac{1}{2}ab$, so daß für die

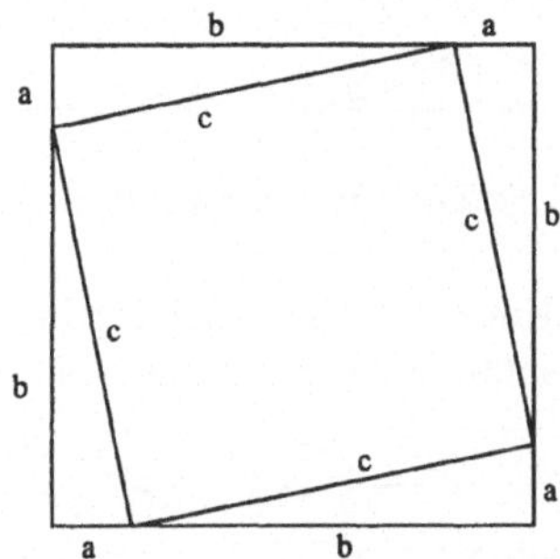

Bild 1.4: Ein Beweis des Satzes von Pythagoras

Fläche des großen Quadrates

$$4A_\triangle + c^2 = (a + b)^2$$

gilt, was gerade auf $2ab + c^2 = a^2 + 2ab + b^2$ führt und $a^2 + b^2 = c^2$ beweist.

---

[3]Vielleicht erinnern Sie sich, daß man die dem rechten Winkel gegenüberliegende Seite die *Hypotenuse*, und die beiden anderen Seiten die *Katheten* nennt. Dann sagt der Satz des Pythagoras, daß das Quadrat der Hypotenuse gleich der Summe der Quadrate der Katheten ist.

Bei der Berechnung der Kreisfläche waren die Babylonier nachlässiger als die Ägypter; sie verwenden $\pi_{\text{babylon}} = 3$. Man kommt auf diesen Wert, wenn man die Fläche eines Kreises vom Radius r näherungsweise als Mittel der Flächen des umschriebenen und einbeschriebenen Quadrates berechnet, wie das in Abbildung 1.5 dargestellt ist. Für die Fläche A_0 des umschriebenen Quadrates gilt

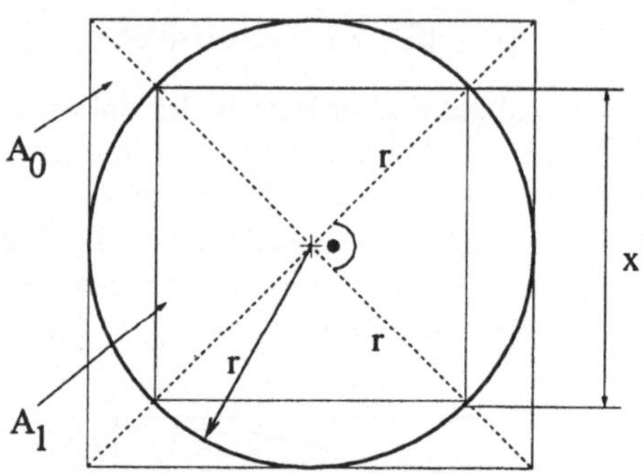

Bild 1.5: Zur Ermittlung von π_{babylon}

$A_0 = 2r \cdot 2r = 4r^2$. Nach dem Satz des Pythagoras folgert man für die unbekannte Seitenlänge des einbeschriebenen Quadrates

$$x^2 = r^2 + r^2 = 2r^2$$

und damit ergibt sich für die Fläche des einbeschriebenen Quadrates $A_1 = \sqrt{2r^2} \cdot \sqrt{2r^2} = \sqrt{4r^4} = 2r^2$. Eine Mittelung der Flächen ergibt dann

$$A_{\text{Kreis}} \approx \frac{1}{2}(A_0 + A_1) = 3r^2$$

und da erscheint der Wert 3 für die Zahl π! Diese Näherung findet sich übrigens auch in der Bibel. Im ersten Buch der Könige, Kapitel 7, Vers 23, liest man in der Luther-Bibel

Und er machte das Meer, gegossen,
von einem Rand zum andern zehn Ellen

> weit rundherum und fünf Ellen hoch, und
> eine Schnur von dreißig Ellen war das Maß
> ringsherum.

und im zweiten Buch der Chronik, Kapitel 4, Vers 2

> Und er machte das Meer, gegossen,
> von einem Rand zum andern zehn Ellen
> breit, ganz rund, fünf Ellen hoch, und eine
> Schnur von dreißig Ellen konnte es
> umspannen.

Demnach war das Meer ein Kreis (*ganz rund*) mit Durchmesser $d = 2r = 10$ und Umfang $U = 30$, was auf eine Kreiszahl von $\pi_{\text{Bibel}} = 3$ führt.

Wer mehr über die interessante Geschichte der Zahl π erfahren möchte (es gibt eine noch nicht entschiedene (!) Eingabe an den Staat Indiana aus dem Jahr 1897, den Wert von π per Gesetz auf $16/\sqrt{3} = 9.2376\ldots$ festsetzen zu lassen) kann sich in dem kenntnisreichen Buch von Beckmann [5] informieren.

Die damaligen Probleme mit π sind aber durchaus verständlich. Wir werden im nächsten Kapitel sehen, daß man $\sqrt{2}$ nicht als rationale Zahl (d.h. in Form eines Bruches p/q mit ganzen Zahlen p und q) darstellen kann. Damit ist $\sqrt{2}$ also eine irrationale Zahl. Trotzdem taucht $\sqrt{2}$ als Lösung einer algebraischen Gleichung auf, etwa $x^2 - 2 = 0$. Es gelang FERDINAND VON LINDEMANN (12.4.1852-6.3.1939) erst im 19.Jahrhundert nachzuweisen, daß π *transzendent irrational* ist, d.h. π ist nicht Lösung einer algebraischen Gleichung mit ganzzahligen Koeffizienten. Damit konnte Lindemann zeigen, daß das Problem der *Quadratur des Kreises*, d.h. der Konstruktion eines zu einem Kreis flächengleichen Quadrates mit Zirkel und Lineal, nicht lösbar ist.

Es haben sich heute Symbole für Mengen von Zahlen eingebürgert, die ich der Vollständigkeit halber an dieser Stelle aufliste.

Bezeichnung	Name	Elemente der Menge
$\mathbf{N}$ oder $\mathbb{N}$	natürliche Zahlen	$1, 2, 3, 4, \ldots$
$\mathbf{Z}$ oder $\mathbb{Z}$	ganze Zahlen	$\ldots, -3, -2, -1, 0, 1, 2, 3, \ldots$
$\mathbf{Q}$ oder $\mathbb{Q}$	rationale Zahlen	alle Zahlen der Form p/q mit $p, q \in \mathbf{Z}, q \neq 0$
$\mathbf{R}$ oder $\mathbb{R}$	reelle Zahlen	$\mathbf{Q}, \sqrt{2}, \pi$, etc.

2 Griechische Geometrie

2.1 Thales von Milet

Die griechische Mathematik beginnt etwa im 6. Jhd. v.Chr. THALES VON MILET und PYTHAGORAS unternehmen Reisen nach Ägypten und Babylonien. Das logische Schließen (*Deduktion*) zeichnet die griechische Geometrie aus.

Thales war Philosoph, Astronom und Mathematiker und erster der *sieben Weisen*. Er sagte die Sonnenfinsternis des Jahres 585 v.Chr. voraus. Der Historiker Proklos sagt etwa 400 v.Chr. über Thales, daß er viele geometrische Sätze bewiesen habe, unter anderen: (i) Der Durchmesser eines Kreises teilt diesen

Bild 2.1: Thales

in zwei gleich große Teile, (ii) Die Basiswinkel eines gleichschenkligen Dreiecks sind gleich, (iii) Die gegenüberliegenden Winkel zweier sich schneidender Geraden sind gleich, (iv) Einen Kongruenzsatz für Dreiecke.

Noch heute berühmt ist der Satz des Thales: Jedes Dreieck im Halbkreis mit Durchmesser als längster Seite ist rechtwinklig. Zum Beweis verfolge man die Abbildung 2.2. Dort bezeichnen D, E die Mittelpunkte der Seiten $b = \overline{AC}, a = \overline{BC}$, und m_b, m_a die Mittelsenkrechten auf den Seiten b, a.

Dann sind die Dreiecke AMC und BCM offenbar gleichseitig und darum gilt

$$\alpha = \alpha', \quad \beta = \beta'.$$

Da die Winkelsumme im Dreieck immer 180° beträgt, folgt

$$\alpha' + \alpha + \beta' + \beta = 180°$$

und damit $2\alpha + 2\beta = 180°$, **was die Behauptung**

$$\alpha + \beta = 90°$$

beweist.

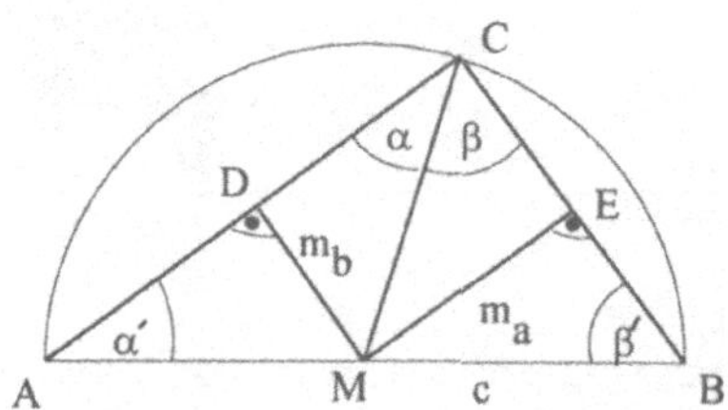

Bild 2.2: Beweis des Satzes von Thales

2.2   Pythagoras

Pythagoras stirbt etwa um 500 v.Chr. Er ist der Gründer eines Geheimkultes, der nach seinem Tod weitergeführt wird. Dieser Kult unterhält die erste bekannte aktive Schule, in der Mathematik gelehrt wurde. Von ägyptischen und babylonischen Arbeiten unterscheidet sich die pythagoräische Schule durch einen hohen Grad von Abstraktion. Der berühmte Leitspruch der Phytagoräer war: *Alles ist Zahl*, wobei man unter einer Zahl in Griechenland stets eine natürliche Zahl verstand.

Bild 2.3: Pythagoras

Sehr früh findet man bei den Pythagoräern eine mystische Verbindung zwischen Geometrie und Arithmetik (Zahl und Form). So entstehen aus der geometri-

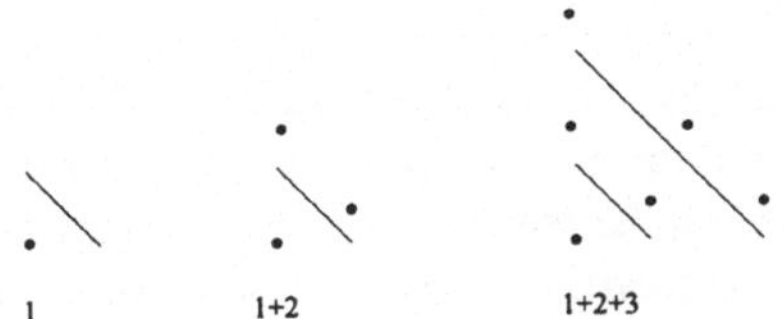

Bild 2.4: Dreieckszahlen

schen Form der Abbildung 2.4 die Dreieckszahlen

$$1 + 2 + 3 + \cdots + (n-2) + (n-1) + n = \frac{1}{2}n(n+1). \qquad (2.1)$$

Einen außerordentlich schönen Beweis dieser Aussage verdanken wir dem *Princeps Mathematicorum*[1] CARL FRIEDRICH GAUSS (30.4.1777-23.2.1855). Als Gauß Schüler (!) war, gab der an einem Tage des Jahres 1785 wohl etwas unlustige Lehrer Büttner den Kindern die Aufgabe, die Zahlen von 1 bis 100 zu summieren. Da er damit rechnete, nun für die nächste Stunde in Ruhe vor sich hindämmern zu können, war er sehr erstaunt, als der junge Carl Friedrich nach wenigen Minuten das richtige Ergebnis präsentierte! Wie in Abbildung 2.5 dargestellt, fiel dem Knaben auf, daß die Sum-

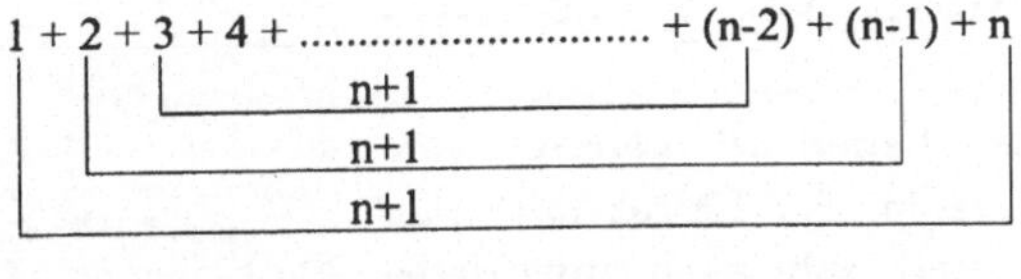

$$1 + 2 + 3 + 4 + \ldots\ldots\ldots\ldots + (n\text{-}2) + (n\text{-}1) + n$$

Bild 2.5: Der Gaußsche Beweis

me der ersten (1) und der letzten (100) Zahl 101 ergibt, ebenso die Summe aus der zweiten (2) und der vorletzten (99) Zahl, usw. Damit erhält man bei n Zahlen genau $n/2$ mal den Wert $n+1$, wenn n gerade ist. Man kann sich nun leicht überlegen, daß die Formel auch für ungerades n richtig bleibt.

Carl Friedrich Gauß wurde am 30.4.1777 als Sohn armer Eltern in Braunschweig geboren. Da bereits in der Schule sein mathematisches

---

[1]'Fürst der Mathematiker', Inschrift auf einer Gedenkmünze.

Talent entdeckt wurde konnte er - trotz Herkunft aus einer armen Familie - von 1795 bis 1799 in Göttingen studieren. Er promovierte in Helmstedt mit dem ersten vollständigen Beweis des Fundamentalsatzes der Algebra. Er wandte sich der Zahlentheorie zu und legte 1801 sein Werk *Disquisitiones Arithmeticae* vor.

Angeregt durch persönliche Freundschaft mit Astronomen versuchte er sich an der Berechnung von Planetenbahnen und war dabei so erfolgreich (u.a. wegen der von ihm entwickelten Techniken der Störungsrechnung und der Methode der kleinsten Quadrate), daß er sich innerhalb kurzer Zeit einen Ruf als Astronom schuf.

Im Jahr 1807 wurde er an die neugebaute Sternwarte in Göttingen berufen. Trotz zahlreicher Rufe im Laufe der kommenden Jahre blieb er Göttingen stets treu. Er entwickelte die nichteuklidische Geometrie, die Differentialgeometrie, die Potentialtheorie, ein Modell für die komplexen Zahlen, den Hauptsatz der Funktionentheorie, und erfand nebenbei, gemeinsam mit dem Physiker Wilhelm Weber, den Telegraphen. Die erste Telegraphenleitung der Welt befand sich in Göttingen zwischen der Sternwarte und dem Weberschen physikalischen Institut.

Sein privates Leben ist geprägt vom Tod seiner ersten, der Heirat mit einer kränkelnden und wohl auch unzufriedenen zweiten Frau, und vielen Problemen mit seinen Kindern, von denen keines

Bild 2.6: Gauß

in seine Fußstapfen paßte und der größte Taugenichts das Land in Richtung Amerika verlassen mußte. Als in der Auseinandersetzung um die *Göttinger Sieben*, in deren Verlauf so berühmte Gelehrte wie die Brüder Grimm aus Göttingen vertrieben wurden, auch Weber seinen Lehrstuhl aufgeben mußte, da protestierte Gauß nicht etwa, sondern anerkannte die Oberhoheit seines Landesfürsten. Er blieb Zeit seines Lebens seinem Herren dankbar für die Ermöglichung seines Studiums und war modernen politischen Ideen nicht aufgeschlossen.

Nun aber zurück zu unseren von n abhängigen Aussagen.

Im allgemeinen beweist man solche Aussagen sehr elegant mit dem Prinzip der vollständigen Induktion, das sich am besten mit einer japanischen Domino-Olympiade erklären läßt. Bei einer solchen Veranstaltung werden Zehntausende von Dominosteinen hochkannt hintereinander aufgestellt, so daß sie schöne Figuren bilden. Höhepunkt der Veranstaltung ist das Kippen des ersten Steines, der daraufhin alle anderen nacheinander umwirft und ein atemberaubendes laufendes Muster erzeugt. Nehmen wir nun an, die japanische Domino-Olympiade sei mathematisch einwandfrei, d.h. alle Steine sind gleich groß, gleich schwer, usw., also vollständig ununterscheidbar. Weiterhin seien die Abstände zwischen je zwei Steinen identisch. Wie läßt sich nun theoretisch begründen, ob die Steine wie gewollt fallen oder nicht? Nun, zu allererst müssen wir zeigen, daß der erste Stein tatsächlich umfällt. Diesen Schritt nennt man Induktionsanfang. Da alle Steine und Abstände identisch sind, genügt es jetzt, für einen beliebigen Stein der Nummer n zu zeigen, daß sein Fallen auch den Nachfolger $n+1$ umreißen würde. Dies ist der Induktionsschluß. Man beachte, daß, da der Index n beliebig gewählt werden kann, damit alle Steine in der gewünschten Weise fallen werden!

Übertragen auf unsere arithmetische Reihe (2.1) ist jeder Dominostein eine Aussage $A(n)$, nämlich die Aussage (2.1). Im Induktionsanfang ist zu zeigen, daß $A(1)$ gilt. Das rechnet man sofort nach, denn

$$1 = \frac{1}{2}1(1+1)$$

ist wahr, der erste Domonistein fällt somit. Zum Beweis des Induktionsschlusses $n \to n+1$ dürfen wir annehmen, daß $A(n)$ gilt (das ist die Induktionsannahme), denn wir wollen ja aus dem Fallen des n-ten Dominosteins schließen, daß auch der $n+1$-te fällt. Dann rechnen wir

$$\underbrace{1 + 2 + \cdots + (n-1) + n}_{\text{linke Seite von } A(n)} + (n+1) = \underbrace{\frac{1}{2}n(n+1)}_{\text{rechte Seite von } A(n)} + (n+1),$$

es ist also auf der linken wie auf der rechten Seite von $A(n)$ lediglich $n+1$ addiert worden. Nun gilt für die rechte Seite

$$\frac{1}{2}n(n+1) + (n+1) = \left(\frac{1}{2}n + 1\right)(n+1) = \frac{1}{2}(n+1)(n+2).$$

Damit ist

$$1+2+3+\cdots+n+(n+1) = \frac{1}{2}(n+1)(n+2)$$

gezeigt, was aber genau $A(n+1)$ entspricht. Damit gilt (2.1) für alle $n \in \mathbb{N}$.

Neben den Dreieckszahlen spielten bei den Pythagoräern auch Quadratzahlen eine wichtige Rolle, deren geometrische Veranschaulichung man Abbildung 2.7 entnimmt. Für solche Zahlen gilt

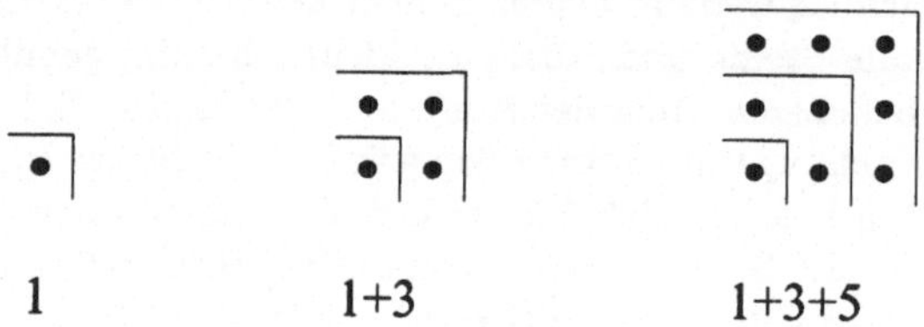

1   1+3   1+3+5

Bild 2.7: Quadratzahlen

$$1+3+5+7+\cdots+(2n-1) = n^2,$$

was wir jetzt mit vollständiger Induktion beweisen wollen.

1. Induktionsanfang: $n = 1$: $(2 \cdot 1 - 1) = 1 = 1^2$

2. Induktionsschluß $n \to n+1$:

$$\underbrace{1+3+5+\cdots+(2n-1)}_{\text{Ind.vor.}} + (2(n+1)-1) =$$

$$\underbrace{n^2}_{\text{Ind.vor.}} + (2(n+1)-1) = n^2 + 2n + 1 = (n+1)^2,$$

was zu beweisen war.

In natürlicher Verallgemeinerung beschäftigten sich die Pythagoräer auch mit Rechteckzahlen

$$2 + 4 + 6 + 8 + \cdots + 2n = n(n + 1)$$

und sogar mit Pentagonalzahlen

$$1 + 4 + 7 + \cdots + (3n - 2) = \frac{1}{2}n(3n - 1).$$

Mit solchen Verbindungen zwischen Arithmetik und Geometrie hält die pythagoräische Zahlenkunde auch Einzug in die Geometrie. Die Griechen nennen je zwei geometrische Längen kommensurabel[2], d.h. Vielfaches einer gemeinsamen Einheit. Diese Vielfachheit wird beschrieben durch ein Verhältnis zweier Zahlen. Zwei Verhältnisse $a : b$ und $c : d$ heißen proportional, wenn $a : b = c : d$ gilt. Als Beispiel möge $6 : 9 = 10 : 15$ dienen.

Damit ziehen die griechischen Zahlen vollends in die Geometrie ein. DEMOKRIT (ca. 460 - ca. 370 v.Chr.) berechnet das Volumen eines Tetraeders (bzw. eines Kegels) als 1/3 des Volumens eines Prismas gleicher Grundfläche und Höhe. Seine Beweisidee basiert auf der Überlegung, daß Körper, die in jeder Höhe Schnittflächen gleicher Fläche besitzen, dasselbe Volumen aufweisen müssen. Heute trägt diese Überlegung den Namen *Prinzip des Cavalieri* und wurde von diesem im frühen 17.Jhd. entdeckt.

HIPPOKRATES VON CHIOS (ca. 430 v.Chr.)[3] beweist, daß für zwei Kreise mit Durchmessern d_1 und d_2 und Flächen A_1 und A_2 die Gleichung

$$A_1 : A_2 = d_1^2 : d_2^2$$

gilt. Er benutzt die Idee, die Kreise von außen und innen durch reguläre ähnliche Polygone (gleiche Seiten, gleiche Winkel, gleiche Eckpunktanzahl) zu approximieren. Dann zeigt er

$$A_{1,\text{innen}}^{\text{polygon}} : A_{2,\text{innen}}^{\text{polygon}} = r_1^2 : r_2^2$$

---

[2] 'mit Zahlen meßbar', 'mit gleichem Maß meßbar'
[3] nicht der Arzt gleichen Namens!

für jedes Polygon und schließt daraus, daß dieses Verhältnis auch im Grenzwert gelten muß.

2.3   Inkommensurable Größen und geometrische Algebra

Eine Entdeckung erschüttert die Pythagoräer Ende des 5.Jhds. v.Chr.: Es gibt inkommensurable Strecken! Die vermutlich durch HIPPASOS VON METAPONTUM entdeckte Existenz der irrationalen Zahlen kostete ihn wahrscheinlich das Leben: Man sagt, die Pythagoräer hätten einen Schiffbruch inszeniert, bei dem Hippasos umkam!

Nach dem Satz des Pythagoras gilt für die Länge der Diagonalen x in einem Einheitsquadrat die Beziehung $1^2 + 1^2 = x^2$, also $x = \sqrt{2}$. Wäre $\sqrt{2}$ kommensurabel, dann müßte es sich darstellen lassen in der Form p/q, wobei p und q ganze Zahlen sind. Wir zeigen, daß dies nicht der Fall ist! Die Beweistechnik heißt indirekter Beweis. Man nimmt an, eine Aussage sei gültig. Gelingt es, ausgehend von dieser Aussage einen Widerspruch hervorzubringen, dann muß die Aussage zu Beginn falsch gewesen sein. Wir nehmen also an, es gäbe eine Darstellung $\sqrt{2} = p/q$. Dabei sei der Bruch bereits so weit wie möglich gekürzt, d.h. p und q sind teilerfremd. Quadrieren zeigt $2 = p^2/q^2$, also $p^2 = 2q^2$. Damit ist p^2 eine gerade Zahl, demnach ist auch p gerade[4].

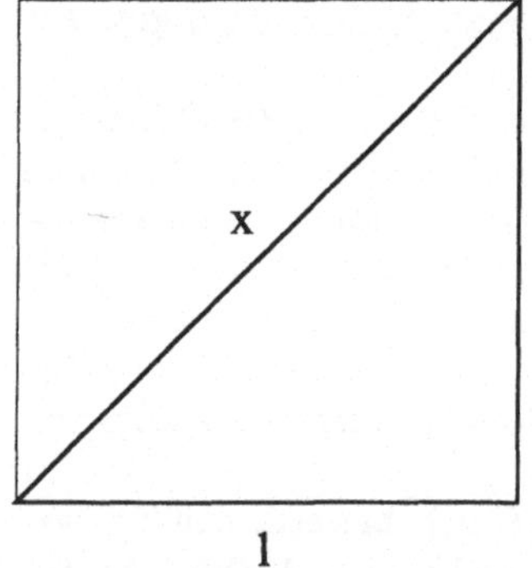

Bild 2.8: Inkommensurables x

Wenn p nun also gerade ist, dann gilt $p = 2k, k \in \mathbb{N}$. Einsetzen in $2 = p^2/q^2$ liefert $2 = 4k^2/q^2$ und damit $q^2 = 2k^2$. Also ist auch q^2 gerade und damit auch q. Das ist aber ein Widerspruch zu unserer

---

[4]Das sieht man so: Nimmt man an, p sei ungerade, dann gilt $p = 2k - 1$ für ein $k \in \mathbb{N}$. Damit folgt $p^2 = 4k^2 - 4k + 1 = 2(2k^2 - 2k) + 1$ und somit ist auch p^2 ungerade, im Widerspruch zur Voraussetzung. Also muß gelten: p^2 gerade $\Rightarrow$ p gerade.

Voraussetzung, daß p und q teilerfremd sind. Also ist $\sqrt{2}$ nicht als Bruch p/q darstellbar.

In der griechischen Mathematik gibt es also für die Gleichung $x^2 = 2$ keine Lösung! Interessant ist aber, daß eine geometrische Lösung sehr wohl existiert, die in Abbildung 2.9 dargestellt ist. Nach

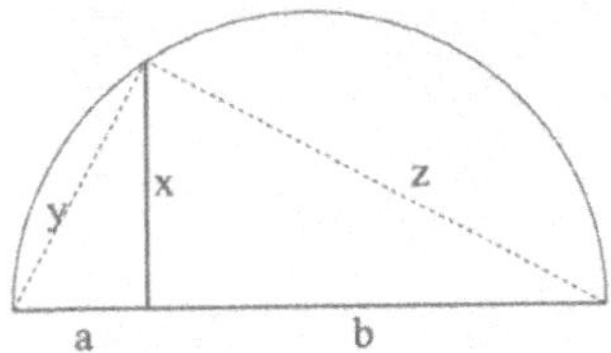

Bild 2.9: Geometrische Lösung der Gleichung $x^2 = ab$

dem Satz von Pythagoras gilt nämlich $a^2 + x^2 = y^2$ sowie $b^2 + x^2 = z^2$. Weiterhin ist aber auch $y^2 + z^2 = (a + b)^2$. Ersetzen von y und z in der letzten Beziehung führt auf

$$a^2 + x^2 + b^2 + x^2 = a^2 + 2ab + b^2$$

und das ist nichts anderes als

$$x^2 = ab.$$

Zur geometrischen Lösung einer Aufgabe $x^2 = ab$ zeichnet man also einen Kreis mit Durchmesser $a + b$ und errichtet auf ihm im Abstand a vom Rand eine Senkrechte. Die Länge dieser Senkrechten vom Durchmesser bis zum Schnitt mit dem Kreis ist die gesuchte Größe $x = \sqrt{ab}$.

Ein Meister in der Anwendung geometrischer Überlegungen auf algebraische Probleme war EUKLID[13] (ca. 300 v.Chr.). Er schrieb das mit Abstand einflußreichste Lehrbuch der Geometrie *Die Elemente* [13], das noch bis ins 19. Jhd. das Standardlehrbuch war.

Bild 2.10: Euklid

Die Lösung algebraischer Gleichungen mit geometrischen Mitteln
ist das Herz der Konstruktionen mit Zirkel und Lineal in den *Elementen*. Euklid interpretiert algebraische Gleichungen geometrisch
wie in Abbildung 2.11.

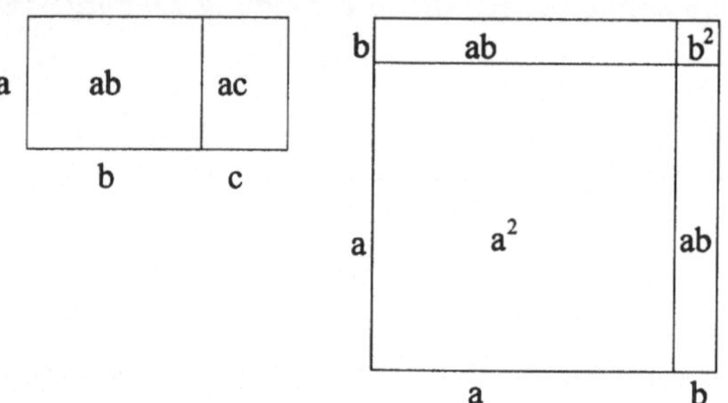

Bild 2.11: Geometrische Interpretation algebraischer Ausdrücke

Im linken Teil der Abbildung 2.11 sieht man die Interpretation
von $a(b + c) = ab + ac$, während im rechten Teil die binomische
Formel $(a + b)^2 = a^2 + 2ab + b^2$ dargestellt ist.

2.4 Eudoxus und die Dedekindschen Schnitte

Wie bereits berichtet erzeugte die Entdeckung der *Inkommensurablen* eine Grundlagenkrise in der Geometrie, denn die pythagoräische
Theorie der ganzen Proportionen war nutzlos geworden. Einen Weg
aus der Krise zeigte EUDOXUS VON KNIDUS (ca.408 - ca.355 v.Chr.).
Er war Student der Platonschen Akademie in Athen und entwickelte
sich zum größten Mathematiker des 4. vorchristlichen Jahrhunderts.

Eudoxus definiert, daß zwei Verhältnisse $a : b$ und $c : d$ proportional heißen sollen, in Zeichen $a : b = c : d$, wenn es zwei natürliche
Zahlen m und n gibt, so daß

- entweder $na > mb$ und $nc > md$

- oder $na = mb$ und $nc = md$

• oder $na < mb$ und $nc < md$

gilt. Ist etwa a inkommensurabel, dann teilt Eudoxus' Definition die Menge der nichtnegativen rationalen Zahlen p/q offenbar in genau zwei Teile, nämlich

$$L := \left\{ \frac{m}{n} \mid \frac{m}{n} < \frac{a}{b} \right\}$$
$$R := \left\{ \frac{m}{n} \mid \frac{m}{n} > \frac{a}{b} \right\}.$$

Denken wir etwa an $a = \sqrt{2}, b = 1$, dann ist völlig klar, daß die elementfremd[5], sind. Weiterhin Mengen L und R disjunkt, d.h. ist ein beliebig in L gewähltes Element immer kleiner als jedes Element aus R. Solch eine Zerlegung nennt man heute nach RICHARD DEDEKIND (6.10.1831 - 12.2.1916) einen Dedekindschen Schnitt. Dedekind benutzte im 19.Jhd. genau diese Konstruktion, um die rationalen Zahlen Q zur Menge der reellen Zahlen R zu vervollständigen. Die irrationalen reellen Zahlen sind nämlich genau die Schnittzahlen (Das sind ja genau die Zahlen, die weder in L, noch in R liegen; in unserem Beispiel $\sqrt{2}$).

Bild 2.12: Dedekind

Damit wandelte Dedekind offenbar auf Eudoxus' Spuren, der zu dieser Zeit bereits 2000 Jahre tot war!

Dedekind studierte in Göttingen und promovierte bei Gauß. Er habilitierte sich 1854 ebenfalls in Göttingen und lernte dort PETER GUSTAV LEJEUNE DIRICHLET (13.2.1805 - 5.5.1859) kennen, der den Ruf auf den Gaußschen Lehrstuhl annahm. Es ist belegt, daß Dede-

---

[5]Mit Hilfe der leeren Menge $\emptyset$ bedeutet Disjunktheit gerade $L \cap R = \emptyset$.

kind, der sich nach der Promotion für die moderne Algebra interessierte, im Jahr 1857 die erste Vorlesung über Galoistheorie (d.i.
die Theorie der Auflösbarkeit von Gleichungen) an einer deutschen
Universität hielt – vor zwei Zuhörern! Nach einem Zwischenspiel am
Polytechnikum in Zürich erhielt er 1862 einen Ruf an die Technische
Hochschule Braunschweig, wo er 50 Jahre seines Lebens verbrachte
und wichtige Forschungsarbeiten durchführte.

Heute findet man das sogenannte Schnittaxiom in folgender
Form. Ein Dedekindscher Schnitt $(L|R)$ liegt vor, wenn

1. L und R nichtleere Teilmengen von $\mathbf{R}$ sind,

2. $L \cup R = \mathbf{R}$ gilt, und falls

3. $\forall a \in L, \forall b \in R: \quad a < b$.

Eine Zahl r heißt **Schnittzahl** des Schnitts $(L|R)$, wenn

$$a \leq r \leq b \quad \forall a \in L, \forall b \in R$$

gilt. Dann lautet das Schnittaxiom: Jeder Dedekindsche Schnitt besitzt genau eine Schnittzahl.

Die Theorie der Eudoxusschen Proportionalität ist Bestandteil
von Buch 5 der Euklidischen *Elemente*. Dort findet man auch folgendes Axiom[6]: Zu je zwei geometrischen Größen a und b (die immer
positiv, aber auch inkommensurabel sein dürfen) findet man stets eine natürliche Zahl n, so daß $na > b$ gilt. Dieses Eudoxussche Axiom
ist heute in der Analysis als **Archimedisches Prinzip** bekannt und
kein Axiom mehr, da man es sauber beweisen kann:

$$\forall x \in \mathbf{R}: \quad \left(x > 0 \Rightarrow \exists n \in \mathbf{N} : 0 < \frac{1}{n} < x \right). \qquad (2.2)$$

Dieses Prinzip gibt uns tiefe Einsicht in die Struktur reeler Zahlen!
Egal wie klein ein x auch gewählt werden mag, wir werden immer
eine kleinere positive Zahl finden können.

---

[6]Ein Axiom ist eine nicht beweisbare Aussage, die mit anderen Axiomen ein
widerspruchsfreies Grundgerüst liefert, aus dem sich mit Hilfe von Beweisen eine
Theorie entwickeln läßt.

Spätestens an dieser Stelle taucht die Frage nach der Anzahl
der reellen Zahlen auf. Wieviele reelle Zahlen gibt es im Intervall
$[0,1] = \{x \in \mathbf{R} \mid 0 \le x \le 1\}$? Natürlich sind es unendlich viele, aber
es müssen doch mehr als rationale Zahlen sein! Und es muß doch
auch mehr rationale als natürliche Zahlen geben, oder? Wir wollen
diesen Fragen nachgehen und dabei erfahren, warum gerade $\mathbf{R}$ für
die Analysis so wichtig ist.

2.5 Von Funktionen, Folgen und Mächtigkeiten

Wir wollen definieren, was wir unter einer Funktion verstehen wollen. Der Funktionsbegriff ist in der Analysis zentral und wurde erst
im 19.Jhd. endgültig geklärt. Dazu seien X und Y Mengen[7]. Eine
Funktion (Abbildung) von X in Y ist eine Vorschrift, die jedem
Element $x \in X$ genau ein Element $y \in Y$ zuordnet. Wir schreiben

$$f : \begin{cases} X & \to & Y \\ x & \mapsto & f(x) \end{cases},$$

oder $X \ni x \overset{f}{\mapsto} f(x) \in Y$ oder einfach $y = f(x)$, wenn der Kontext klar
ist.

Die Menge X heißt der **Definitionsbereich** von f, Y ist der **Bild-
bereich**. Die Menge

$$\mathbf{graph}(f) := \{(x, f(x)) \mid x \in X\} \subset X \times Y$$

heißt **Graph** von f. Dabei bedeutet

$$X \times Y := \{(x, y) \mid x \in X, y \in Y\}$$

das **cartesische Produkt** von X und Y.

Ich appeliere an Ihr Schulwissen, wenn ich Ihnen nun beispielhaft
ein paar Funktionen vorstelle. Da ist erst mal die **Exponentialfunktion**

$$f(x) = \mathbf{exp}(x),$$

---

[7]Denken Sie an Intervalle in $\mathbf{R}$.

die auf ganz $\mathbb{R}$ definiert ist und deren Werte nur positiv sind. Die
Zahl

$$e := \exp(1)$$

heißt Eulersche Zahl und spielt in der gesamten Mathematik eine
unglaublich wichtige Rolle. In den Anwendungen schreibt man die
Exponentialfunktion häufig in der Form

$$f(x) = e^x$$

und ich werde bei dieser Schreibweise bleiben. Häufig finden Sie den
Namen *Exponentialfunktion* für alle Funktionen $y = a^x$ mit belie-
bigem $a \in \mathbb{R}$. Die mit $a = e$ gebildete Funktion ist aber etwas ganz
besonderes!

Eine weitere Funktion ist der Logarithmus

$$f(x) = \log(x).$$

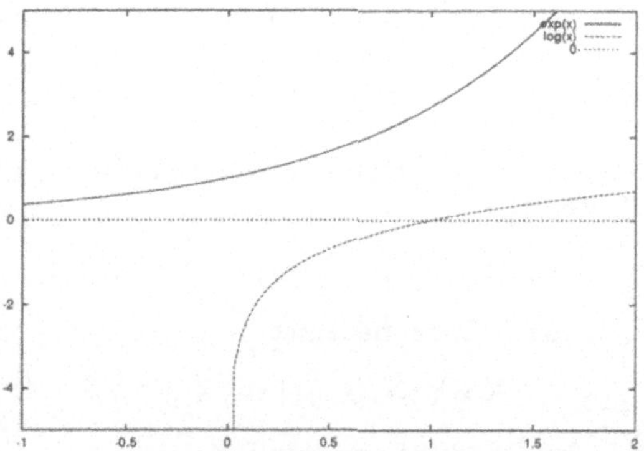

Es gilt $\log(1) = 0$ und für positive x nahe 0 nimmt der Logarithmus
immer größere negative Werte an, er ist also nur für $x > 0$ definiert. Logarithmen kann man zu verschiedenen Basen berechnen.
Am nützlichsten sind der Zehnerlogarithmus und der natürliche
Logarithmus zur Basis e, den man häufig als $\ln(x)$ (logarithmus
naturalis) schreibt.

Die durch

$$f(x) = \sum_{k=0}^{n} a_k x^k$$

definierten Funktionen mit Koeffizienten $a_k \in \mathbb{R}$ heißen Polynome oder Polynomfunktionen vom Grad höchstens n. Für $n = 1$ stellt das lineare Polynom eine Gerade dar, für $n = 2$ erkennen Sie als quadratisches Polynom die Parabel wieder.

Die Funktion

$$f(x) = \sin(x)$$

ist die Sinusfunktion. Man braucht sie nur auf dem Intervall $[0, 2\pi]$ zu kennen, denn links und rechts davon geht sie genauso weiter (man sagt, es ist eine periodische Funktion mit der Periode 2π). Sie erfüllt $\sin(0) = 0$, $\sin(\pi/2) = 1$, $\sin(\pi) = 0$, $\sin(3\pi/2) = -1$ und $\sin(2\pi) = 0$. Da es sich mit dem Sinus um eine Winkelfunktion handelt und dem Winkel von $360°$ das Bogenmaß 2π entspricht, bedeutet $\sin(\pi/2) = 1$ gerade, daß der Sinus für einen Winkel von $90°$ eins wird.

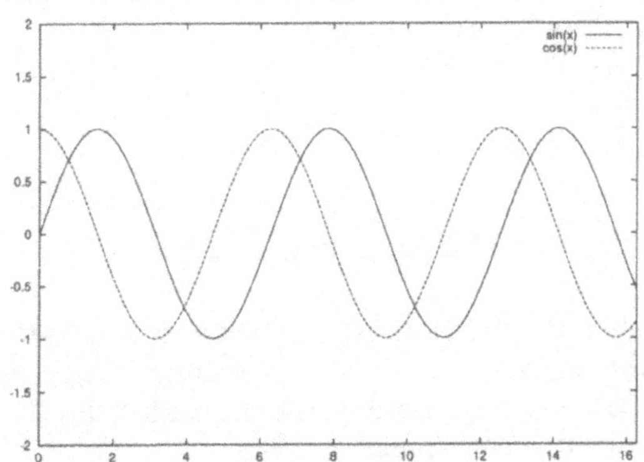

Verwandt mit dem Sinus ist die Cosinusfunktion

$$f(x) = \cos(x),$$

die aus dem Sinus durch Verschiebung um $\pi/2$ nach links entsteht.

Das eigentliche Ziel der Analysis ist die Untersuchung (Analyse) von Funktionen. Daher werden Funktionen und ihre Eigenschaften unser zentrales Beschäftigungsfeld sein.

Zu $A \subset X$ heißt

$$f(A) := \{f(a) \mid a \in A\}$$

das **Bild** von A unter f. Zu $B \subset Y$ heißt

$$f^{-1}(B) := \{a \in X \mid f(a) \in B\}$$

das **Urbild** von B unter f.

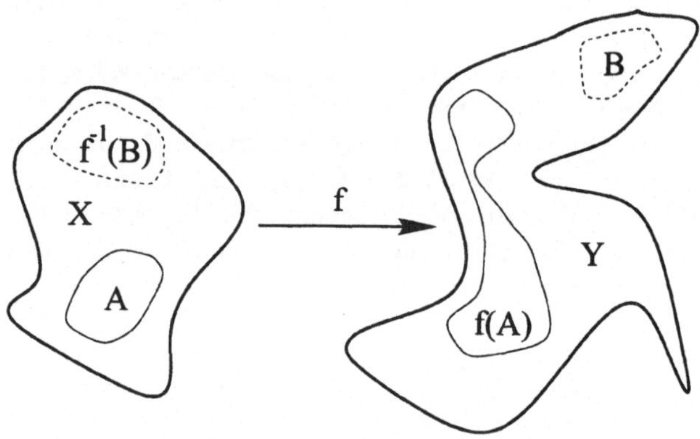

Bild 2.13: Eine Funktion

Es ist aber überhaupt nicht klar, ob zu einer Funktion $f : X \rightarrow Y$ eine **Umkehrfunktion** $f^{-1} : Y \rightarrow X$ existiert. Diese Frage ist eng verknüpft mit der Frage nach der Auflösbarkeit der Gleichung $y = f(x)$ nach $x \in X$ bei gegebenem $y \in Y$.

Man nennt eine Funktion $f : X \rightarrow Y$ **surjektiv**, wenn die Gleichung $y = f(x)$ stets wenigstens eine Lösung hat. Das bedeutet in Formeln

$$\forall y \in Y \quad \exists x \in X : \quad y = f(x).$$

Mit anderen Worten ist eine Funktion surjektiv, wenn alle $y \in Y$ als Bilder der Funktion f vorkommen.

Man nennt eine Funktion injektiv, wenn die Gleichung $y = f(x)$ höchstens eine Lösung hat, in Formeln

$$\forall x_1, x_2 \in X: \quad f(x_1) = f(x_2) \Rightarrow x_1 = x_2.$$

Ist eine Funktion injektiv und surjektiv, dann wird sie bijektiv genannt. In diesem Fall besitzt die Gleichung $y = f(x)$ genau eine Lösung.

Betrachten wir zur Illustration die Funktion

$$f_1 : \begin{cases} \mathbf{R} & \to & \mathbf{R} \\ x & \mapsto & x^2 \end{cases}.$$

Diese harmlose Funktion ist weder surjektiv noch injektiv, denn zum einen liegen die Bilder von f nur in den nichtnegativen reellen Zahlen, zum anderen gilt $f(1) = f(-1)$, aber beileibe nicht $1 = -1$.

Die Funktion

$$f_2 : \begin{cases} \mathbf{R} & \to & \{x \in \mathbf{R} \mid x \geq 0\} \\ x & \mapsto & x^2 \end{cases}$$

ist bereits surjektiv, aber natürlich noch nicht injektiv. Erst die Funktion

$$f : \begin{cases} X := \{x \in \mathbf{R} \mid x \geq 0\} & \to & Y := \{x \in \mathbf{R} \mid x \geq 0\} \\ x & \mapsto & x^2 \end{cases}$$

ist bijektiv. Für eine bijektive Funktion existiert natürlich die Umkehrfunktion

$$f^{-1} : Y \to X,$$

wobei man nur die Rolle von x und y vertauschen muß. Aus $y = x^2$ wird durch Vertauschung $x = y^2$ und damit $y = \sqrt{x}$. Geometrisch bedeutet das, daß die Umkehrfunktion, wenn sie existiert, durch Spiegelung an der Geraden $y = x$ gewonnen werden kann.

So ist die Umkehrfunktion der Exponentialfunktion

$$g_a : \begin{cases} X := \mathbf{R} & \to & Y := \{x \in \mathbf{R} \mid x > 0\} \\ x & \mapsto & a^x \end{cases}$$

für $a \in \mathbf{R}, a > 0$ gerade der Logarithmus zur Basis a, $a \neq 1$, d.h.

$$y = \log_a x \quad :\Longleftrightarrow \quad a^y = x.$$

Für $a = 10$ ergibt sich der dekadische Logarithmus (Zehnerlogarithmus) und für $a = e$ der natürliche Logarithmus. Wegen

$$\log_a(x \cdot y) = \log_a x + \log_a y$$

führen Logarithmen die Multiplikation und Division auf Addition und Subtraktion zurück und waren daher in Zeiten vor der Erfindung schneller und preiswerter Computer begehrte Rechenhilfsmittel.

Folgen sind ganz spezielle Funktionen, nämlich

$$f : \begin{cases} \mathbf{N} & \to & Y \\ n & \mapsto & y_n := f(n) \end{cases},$$

und man schreibt eine Folge meist als $(y_n)_{n \in \mathbf{N}}$.

Beispiele für Folgen sind

$$\begin{array}{lll} y_n := n & \Leftrightarrow & (y_n)_{n \in \mathbf{N}} = (1, 2, 3, 4, 5, \dots) \\ y_n := n^2 & \Leftrightarrow & (y_n)_{n \in \mathbf{N}} = (1, 4, 9, 16, 25, \dots) \\ y_n := n\pi & \Leftrightarrow & (y_n)_{n \in \mathbf{N}} = (\pi, 2\pi, 3\pi, 4\pi, 5\pi, \dots) \end{array}$$

In den ersten beiden Fällen ist $Y := \mathbf{N}$, während es sich bei der dritten um eine reelle Folge, d.h. $Y := \mathbf{R}$, handelt.

Wir wollen zum Ausgangspunkt unserer Überlegungen die Menge $\mathbf{N}$ der natürlichen Zahlen machen, die wir abzählbar unendlich nennen wollen. Diese Bezeichnung ist sehr schön, denn es gibt natürlich unendlich viele natürliche Zahlen, aber man kann sie (im Prinzip) abzählen. Die Anzahl der Elemente einer Menge nennt man ihre **Mächtigkeit** oder **Kardinalität**. Eine andere Menge M ist genau dann mit $\mathbf{N}$ gleichmächtig, wenn es eine Folge $f : \mathbf{N} \to M$ gibt, so daß die Folgenglieder alle voneinander verschieden sind, und wenn tatsächlich alle Elemente von M als Bilder der Abbildung f vorkommen. Damit können wir schon unser erstes überraschendes Ergebnis beweisen:

Satz 2.5.1 *Die Menge* $\mathbf{Q}$ *der rationalen Zahlen ist abzählbar unendlich, d.h. mit* $\mathbf{N}$ *gleichmächtig.*

Der Beweis beruht auf einer Idee von GEORG CANTOR (3.3.1845 -
6.1.1918), dem Schöpfer der Mengenlehre. Er studierte in Berlin bei
Weierstraß, Kummer und Kronecker und habilitierte sich 1869 in
Halle, wo er 1879 ordentlicher Professor wurde.

Cantor untersuchte die Mächtigkeit von Mengen und konnte
zeigen, daß Punktmengen unterschiedli-
cher Dimension dieselbe Mächtigkeit haben können. Seine Forschungen brachten ihm bei konservativen Mathematikern harsche Kritik ein, unter der er sehr
litt. Die wahre Bedeutung seiner Arbeiten wurde erst nach seinem Tod klar.
Wie wichtig die Cantorsche Mengenlehre für die Mathematik letztlich ist, hat
kein geringerer als DAVID HILBERT erkannt, als er sagte: *Aus dem Paradies,*
das Cantor uns geschaffen, soll uns nie-
mand vertreiben können. Damit ist aber
die innermathematische Bedeutung der
Mengenlehre gemeint! Die Invasion der

Bild 2.14: Cantor

Mengenlehre in unsere Schulen in den 60er und 70er Jahren war
dagegen grober Unfug!

Beweis: (von Satz 2.5.1): Wir schreiben die positiven rationalen
Zahlen in folgendem Schema auf und numerieren sie in Richtung der
Pfeile, siehe Abbildung 2.15. Wenn wir verabreden, doppelt auftretende rationale Zahlen (wie $1/1, 2/2, 3/3, \ldots$) nur einmal zu numerieren, dann haben wir Q damit geschrieben als Folge $f : N \to Q^+$,
wobei Q^+ die positiven rationalen Zahlen bezeichnen soll,

$$(y_n)_{n \in N} = (1, 2, \frac{1}{2}, \frac{1}{3}, 3, 4, \frac{3}{2}, \frac{2}{3}, \frac{1}{4}, \ldots)$$

Damit ist die Menge Q aber gerade die Folge

$$(0, y_1, -y_1, y_2, -y_2, \ldots)$$

und somit ist der Satz bewiesen.   ∎

Eine Menge mit größerer Mächtigkeit als der Mächtigkeit von N

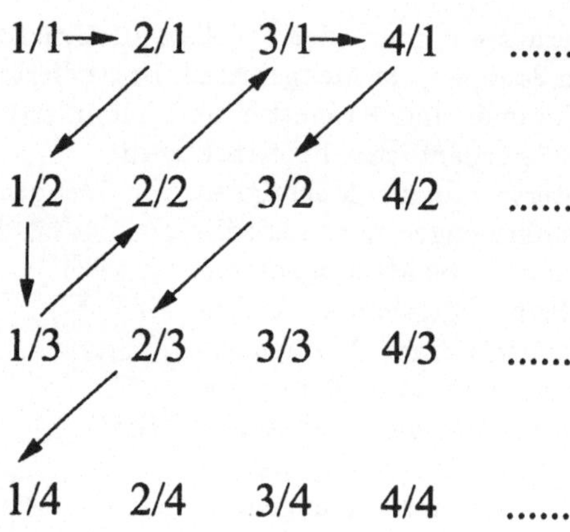

Bild 2.15: Cantors Diagonalverfahren

finden wir in der Menge aller Folgen, die sich aus den Zifern 0 und 1 bilden lassen. Elemente dieser Mengen sind etwa die Folgen

$$(y_n)_{n \in \mathbf{N}} := (0, 0, 0, 0, \ldots)$$
$$(y_n)_{n \in \mathbf{N}} := (1, 1, 1, 1, \ldots)$$
$$(y_n)_{n \in \mathbf{N}} := (1, 0, 1, 0, \ldots).$$

Wäre die Menge aller solcher Folgen abzählbar, dann müßte sich die Menge in Form eines Cantorschen Diagonalverfahrens darstellen lassen.

$$
\begin{array}{ccccc}
a_{11} & a_{12} & a_{13} & a_{14} & \cdots \\
a_{21} & a_{22} & a_{23} & a_{24} & \cdots \\
a_{31} & a_{32} & a_{33} & a_{34} & \cdots \\
a_{41} & a_{42} & a_{43} & a_{44} & \cdots \\
\vdots & \vdots & \vdots & \vdots & \ddots
\end{array}
$$

Definiert man jetzt die Folge $(z_n)_{n \in \mathbf{N}}$ durch

$$z_n := \begin{cases} 1 & ; \quad a_{nn} = 0 \\ 0 & ; \quad a_{nn} = 1 \end{cases},$$

dann ist diese Folge sicher Element der Menge aller Folgen, die sich aus 0 und 1 bilden lassen, aber sie ist nicht im Diagonalschema enthalten! Die Folge $(z_n)_{n \in N}$ ist nämlich verschieden von der n-ten Folge im Diagonalschema, da ja $z_n \neq a_{nn}$ gilt. Die Menge aller Folgen ist also überabzählbar.

Mit Hilfe der Dezimalbruchdarstellung der reellen Zahlen kann man ebenso zeigen:

Satz 2.5.2 *Die Menge* R *der reellen Zahlen ist überabzählbar.*

Damit folgt sofort, daß auch die Menge der irrationalen Zahlen überabzählbar sein muß. Es gibt also viel mehr irrationale Zahlen als rationale! Trotzdem kann man zeigen, daß die rationalen Zahlen dicht in R sind, d.h. in jeder noch so kleinen Entfernung ε einer reellen Zahl x findet man eine rationale Zahl. Spannend, oder?

Betrachten wir zum Schluß unseres kleinen Intermezzos eine Teilmenge X der reellen Zahlen. Dann heißt $x \in R$ eine obere Schranke von X, falls $\forall w \in X : \quad w \leq x$. Analog ist eine untere Schranke definiert. Gibt es eine obere (untere) Schranke, dann heißt die Menge X nach oben (unten) beschränkt.

Die kleinste aller oberen Schranken heißt das Supremum von X, die größte aller unteren Schranken heißt das Infimum von X.

Betrachten wir das halboffene Intervall $X := [1, 2[:= \{x \in R \mid 1 \leq x < 2\}$. Dann ist jede Zahl $x \geq 2$ eine obere Schranke von X. Die kleinste aller oberen Schranken ist aber $x = 2$. Jede Zahl $x \leq 1$ ist eine untere Schranke. Die größte untere Schranke ist aber $x = 1$. Daher gilt

$$\sup\{[1, 2[\} = 2, \quad \inf\{[1, 2[\} = 1.$$

Es gilt das fundamentale Supremumsprinzip.

Satz 2.5.3 *Jede nichtleere, nach oben (unten) beschränkte Menge* $X \subset R$ *besitzt ein Supremum (Infimum).*

Beweis: Wir zerlegen R:

$$L \; := \; \{x \in R \mid \exists z \in X : x < z\}$$
$$R \; := \; \{x \in R \mid \forall z \in X : x \geq z\}$$

Dann sind L und R beide nichtleer (denn X ist nichtleer und nach oben beschränkt), es gilt $R = L \cup R$ und $\forall x \in L, \forall y \in R : x < y$. Nach dem Schnittaxiom existiert also eine Schnittzahl s. Es ist eine Übungsaufgabe zu zeigen, daß s das Supremum von X ist.   ■

Das Archimedische Prinzip ist übrigens eine einfache Folgerung aus dem Supremumsprinzip.

2.6 Flächenberechnung mit der Exhaustionsmethode

Griechische Mathematiker nahmen stets an, daß krummlinig berandete Figuren wie Kreise und Ellipsen ebenso einen Flächeninhalt A aufweisen wie polygonal berandete. Sind S und T zwei solche Figuren, dann wurde angenommen, daß für $S \subset T$ stets $A(S) \leq A(T)$ folgt. Diese Eigenschaft nennt man **Monotonie des Inhaltsbegriffs**. Desweiteren nahm man an, daß aus $R := S \cup T$ und $S \cap T = \emptyset$ stets $A(R) = A(S) + A(T)$ folgt. Dies ist die **Additivität des Inhaltsbegriffes**.

Die Exhaustionsmethode (Ausschöpfung) basiert auf der Idee, eine geometrische Figur S durch eine Folge $P_1, P_2, \ldots$ von Polygonen von innen heraus so auszuschöpfen, daß $A(P_n) \to A(S), n \to \infty$, gilt. Wir werden den präzisen Sinn der Symbole '$A(P_n) \to A(S)$', die die Griechen natürlich nicht kannten, bald kennenlernen. Vorerst soll darunter verstanden werden, daß die Fläche eines einbeschriebenen Polygons sich beliebig wenig von der Fläche der Figur S unterscheidet, wenn man genügend viele Polygoneckpunkte betrachtet. Da die Griechen den Begriff des Limes (Grenzwertes) noch nicht kannten, bedienten sie sich einer Folgerung aus dem Archimedischen Prinzip:

Sind A_0 und ε gegeben und ist $A_1, A_2, A_3, \ldots$ eine Folge mit der Eigenschaft

$$A_{i+1} < \frac{1}{2}A_i; \quad i = 0, 1, 2, 3, \ldots,$$

dann gilt für ein $n \in \mathbf{N} : A_n < \varepsilon$.

Zum Beweis wähle $N \in \mathbb{N}$ so, daß

$$(N+1)\varepsilon > A_0$$

gilt. Jetzt überlegen wir uns leicht, daß die Kette

$$\varepsilon \leq \frac{1}{2}(2\varepsilon)$$

$$\varepsilon \leq \frac{1}{2}(3\varepsilon)$$

$$\vdots \quad \vdots \quad \vdots$$

$$\varepsilon \leq \frac{1}{2}(N\varepsilon)$$

$$\varepsilon \leq \frac{1}{2}(N+1)\varepsilon$$

gilt. Wir nehmen uns die letzte Ungleichung $\varepsilon \leq \frac{1}{2}(N+1)\varepsilon$ vor und damit folgt

$$(N+1)\varepsilon > A_0 \;\Rightarrow\; \frac{1}{2}(N+1)\varepsilon > \frac{1}{2}A_0 \Rightarrow \frac{1}{2}(N+1)\varepsilon - \varepsilon > \frac{1}{2}A_0 - \varepsilon$$

$$\Rightarrow\; \frac{1}{2}(N+1)\varepsilon - \varepsilon \geq \frac{1}{2}A_0 - \frac{1}{2}(N+1)\varepsilon$$

$$\Rightarrow\; (N+1)\varepsilon - \varepsilon \geq \frac{1}{2}A_0$$

$$\Rightarrow\; N\varepsilon \geq \frac{1}{2}A_0.$$

Damit ist

$$N\varepsilon \geq \frac{1}{2}A_0 > A_1$$

gezeigt. Im nächsten Schritt knöpfen wir uns die vorletzte Ungleichung aus unserer Kette vor, $\varepsilon \leq \frac{1}{2}N\varepsilon$, so daß wir analog zu oben

$$N\varepsilon > A_1 \;\Rightarrow\; \frac{1}{2}N\varepsilon > \frac{1}{2}A_1 \Rightarrow \frac{1}{2}N\varepsilon - \varepsilon > \frac{1}{2}A_1 - \varepsilon$$

$$\Rightarrow\; \frac{1}{2}N\varepsilon - \varepsilon \geq \frac{1}{2}A_1 - \frac{1}{2}N\varepsilon$$

$$\Rightarrow\; N\varepsilon - \varepsilon \geq \frac{1}{2}A_1,$$

also

$$(N-1)\varepsilon \geq \frac{1}{2}A_1 > A_2$$

zeigen können. So geht es jetzt weiter bis hinunter zur ersten Ungleichung der Kette. Damit haben wir aber

$$\varepsilon > A_N$$

gezeigt.

Mit Hilfe dieser Technik, die von Edwards [12] auch das *Eudoxussche Prinzip* genannt wird, lassen sich interessante Aussagen über die Berechnung von Flächeninhalten treffen, z.B.

Gegeben sei ein Kreis K. *Dann existiert für jedes* $\varepsilon > 0$ *ein in* K *einbeschriebenes Polygon* P *mit* $A(K) - A(P) < \varepsilon$.

Wir sollten an dieser Stelle nicht mit den Errungenschaften der griechischen Mathematik fortfahren, sondern uns den Umgang mit Ungleichungen genauer ansehen, die wir ja intensiv benutzt haben.

2.7   Ungleichungen und Abstände

Gilt eine Ungleichung (Abschätzung) der Form $a < b$ für zwei reelle Zahlen a und b, dann gilt auch immer noch

$$a + c < b + c$$

mit einer beliebigen reellen Zahl c. Gilt zu $a < b$ auch $c < d$, dann dürfen diese gleichsinnigen Abschätzungen addiert werden, d.h. es gilt

$$a + c < b + d.$$

Gilt $a < b$ und ist c positiv, dann gilt immer noch

$$a < b + c,$$

da die rechte Seite nur noch größer gemacht wurde. Problematischer ist lediglich die Multiplikation einer Ungleichung. Gilt $a < b$ und ist $c > 0$, dann folgt

$$ac < bc,$$

ist aber $d < 0$, dann gilt

$$ad > bd,$$

Multiplikation mit einer negativen Zahl kehrt also das Ungleichheitszeichen um. Man kann sich das gut mit einem simplen Beispiel vor Augen führen: Sicher gilt $2 < 5$, aber durch Multiplikation mit -1 folgt $-2 > -5$, da -5 auf der reellen Zahlengeraden links von -2 liegt.

Gilt für zwei Zahlen a und b

$$ab > 0,$$

dann sind entweder beide Zahlen positiv, oder beide negativ. Gilt

$$ab < 0,$$

dann ist eine der beiden Zahlen positiv, die andere negativ.

Ungleichungen gehören zum unentbehrlichen Handwerkszeug in der Analysis. Der sichere Umgang mit ihnen sollte Ihnen also am Herzen liegen.

Eine wichtige Größe ist das arithmetische Mittel $\frac{a+b}{2}$ zweier Zahlen a und b. Es ist nun einfach zu zeigen, daß dieses Mittel immer zwischen a und b liegt.

Lemma 2.7.1 *Aus* $a < b$ *folgt stets*

$$a < \frac{a+b}{2} < b.$$

Zum Beweis notieren wir, daß aus $a < b$ folgt

$$2a = a + a < a + b < b + b = 2b,$$

und Division durch 2 (eine positive Zahl!) liefert das Resultat.

Durch die Ordnung, die auf den reellen Zahlen definiert ist und sich in den Symbolen $<, \leq, >, \geq$ ausdrückt, können wir Aussagen über Abstände zwischen zwei reellen Zahlen treffen.

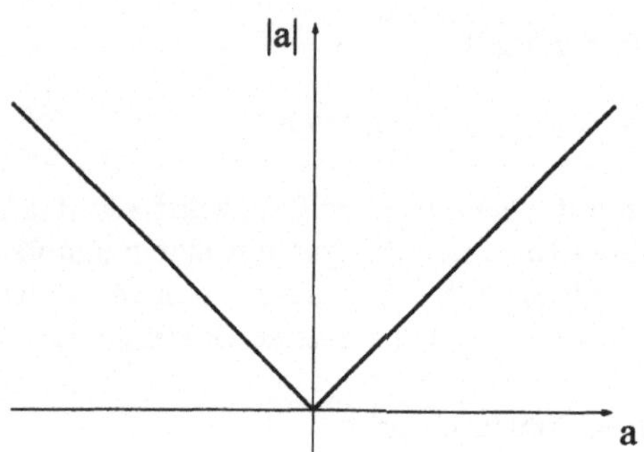

Bild 2.16: Die Betragsfunktion

Dazu definiert man den Betrag einer reellen Zahl als

$$|a| := \begin{cases} a & ; \quad a \geq 0 \\ -a & ; \quad a < 0 \end{cases}.$$

Der Betrag ist natürlich eine Funktion $\mathbf{R} \ni a \overset{|\cdot|}{\mapsto} |a| \in \{x \in \mathbf{R} \mid x \geq 0\}$, die in Abbildung 2.16 dargestellt ist.

Offenbar gibt der Betrag einer reellen Zahl ihren Abstand zum Ursprung an! Die Zahlen 2 und -2 haben vom Ursprung den gleichen Abstand, nämlich 2, und das ist genau ihr Betrag. Damit können wir auch den Abstand zwischen zwei Zahlen a und b messen, nämlich mit Hilfe der Abstandsfunktion

$$d(a, b) := |a - b|.$$

Durch die Abstandsfunktion wird auf den reellen Zahlen eine Metrik definiert. Metrische Räume (und $\mathbf{R}$ ist ein solcher) treten in der Mathematik sehr häufig auf. Es handelt sich dabei um Räume, in denen es 'Zollstöcke' gibt, nämlich die Möglichkeit, Entfernungen zu messen. Unsere Abstandsfunktion erfüllt drei wesentliche Bedingungen, die alle vernünftigen Abstandsfunktionen erfüllen müssen. Für alle $a, b, c \in \mathbf{R}$ muß gelten:

1. **Definitheit:**

$$d(a, b) \geq 0 \quad \text{und} \quad d(a, b) = 0 \Leftrightarrow a = b,$$

2. Symmetrie:

$$d(a, b) = d(b, a),$$

3. Dreiecksungleichung:

$$d(a, b) \leq d(a, c) + d(c, b).$$

Die Dreiecksungleichung ist eine der wichtigsten Ungleichungen der gesamten Analysis. In unserem Fall beweist man sie mit einer Unterscheidung in drei Fälle:

1. $a < c < b$: dann ist offenbar $d(a, b) = d(a, c) + d(c, b)$,

2. $a < b < c$: dann gilt $d(a, b) < d(a, c) + d(c, b)$, und

3. $c < a < b$: es gilt ebenfalls $d(a, b) < d(a, c) + d(c, b)$,

was man sich an einer kleinen Zeichnung veranschauliche!

Setzen wir in unserer Dreiecksungleichung für die Abstandsfunktion $c = 0$, dann gilt die Dreiecksungleichung

$$|a + b| \leq |a| + |b|$$

natürlich auch für den Betrag.

So gerüstet, können wir nun das alte Problem der Griechen – die Berechnung des Grenzwertes einer Folge (von Polygonflächen z.Bspl.) – in moderner Terminologie untersuchen.

2.8   Konvergenz von Folgen

Das Vorgehen der Griechen bei der Berechnung eines Flächeninhaltes durch einbeschriebene Polygone P_n mit Eckpunktezahl n läßt sich leicht in die Sprache von Folgen übertragen. Durch die Polygone gewinnt man eine Folge

$$y_n := A(P_n)$$

von Flächeninhalten und man hofft, für beliebig große n beliebig dicht an den gesuchten Flächeninhalt zu kommen. Wir formalisieren dies durch die vielleicht wichtigste Definition der Analysis[8].

Definition 2.8.1 Eine Folge $(y_n)_{n \in \mathbb{N}}$ heißt konvergent gegen einen Grenzwert (Limes[9]) $a \in \mathbb{R}$, falls es zu jeder Zahl $\varepsilon > 0$ eine natürliche Zahl N gibt, die im allgemeinen von ε abhängt, so daß für jeden Index $n \geq N$ die Ungleichung

$$|y_n - a| < \varepsilon$$

gilt.

Man schreibt dann

$$\lim_{n \to \infty} y_n = a.$$

Konvergiert eine Folge nicht, so heißt sie divergent.

Was bedeutet Konvergenz also? Bedenken wir, daß $|y_n - a|$ gerade den Abstand zwischen y_n und a angibt, dann konvergiert eine Folge genau dann gegen den Wert a, wenn in jedem noch so kleinen positiven Abstand von a immer noch unendlich viele Folgenglieder liegen, und wenn die Anzahl der Folgenglieder außerhalb dieses kleinen Abstandes endlich ist!

Einige Analysisbücher verwenden die Eigenschaft, daß sich Folgenglieder konvergenter Folgen um den Limes herum 'drängeln' als (äquivalente) Definition. Dazu definiert man gewöhnlich eine ε-Umgebung von a als

$$
\begin{aligned}
U_\varepsilon(a) \;\; &:= \;\; \{x \in \mathbb{R} \mid |x - a| < \varepsilon\} \\
&= \;\; \{x \in \mathbb{R} \mid x \in]a - \varepsilon, a + \varepsilon[\}, \quad \varepsilon > 0
\end{aligned}
$$

---

[8]Mein Analysislehrer Prof. Dr. Erwin Mues sagte dazu im ersten Semester: „Wenn ich Ihnen morgens um zwei Uhr auf die Schulter klopfe und nach der Definition von Konvergenz frage, dann erwarte ich, daß Sie mir wie aus der Pistole geschossen antworten!" Das hat mich so beeindruckt, daß ich diese Definition damals auswendig wußte, als ich aus dem Hörsaal ging, und sie nie wieder vergaß!

[9]Der Limes ist ein Wall aus römischer Zeit, um die Barbaren vom Eindringen in das Gebiet des römischen Reiches abzuhalten. Berühmt ist der Limes an der schottischen Grenze.

und sagt, daß eine Folge $(y_n)_{n\in N}$ gegen a konvergiert, wenn in jeder ε-Umgebung fast alle Folgenglieder liegen, d.h. daß nur endlich viele Folgenglieder außerhalb der ε-Umgebung liegen.

Eine Folge, die gegen 0 konvergiert, nennt man sinnigerweise **Nullfolge**.

Kann eine Folge mehr als einen Limes besitzen? Versuchen wir es mit einem *reductio ad absurdum* Beweis und nehmen an, eine Folge $(y_n)_{n\in N}$ besäße zwei Limites a und b. Das heißt, für jedes $\varepsilon > 0$ gibt es ein $N_1 \in N$ und ein $N_2 \in N$, so daß

$$|y_n - a| < \varepsilon \quad \text{für alle } n > N_1$$

und

$$|y_n - b| < \varepsilon \quad \text{für alle } n > N_2$$

gilt. Wählen wir dann $n > \max\{N_1, N_2\}$, dann folgt

$$|a - b| = |a - y_n + y_n - b| \overset{\text{Dreiecksungl.}}{\leq} |a - y_n| + |y_n - b| < 2\varepsilon.$$

Da diese Ungleichung für alle $\varepsilon > 0$ gelten muß, kann nur $a = b$ folgen. Damit haben wir gezeigt:

Lemma 2.8.1 *Der Limes einer konvergenten Folge ist eindeutig bestimmt.*

Der Begründer des modernen Konvergenzbegriffes ist AUGUSTIN LOUIS CAUCHY (21.8.1789-23.5.1857). Er verbrachte seine Jugend kurz nach der Revolution von 1789 auf den Gütern von LAPLACE, der die Begabung des jungen Mannes früh erkannte und sich mit ihm über die Konvergenz unendlicher Reihen unterhielt(!). Der große LAGRANGE riet Cauchys Vater, seinem Sohn keine Mathematikbücher vor dem 17.Lebensjahr zu geben, um zu verhindern, daß er ein großer Mathematiker wird, der seine Sprache nicht schreiben kann! Der Vater hielt sich an den Rat.

1805 trat Cauchy in die École Polytechnique ein, 1807 in die

staatliche Ingenieurschule. 1816 wird
er Mitglied der Akademie und Professor an der École Polytechnique. Neben
der Grundlegung der Analysis verdanken wir ihm den maßgeblichen Ausbau
der Funktionentheorie und Beiträge zur
Gruppentheorie.

Er war so ultrakatholisch, daß er Besu-
cher zum Übertritt zum Katholizismus
überreden wollte. Damit einher ging ein
lebenslanger politischer Konservativis-
mus, der ihn nach der Revolution von
1830 als Privatlehrer in die Schweiz und
nach Prag verschlug. Erst mit der Ge-
nehmigung, ohne Treueeid auf die neue

Bild 2.17: Cauchy

Regierung wirken zu dürfen, kehrte er nach Paris zurück.

Einige junge Forscher, die ihm ihre Arbeiten schickten, haben
schlechte Erfahrungen mit ihm gemacht. Er war wohl immer darauf bedacht, seine eigenen Leistungen hervorzuheben, und „vergaß"
andere Manuskripte manchmal jahrelang.

Wir wollen uns nun einige Folgen ansehen. Wie steht es etwa mit

$$y_n := n,$$

also der Folge $1, 2, 3, 4, 5, \ldots$. Offenbar ist diese Folge nicht konvergent, weil sie unbeschränkt ist (die Zahlen laufen gegen ∞, aber das
ist keine reelle Zahl!). Kann eine unbeschränkte Folge überhaupt
konvergieren? Sicher nicht. Damit haben wir

Lemma 2.8.2 *Ist eine Folge konvergent, dann ist sie auch beschränkt.*

Beweis: Eine Folge $(y_n)_{n \in \mathbb{N}}$ sei konvergent gegen den Limes a.
Dann gibt es nach Definition 2.8.1 zu jedem $\varepsilon > 0$ einen Index N
mit $|y_n - a| < \varepsilon$ für alle $n > N$. Mit Hilfe der Dreiecksungleichung
folgt

$$|y_n| = |y_n - a + a| \leq |y_n - a| + |a| < \varepsilon + |a|.$$

Damit ist die Beschränktheit für $n > N$ bereits bewiesen. Definieren
wir nun

$$R := \max\{|y_1|, |y_2|, \ldots, |y_N|, |a| + \varepsilon\},$$

dann folgt offenbar für alle $n \in \mathbf{N}$

$$|y_n| \leq R$$

und damit ist die Folge beschränkt.   ∎

Daß eine beschränkte Folge nicht automatisch konvergent sein muß,
zeigt das einfache Beispiel

$$y_n := (-1)^n,$$

also $-1, 1, -1, 1, -1, \ldots$. Man nennt Folgen mit derart wechselnden
Vorzeichen alternierend.

Betrachten wir nun die Folge

$$y_n := \frac{1}{n},$$

die offenbar beschränkt ist. Daß die Folgenglieder immer kleiner werden, je größer n wird, legt die Vermutung nahe, daß es sich bei dieser
Folge um eine Nullfolge handelt. Wir wollen das überprüfen und geben ein $\varepsilon > 0$ vor. Dann betrachten wir

$$|y_n - a| = \left|\frac{1}{n} - 0\right| = \left|\frac{1}{n}\right| = \frac{1}{n}.$$

Nun sagt aber gerade unser Archimedisches Prinzip (2.2), daß sich
für jedes positive ε eine natürliche Zahl N finden läßt, so daß $1/N < \varepsilon$
gilt. Demnach gilt erst recht für alle $n > N$:

$$|y_n - a| = \frac{1}{n} < \varepsilon$$

und unsere Folge ist tatsächlich als Nullfolge erkannt worden.

Der bisherige Weg, die Konvergenz einer Folge nachzuweisen, ist
äußerst mühsam, muß man doch den Grenzwert schon kennen (oder

klug raten). Sehr häufig finden wir in der Analysis die Schwierig-
keit, daß sich gewisse Sachverhalte an den reinen Definitionen schwer
überprüfen lassen (das ist auch ganz klar, denn unsere Definitionen
sollen ja gerade sehr allgemein sein und können demnach wenig mit
Einzelfällen zu tun haben). Daher wollen wir uns jetzt spezielleren
Techniken zuwenden.

2.9   Konvergenzkriterien

Man nennt eine reelle Folge $(y_n)_{n\in\mathbb{N}}$ monoton wachsend, wenn
für $m > n$ gilt: $y_m \geq y_n$. Gilt statt dessen $y_m > y_n$ für $m > n$, dann
heißt die Folge streng monoton wachsend. Sie heißt nach oben
beschränkt, wenn es eine Konstante K gibt, so daß für alle Folgenglieder $y_n \leq K$ gilt. Ganz entsprechen definiert man monoton fallende, streng monoton fallende und nach unten beschränkte
Folgen.

    Für monoton wachsende und nach oben beschränkte Folgen ist
die Konvergenz bereits gesichert, denn es gilt der folgende

Satz 2.9.1 *Eine monoton wachsende und nach oben beschränkte
Folge* $(y_n)_{n\in\mathbb{N}}$ *konvergiert und es gilt*

$$\lim_{n\to\infty} y_n = \sup\{y_n \mid n \in \mathbb{N}\}.$$

Entsprechendes (mit inf *statt* sup*) gilt für monoton fallende und
nach unten beschränkte Folgen.*

Beweis: Erst einmal existiert $s := \sup\{y_n \mid n \in \mathbb{N}\}$ tatsächlich,
denn die Folge ist ja nach Voraussetzung nach oben beschränkt. Ge-
ben wir nun $\varepsilon > 0$ vor, dann gibt es ein $N \in \mathbb{N}$ mit der Eigenschaft

$$s - \varepsilon < y_N \leq s,$$

denn $s - \varepsilon$ ist ja keine obere Schranke der Folge. Da die Folge der
y_n monoton wächst gilt für alle $n \geq N$

$$s - \varepsilon < y_N \leq y_n < s + \varepsilon,$$

und das ist gerade $|s - y_n| < \varepsilon$. ∎

Auf diesem Monotonieprinzip basiert die Methode der Intervallschachtelung, mit der man Löwen in der Wüste fangen kann! Die Wüste sei ein Intervall[10] $[a_0, b_0] \subset \mathbf{R}$ und der Löwe ein Punkt darin. Wir halbieren nun das Intervall und gewinnen zwei Teilintervalle

$$\left[a_0, \frac{a_0 + b_0}{2}\right], \quad \left[\frac{a_0 + b_0}{2}, b_0\right].$$

Wir ermitteln den Aufenthalt des Löwen und vergessen diejenige Teilwüste, in der er nicht ist, etwa die rechte. Dann nennen wir $\frac{a_0 + b_0}{2} =: b_1$ und verfahren mit der neuen Wüste $[a_0, b_1]$ genau so, d.h. wir erhalten die Intervalle

$$\left[a_0, \frac{a_0 + b_1}{2}\right], \quad \left[\frac{a_0 + b_1}{2}, b_1\right],$$

wobei nun der Löwe in der rechten Teilwüste sei und wir daher $a_1 := \frac{a_0 + b_1}{2}$ definieren müssen. Dieser Löwenfangprozeß geht zwangsläufig so lange weiter, bis wir den Löwen dingfest gemacht haben.

Der mathematische Hintergrund ist die Konstruktion zweier Folgen, nämlich der Folge $(a_n)_{n \in \mathbf{N}}$, die monoton wächst, und der Folge $(b_n)_{n \in \mathbf{N}}$, die monoton fällt. Weiterhin ist immer $a_n \leq b_n$. Offenbar bewegen sich die beiden Folgen aufeinander zu, denn $|b_n - a_n| = \frac{1}{2^n}|b_0 - a_0|$ und $(1/2^n)_{n \in \mathbf{N}}$ ist eine Nullfolge, so daß

$$\lim_{n \to \infty} (a_n - b_n) = 0$$

gilt. Dann sind beide Folgen nach dem Monotonieprinzip konvergent und haben denselben Grenzwert (nämlich den Löwen!).

Aus gegebenen Folgen $(y_n)_{n \in \mathbf{N}}$ und $(x_n)_{n \in \mathbf{N}}$ lassen sich leicht neue konstruieren, z.B. durch

$$x_n + y_n, \quad x_n y_n, \quad , \frac{x_n}{y_n},$$

usw., womit man schon zu recht komplexen Ausdrücken kommen kann.

Den Umgang mit solchen zusammengesetzten Folgen regelt

---

[10]Fortgeschrittene verwenden zwei-, Professoren dreidimensionale Wüsten!

Satz 2.9.2 *Es seien* $(x_n)_{n \in \mathbb{N}}$ *und* $(y_n)_{n \in \mathbb{N}}$ *konvergente Folgen mit* $\lim_{n \to \infty} x_n = a$ *und* $\lim_{n \to \infty} y_n = b$*. Dann gilt:*

1. $\lim_{n \to \infty}(x_n \pm y_n) = a \pm b,$

2. $\lim_{n \to \infty} x_n y_n = ab,$

3. Ist $a \neq 0$*, dann gibt es einen Index* N *mit* $x_n \neq 0$ *für alle* $n \geq N$ *und für die Folgen* $(x_n)_{n \geq N}$ *und* $(y_n)_{n \geq N}$ *gilt* $\lim_{n \to \infty} \frac{1}{x_n} = \frac{1}{a}, \lim_{n \to \infty} \frac{y_n}{x_n} = \frac{b}{a},$

4. $\lim_{n \to \infty} |x_n| = |a|,$

5. $\lim_{n \to \infty} \sqrt{x_n} = \sqrt{a}$*, falls alle* x_n *nichtnegativ sind.*

Beweis: Übungsaufgabe! ■

Die Bedeutung des letzten Satzes als konkretes Rechenhilfsmitel sieht man aus weiteren Beispielen. So gilt z.B.

$$\lim_{n \to \infty} \frac{n+1}{n} = \lim_{n \to \infty} \left(1 + \frac{1}{n}\right) = 1$$

und (Übungsaufgabe!)

$$\lim_{n \to \infty} \sqrt{\frac{6n^4 + 3n^2 + 2}{7n^4 + 12n^3 + 6}} = \sqrt{\frac{6}{7}}.$$

Warnung: Aus der Existenz des Limes $\lim_{n \to \infty}(x_n \pm y_n)$ folgt im allgemeinen nicht die Existenz der einzelnen Limites!

Paradebeispiel sind die durch $x_n := (-1)^n$ und $y_n := (-1)^{n+1}$ definierten Folgen, für die offenbar immer $x_n + y_n = 0$ gilt, die aber beide nicht konvergent sind. Ebenso kann die Folge $x_n := (-1)^n$ dazu dienen einzusehen, daß aus $|x_n| \to |a|$ nicht $x_n \to a$ folgt.

Die Folgen $x_n = 0$, $y_n := 1/n$ erfüllen $x_n < y_n$, die Limites jedoch $\lim_{n \to \infty} x_n \leq \lim_{n \to \infty} 1/n$, die Limesbildung erhält also strikte Ungleichungen nicht. Dafür erhält sie aber schwache Ungleichungen $\leq$ und $\geq$.

2.10   Cauchy-Folgen

Betrachten wir die Nullfolge $y_n := 1/n$ aus dem vorigen Abschnitt so fällt auf, daß die Abstände zwischen den Folgengliedern immer kleiner werden. So ist der Abstand zwischen y_1 und y_2 gerade $1/2$, während der Abstand zwischen y_4 und y_5 nur noch $1/20$ beträgt. Können wir daraus ein Konvergenzkriterium ableiten? Ja!

Definition 2.10.1 Eine Folge $(y_n)_{n\in N}$ heißt Cauchy-Folge, wenn es für alle $\varepsilon > 0$ ein (i. allg. von ε abhängiges) $N \in N$ gibt, so daß für alle $n, m > N$

$$|y_n - y_m| < \varepsilon$$

gilt.

Zunächst können wir nur beweisen, daß konvergente Folgen Cauchy-Folgen sind. Für die Umkehrung dieser Aussage müssen wir uns erst durch diesen Abschnitt arbeiten.

Lemma 2.10.1 *Jede konvergente Folge ist eine Cauchy-Folge.*

Beweis: Die Folge $(y_n)_{n\in N}$ sei konvergent und gegeben sei $\varepsilon > 0$. Da die Folge nach Voraussetzung konvergiert, gibt es ein $N \in N$ so, daß für $\varepsilon/2$ gilt: $|y_n - a| < \varepsilon/2$ für alle $n > N$. Wir wählen zusätzlich noch ein $m > N$. Nun schätzen wir ab:

$$
\begin{aligned}
|y_n - y_m| \quad &= \quad |y_n - a + a - y_m| \\[2mm]
\overset{\text{Dreiecksungl.}}{\leq} \quad & \quad |y_n - a| + |y_m - a| \\[2mm]
\overset{\text{Folge konvergent}}{<} \quad & \quad \frac{\varepsilon}{2} + \frac{\varepsilon}{2} = \varepsilon.
\end{aligned}
$$

■

Nehmen wir uns nun eine Folge her, die wir schon einmal als nicht konvergent eingestuft haben:

$$y_n := (-1)^n.$$

Betrachten wir die Folge y_{2n}, so ist diese offenbar konvergent mit Limes 1. Ebenso ist die Folge y_{2n-1} konvergent mit Limes -1. Steckt dahinter ein allgemeineres Prinzip? Ja, und zwar eine Kraftquelle der gesamten Analysis, der Satz von Bolzano und Weierstraß.

BERNARD BOLZANO (5.10.1781-18.12.1848), promovierte 1805 nach einem Studium der Philosophie, Theologie und Mathematik in Prag. Der zwei Tage nach der Promotion zum Priester geweihte Bolzano entschied sich für ein Lehramt der Religionswissenschaft, obwohl er auch eine Professur für Mathematik zur Auswahl hatte. In seinen Sonntagspredigten war er sehr liberal und wurde deshalb 1816 zum ersten Mal angezeigt. Diesmal ging

Bild 2.18: Bolzano

noch alles gut, aber 1819 erfolgte erneut eine Anzeige und er wurde von der Universität gewiesen.

Neben einem strengen Publikationsverbot durfte er noch nicht einmal eine Stelle als mathematischer Assistent annehmen. Im Jahr 1823 siedelte er auf das Gut eines Freundes über und beschäftigte sich mit mathematischen Studien, die erst nach seinem Tod publiziert wurden.

Von Bolzano stammt ein sauberer Funktionsbegriff. Weiterhin gelang es ihm Jahre vor Weierstraß, den Begriff der Stetigkeit klar zu fassen. Heute zumeist Cauchy zugeschriebene Sätze über die Konvergenz von unendlichen Reihen stammen ebenfalls von ihm. Erst im Jahr 1930 wurde sein Buch *Functionenlehre* publiziert. In seinem Werk *Paradoxien des Unendlichen* finden sich erste Untersuchungen über die Zuordnungen zwischen unendlichen Mengen. Damit wurde er Wegbereiter Cantors.

Bild 2.19: Weierstraß

KARL WEIERSTRASS (31.10.1815-19.2.1897) war 1842-1848 Gymnasiallehrer (!!) in Deutsch-Krone und Braunsberg und hat in dieser

Zeit wichtige Arbeiten zur Theorie Abelscher Integrale geleistet. Nach Publikation seiner Arbeiten verlieh ihm die Universität Königsberg die Ehrendoktorwürde; er war damals bereits 40 Jahre alt. Alexander von Humboldt erreichte, daß Weierstraß eine Professur am Gewerbeinstitut in Charlottenburg erhielt, was mit einem Extraordinariat an der Universität Berlin verbunden war. Im Jahr 1864 erhielt er ein an der Berliner Universität neu eingerichtetes Ordinariat.

Weierstraß gilt neben Riemann als Gründer der modernen Funktionentheorie; insbesondere die einheitliche Formulierung aus der Theorie der Potenzreihen ist sein Werk. Er griff in seinen Vorlesungen die Ideen Bolzanos auf und baute sie zu einer geschlossenen Theorie aus.

Durch diese Vorlesungen wurde die *Berliner Schule* gegründet, aus der viele berühmte Mathematiker als Schüler Weierstraß' hervorgingen, u.a. Cantor, Schwarz, Mittag-Leffler, Kowalewskaya, Heine, Felix Klein und Max Noether.

Ist $n_1, n_2, n_3, \ldots$ eine streng wachsende Folge natürlicher Zahlen und $(x_n)_{n \in N}$ eine Folge, dann nennt man $(x_{n_k})_{k \in N}$ Teilfolge der Folge $(x_n)_{n \in N}$. Man klappert also die Ursprungsfolge ab und entnimmt ihr nach irgendeinem Muster Elemente, die man dann zu einer neuen Folge anordnet. Sehen wir uns ein Beispiel an: Aus der durch

$$1, \frac{1}{2}, \frac{1}{3}, \frac{1}{4}, \ldots$$

definierten Folge $(x_n)_{n \in N}$ gewinnen wir durch $n_1 := 1, n_2 := 3, n_3 := 5, \ldots, n_k := 2k - 1, \ldots$ die Teilfolge

$$1, \frac{1}{3}, \frac{1}{5}, \frac{1}{7}, \ldots,$$

die wir mit $(x_{n_k})_{k \in N}$ bezeichnen.

Mit diesem wichtigen Begriff kommen wir nun zum nächsten

Satz 2.10.1 (Bolzano-Weierstraß) *Jede beschränkte reelle Folge besitzt eine konvergente Teilfolge.*

Beweis: Es sei $[a, b]$ ein Intervall, in dem alle Folgenglieder x_n liegen. Wir verwenden die Löwenfangmethode und achten dabei darauf, daß in jedem Teilintervall $[a_k, b_k]$ wieder unendlich viele Folgenglieder x_n liegen. M.a.W. verwenden wir den folgenden Algorithmus:

$$a_1 := a, \quad b_1 := b$$

$$\text{für } k = 1, 2, 3, \ldots$$

$$c := \frac{1}{2}(a_k + b_k)$$

$$\text{falls } \{n \mid x_n \in [a_k, c]\} \text{ unendlich ist:}$$

$$a_{k+1} := a_k, \quad b_{k+1} := c$$

$$\text{sonst: } a_{k+1} := c, \quad b_{k+1} := b_k.$$

Wie beim Löwenfangen bilden nun die Folgen $(a_k)_{k \in N}$ und $(b_k)_{k \in N}$ eine Intervallschachtelung und es gibt einen gemeinsamen Grenzwert $\xi := \lim_{n \to \infty} a_k = \lim_{n \to \infty} b_k$.

Nun bilden wir eine Teilfolge $(x_{n_k})_{k \in N}$ von $(x_n)_{n \in N}$ wie folgt:

$$n_1 := 1$$

$$\text{für } k = 2, 3, 4, \ldots$$

$$\text{wähle } n_k > n_{k-1} \text{ mit } x_{n_k} \in [a_k, b_k].$$

Wegen $a_k \leq x_{n_k} \leq b_k$ gilt dann auch $\lim_{k \to \infty} x_{n_k} = \xi$.   ■

Jetzt ist klar, daß eine Folge viele konvergente Teilfolgen enthalten kann! Die Grenzwerte dieser konvergenten Teilfolgen haben sich den besonderen Namen **Häufungspunkte** verdient, der sehr anschaulich klar macht, daß sich bei Ihnen die Folgenglieder zusammendrängeln. Da ein Häufungspunkt der Limes einer Folge ist, ist natürlich in jeder noch so kleinen Umgebung mächtig was los!

Definition 2.10.2 Es sei $(x_n)_{n \in N}$ eine Folge. Die Grenzwerte konvergenter Teilfolgen von $(x_n)_{n \in N}$ heißen **Häufungspunkte**.

Man mache sich an dieser Stelle die Beziehung zwischen Häufungspunkten und Limites klar! Jeder Limes ist ein Häufungspunkt. Während beim Limes aber fast alle Folgenglieder in seiner

Umgebung liegen und damit nur endlich viele außerhalb, können
im Fall eines Häufungspunktes durchaus noch unendlich viele weitere Folgenelemente außerhalb einer Umgebung des Häufungspunktes
liegen.

Man kann nun leicht zeigen, daß Grenzwerte von Häufungspunkten einer Folge selbst wieder Häufungspunkte der Folge sind. Daher
besitzt jede Folge einen kleinsten und einen größten Häufungspunkt,
den limes inferior und den limes superior, in Zeichen

$$\liminf_{n \to \infty} x_n, \qquad \limsup_{n \to \infty} x_n.$$

Ist die Folge unbeschränkt, dann muß man auch $\pm\infty$ zulassen.

Wir haben diesen Abschnitt damit begonnen, Cauchy-Folgen
zu untersuchen. Wir konnten zeigen, daß konvergente Folgen stets
Cauchy-Folgen sind, aber wie steht es mit der Umkehrung? Ist jede
Cauchy-Folge auch gleich konvergent? In R gilt ein klares: Ja! Es gibt
allerdings Folgen in Räumen, in denen Cauchy-Folgen im allgemeinen nicht konvergieren. Ja, man verwendet Cauchy-Folgen sogar dazu, bestimmte angenehme Räume auszuzeichnen. Man nennt Räume
mit einem Abstandsbegriff (wie etwa dem Betrag in R) vollständig,
wenn jede Cauchy-Folge konvergiert.

Ein einfaches Beispiel eines nicht vollständigen Raumes bietet Q,
denn man kann leicht eine Cauchy-Folge konstruieren, deren sämtli-
che Elemente aus Q stammen, die aber gegen den Grenzwert $\sqrt{2} \notin Q$
konvergiert! Dazu betrachten wir die Funktion

$$y = f(x) = x^2 - 2$$

und suchen eine Nullstelle im Intervall $[1, 2]$. Weil $f(1) = -1 < 0$ und
$f(2) = 2 > 0$ gilt, muß die Funktion dazwischen notgedrungen eine
Nullstelle haben[11]. Nun betrachten wir die Nullstelle als Löwen, den

---

[11]Strenggenommen braucht man für diese Aussage die Stetigkeit von f, aber
wir wissen natürlich, daß unsere Funktion sehr anständig ist.

es zu fangen gilt. Wir durchlaufen die folgenden Schritte:

$$a_1 := 1, \quad b_1 := 2$$
$$\text{für } k = 1, 2, 3, \ldots$$
$$c := \frac{1}{2}(a_k + b_k)$$
$$\textbf{falls } f(a_k) \cdot f(c) < 0$$
$$a_{k+1} := a_k, \quad b_{k+1} := c$$
$$\textbf{sonst: } a_{k+1} := c, \quad b_{k+1} := b_k.$$

Umgesetzt in ein C++-Programm sieht das ganze so aus:

```cpp
#include<iostream.h>
#include<fstream.h>
#include<math.h>


// Intervallschachtelung zum Auffinden einer
// Nullstelle der Funktion f
// im Intervall [1,2].

double f (double x);

void main(void)
{
  double a,b,c;
  double eps=1.e-7;
  int    switcher=1;
  int    k=1;

  // Datei oeffnen
  ofstream Ausa("aLoewe");
  ofstream Ausb("bLoewe");

  a = 1, b = 2;

  Ausa << k << " " << a << endl;
  Ausb << k << " " << b << endl;

  do
```

```
{
  c = 0.5*(a+b);              // Intervallmitte
  if (f(a)*f(c) <=0) b=c;     // Wo ist die Nullstelle?
  else               a=c;

  k++;                                      // naechstes Folgenelement
  Ausa << k << " " << a << endl;
  Ausb << k << " " << b << endl;

  if(fabs(a-b) < eps) switcher=0;   // Abbruch

} while(switcher==1);
}


double f (double x)
{
  return x*x-2;
}
```

Zeichnet man die beiden Folgen, die das Programm erzeugt hat, dann ergibt sich das in Abbildung 2.20 gezeigte Bild. Offenbar ist jedes der Folgenelemente a_k und b_k eine rationale Zahl. Dennoch konvergiert unsere Intervallschachtelung natürlich gegen $\sqrt{2}$. Man überzeugt sich leicht, daß beide Folgen Cauchy-Folgen sind. Cauchy-Folgen in Q konvergieren also in Q nicht unbedingt!

Nun aber zu der versprochenen Umkehrung:

Satz 2.10.2 (Cauchysches Konvergenzkriterium) *Jede Cauchy-Folge reeller Zahlen ist konvergent.*

Beweis: Es sei $(x_n)_{n \in N}$ eine Cauchy-Folge, d.h. für alle $\varepsilon > 0$ gibt es einen Index $N = N(\varepsilon)$, so daß für alle $n, m \geq N$

$$|x_n - x_m| < \varepsilon$$

gilt, also daß die Folgenglieder beliebig dicht zusammenliegen, wenn man in der Folge nur hinreichend weit nach hinten guckt.

Man sieht sofort, daß die Folge $(x_n)_{n \in N}$ beschränkt ist, denn für ein festes $\varepsilon > 0$ und $n \geq N$ gilt

$$|x_n| = |x_n - x_N + x_N| \leq |x_n - x_N| + |x_N| < \varepsilon + |x_N|.$$

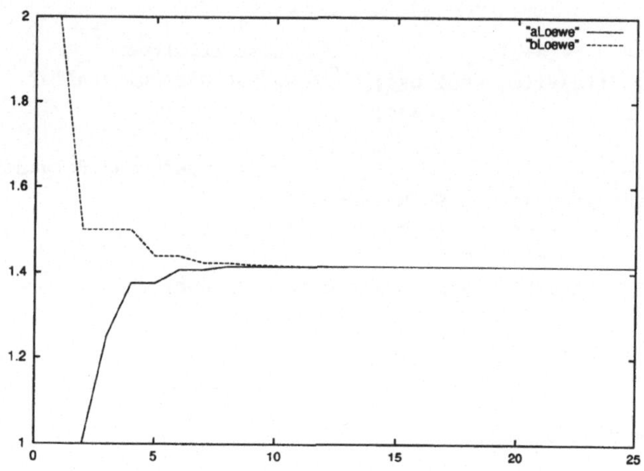

Bild 2.20: Rationale Folgen mit Limes $\sqrt{2}$

Dann folgt $|x_n| \leq C$ wieder mit $C := \max\{|x_1|, \dots, |x_{N-1}|, |x_N| + \varepsilon\}$.

Nach dem Satz von Bolzano-Weierstraß existiert also ein Häufungspunkt $\xi := \lim_{k\to\infty} x_{n_k}$, also gibt es für alle $\varepsilon > 0$ einen Index $K = K(\varepsilon)$, so daß für $k \geq K$

$$|x_{n_k} - \xi| < \varepsilon$$

gilt.

Nun geht's richtig los! Sei $\varepsilon > 0$ und wähle die Indizes $m \geq N(\varepsilon/2), k \geq K(\varepsilon/2)$, so daß $n_k \geq N(\varepsilon/2)$ gilt. Damit folgt

$$|x_m - \xi| = |x_m - x_{n_k} + x_{n_k} - \xi| \leq |x_m - x_{n_k}| + |x_{n_k} - \xi| < \frac{\varepsilon}{2} + \frac{\varepsilon}{2} = \varepsilon.$$

Damit ist aber $\lim_{k\to\infty} x_m = \xi$. ∎

3 Archimedes

3.1 Der größte Mathematiker der Antike

ARCHIMEDES VON SYRAKUS (287 - 212 v.Chr.) war unzweifelhaft der
größte Mathematiker der Antike. Edwards [12] sagt, daß der nächste
Geist, der es an Brillanz mit dem archimedischen aufnehmen konnte,
der von Newton war! Seine Erfindung der Archimedischen Schraube,

(a) Archimedes

(b) Archimedische Schraube

Bild 3.1: Archimedes und eine seiner Erfindungen

die in Abbildung 3.1 dargestellt ist, wird noch heute zum Bewässern
von Feldern verwendet. Berühmt ist auch die Anekdote, daß König
Hieron II. (275-215 v.Chr.) meinte, von seinem Goldschmied bei der
Anfertigung einer Zweitkrone betrogen worden zu sein, und Archimedes um Detektivarbeit bat. Ein vergleichendes Wiegen zeigte, daß

beide Kronen gleich schwer waren. Im Bade liegend hatte Archimedes die Erleuchtung! Jeder unter Wasser gedrückte Körper verdrängt genau soviel Wasser, wie sein eigenes Volumen mißt. Hatte der Goldschmied betrogen, und mehr Silber in die Legierung gemischt, dann mußte die falsche Krone ein größeres Volumen aufweisen, um auf dasselbe Gewicht zu kommen. Archimedes verließ mit lauten *Heureka!*-Schreien[1] das Bad, machte das Experiment vor den Augen des Königs und überführte den Goldschmied!

Wohl auch im Bade liegend machte Archimedes eine weitere wichtige Beobachtung: Er war im Wasser leichter als an Land. Es mußte also eine Kraft – die Auftriebskraft – wirken. Er experimentierte ein wenig und fand so heraus, daß die Auftriebskraft genau dem Gewicht des Wassers entspricht, daß der Körper verdrängt.

Eine andere beliebte Anekdote besagt, daß Archimedes bei der Belagerung seiner Heimatstadt Syracus riesige Spiegel konstruierte, mit denen das Sonnenlicht so auf die Schiffe der Belagerer gerichtet wurde, daß sie in Brand gerieten. Diese Geschichte ist nirgends belegt und gehört daher wohl in das Reich der Kindergeschichten.

Wir sehen also, daß Archimedes ein sehr praktischer Mann war. Gleichzeitig hat er uns ein reiches mathematisches Werk hinterlassen, in dem sich bereits Anlagen zur Flächenberechnung durch Integration finden, und uns heutigen daher ungewöhnlich modern erscheint. Unter seinen Werken [2] finden sich Beiträge unter den Titeln *Über Spiralen, Kugel und Zylinder, Die Quadratur der Parabel*, in der er grundlegende Techniken der Integration vorwegnimmt, *Über Paraboloide, Hyperboloide und Ellipsoide*, und *Kreismessung*. In all diesen Arbeiten zeigt uns Archimedes ein geschliffenes Gebäude aus logisch durchdachtem Aufbau und logisch schlüssigen Beweisen. Er hat uns aber auch, in einem erst 1906 entdeckten Brief an ERATOSTHENES[2], einen tiefen Einblick in seine Techniken gewährt! Dieser Brief ist unter dem Titel *Des Archimedes Methodenlehre von den mechanischen Lehrsätzen* ebenfalls in [2] enthalten und zeigt Archimedes als den Meister *infinitesimaler* Techniken.

---

[1] Ich hab's!

[2] Auf Eratosthenes geht der Beweis zurück, daß es unendlich viele Primzahlen gibt. Der Beweis wird noch heute *Sieb des Eratosthenes* genannt.

Hätte er den Begriff des Grenzwertes gekannt, wäre die *Methoden-lehre* das erste Lehrbuch zur Integralrechnung geworden.

3.2   Die Kreismessung

Es ist unmöglich, auf wenigen Seiten Archimedes' Werke auch nur annähernd beschreiben zu wollen. Daher begnügen wir uns mit ein paar stichwortartigen Beiträgen und verweisen auf das Original [2] und [4], [12].

In *Kreismessung* beweist Archimedes rigoros, daß die Fläche eines Kreises mit Radius r der Fläche eines Dreiecks gleich ist, dessen Grundseite die Länge des Kreisumfangs, und dessen Höhe die Länge des Radius besitzt. Damit ist die Fläche eines Kreises mit Radius r

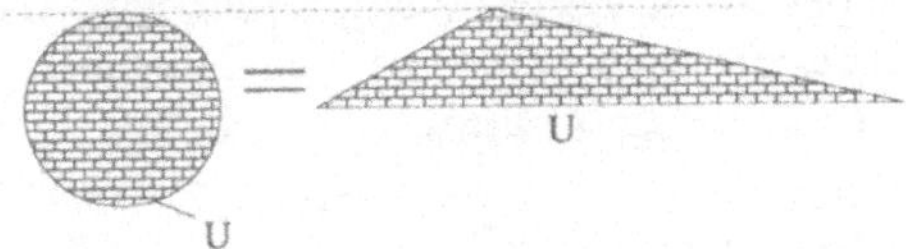

Bild 3.2: Zur Flächenberechnung

gerade

$$A = \frac{1}{2} U r.$$

Archimedes erkennt, daß man die Kreisfläche durch viele umschriebene Dreiecke annähern kann, die vom Mittelpunkt des Kreises ausgehen. Ihre Höhe ist jeweils r, und die Summe ihrer an der Kreislinie liegender Seiten ist eine gute Näherung an den Umfang des Kreises, wie in Abbildung 3.3 dargestellt ist. Damit ist das Archimedische Ergebnis heuristisch bereits evident, aber natürlich noch nicht bewiesen. Er umschreibt den Kreis mit Polygonen und betrachtet auch einbeschriebene Polygone. Dann untersucht er den Flächeninhalt der einbeschriebenen Polygone, wenn deren Eckpunktanzahl wächst, ebenso wie die Fläche der umbeschriebenen Polygone.

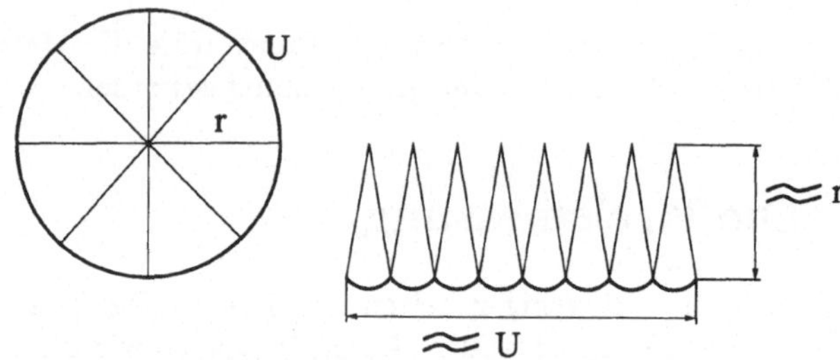

Bild 3.3: Die Beweisidee

Damit ist Archimedes virtuoser Nutzer der *Kompressionsmethode*, bei der ein gesuchter Wert zwischen einem oberen (die Flächeninhalte der umschriebenen Polygone) und einem unteren (dem Inhalt der einbeschriebenen Polygone) eingezwängt wird. Da Archimedes den Grenzwertbegriff nicht kennt, ist sein Beweis (für ihn typisch!) ein *reductio ad absurdum* Argument. Wir haben einen solchen Beweis bereits in Abschnitt 2.3 beim Beweis der Irrationalität von $\sqrt{2}$ kennengelernt. Typisch für Archimedes sind doppelte *reductio ad absurdum* Techniken. Dazu nimmt er an, der Flächeninhalt des Kreises A sei größer als $\frac{1}{2}Ur$ und führt diese Annahme unter Zuhilfenahme der einbeschriebenen Polygone zum Widerspruch. Jetzt weiß er bereits $A \leq \frac{1}{2}Ur$. Nun nimmt er in einem zweiten Schritt an, es gelte $A < \frac{1}{2}UR$ und führt auch diese Annahme durch Betrachtung der umschriebenen Polygone zum Widerspruch. Damit ist $A = \frac{1}{2}Ur$ gezeigt.

3.3 Ein Ausflug in die Kurven

Archimedes hat sich äußerst scharfsinnig mit der Flächenberechnung von Parabelsegmenten auseinandergesetzt. Parabeln, Ellipsen, Hyperbeln und Kreise sind sogenannte Kegelschnitte. Betrachtet man einen Doppelkegel wie in Abbildung 3.4 und schneidet ihn mit einer Ebene, so ergeben sich verschiedene Schnittfiguren. Ist die Ebene parallel zu den Böden des Kegels, dann ergibt sich ein Kreis, ist

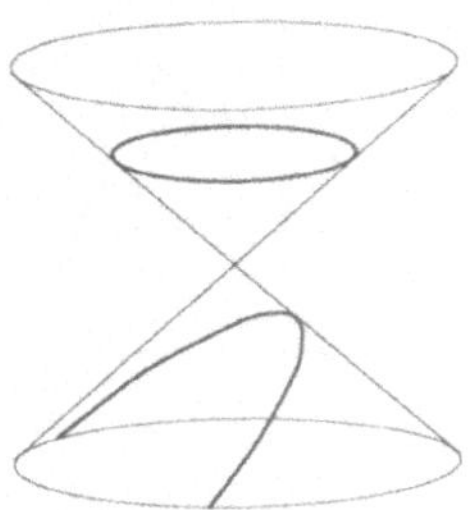

Bild 3.4: Kreis und Parabel als Kegelschnitte

die Ebene parallel zu einer den Kegel erzeugenden Geraden auf dem Mantel, dann entsteht eine Parabel. Vergrößert man den Schnittwinkel weiter, dann wird der Doppelkegel offenbar an beiden Kegelteilen geschnitten und es ergibt sich eine Hyperbel. Bei einem Schnittwinkel zwischen dem des Kreis- und des Parabelschnittes ergibt sich eine Ellipse.

Bevor wir mit der Diskussion von Archimedes' Arbeiten fortfahren lohnt es sich, etwas über die Darstellung von sogenannten Kurven zu erfahren. Ein Kreis ist nämlich schon keine Funktion mehr, kann aber als Kurve dargestellt werden.

Die Hyperbel und die Parabel sind noch ganz „anständige" Funktionen, deren typische Verteter sich in der Form

$$y(x) = x^2$$

für die Parabel, bzw.

$$y(x) = \frac{1}{x}, \quad x \neq 0,$$

für die Hyperbel, darstellen lassen. Bei Kreis und Ellipse treffen wir aber auf ein Problem. Ein Kreis um den Nullpunkt (und damit auch eine Ellipse) mit Radius r wie in Abbildung 3.5 ist gar keine Funktion mehr, denn jedem $x \in\,]-r, r[$ werden ja zwei verschiedene Werte zugeordnet! Für den Kreis gilt

$$r^2 = x^2 + y^2$$

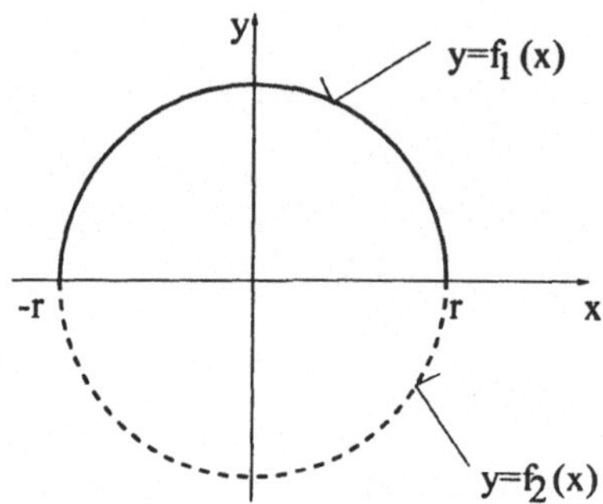

Bild 3.5: Ein Kreis als Funktion

nach Pythagoras, also ergibt sich durch die Doppeldeutigkeit der Wurzelfunktion für den Funktionswert y an der Stelle x

$$y = f_1(x) = +\sqrt{r^2 - x^2}, \quad y = f_2(x) = -\sqrt{r^2 - x^2}.$$

Ein sehr unglücklicher Fall! Abhilfe schafft hier eine Darstellung als Kurve. Kurven sind Verallgemeinerungen von Funktionen und durch einen Trick - die Parametrisierung - wieder als solche darstellbar. Eine Kurve ist eine Abbildung

$$[a, b] \ni t \xmapsto{c} c(t) := \begin{bmatrix} x(t) \\ y(t) \end{bmatrix} \in \mathbf{R}^2.$$

So wie im Raum $\mathbf{R}$ die reellen Zahlen leben, so leben im $\mathbf{R}^2$ Tupel aus je zwei reellen Zahlen, die man Vektoren nennt. Natürlich gibt es auch den $\mathbf{R}^3, \mathbf{R}^4, \ldots, \mathbf{R}^n$, aber wir können alles wichtige am $\mathbf{R}^2$ erklären.

Der Vektor c mit seinen beiden Komponenten x und y läßt sich für jeden festen Wert des Parameters t sehr einfach zeichnen! Es ist einfach ein Pfeil der im Nullpunkt startet, und dessen Spitze auf den Punkt mit den Koordinaten (x, y) zeigt! Das Intervall $[a, b] \subset \mathbf{R}$, aus dem der Kurvenparameter gewählt wird, heißt auch Parameterintervall.

Setzt man den Vektor c(0) auf den Punkt $(r, 0)$, dann wird der Kreis offenbar dadurch abgefahren, wenn der Vektor im Uhrzeigersinn um den Winkel 2π bewegt wird, wie in Abbildung 3.6 gezeigt. Aus der Abbildung liest man mühelos ab:

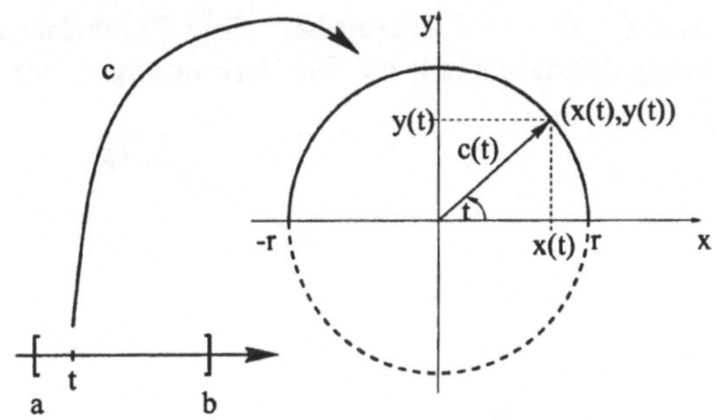

Bild 3.6: Ein Kreis als Kurve

$$x(t) = r\cos(t), \quad y(t) = r\sin(t),$$

und damit ist eine (es gibt beliebig viele andere, die aber alle die gleiche Figur beschreiben!) Parametrisierung des Kreises gefunden, nämlich

$$c(t) = \begin{bmatrix} r\cos(t) \\ r\sin(t) \end{bmatrix}, \quad t \in [0, 2\pi[.$$

Der Begriff der Kurve wäre unnatürlich, wenn sich nicht ganz normale Funktionen ebenfalls als Kurven darstellen ließen. Das ist aber stets der Fall!

Dazu interpretiert man in der Funktionsdarstellung

$$y = f(x)$$

die Variable x als Kurvenparameter und schreibt

$$c(x) := \begin{bmatrix} x \\ f(x) \end{bmatrix}.$$

3.4   Die Quadratur der Parabel

Nun aber zurück zu Archimedes. Im Werk über die Quadratur der Parabel berechnet er den Flächeninhalt eines Parabelsegments, wie es in Abbildung 3.7 dargestellt ist. Die Verbindungsstrecke zwischen

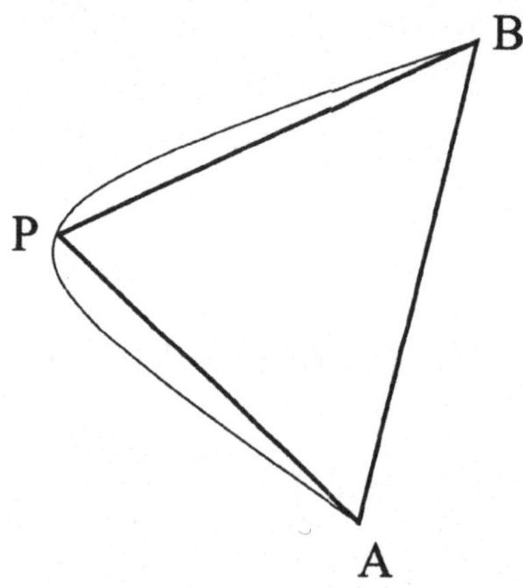

Bild 3.7: Ein Parabelsegment

den Punkten A und B nennt man die Basis des Segmentes. Derjenige Punkt P, der von der Basis am weitesten entfernt ist, heißt Scheitelpunkt.

Archimedes zeigt, daß der Flächeninhalt des Parabelsegments genau 4/3 des Flächeninhaltes des Dreiecks ABP beträgt. Dafür gibt er sogar zwei verschiedene (natürlich geometrische) Beweise an, von denen sich der eine genau dokumentiert im Buch [12] von Edwards findet. Es geht um die Einbeschreibung von Dreiecken, die Anwendung des Eudoxusschen Prinzips und, wie könnte es anders sein, um ein abschließendes doppeltes *reductio ad absurdum* Argument.

Interessant dabei ist, daß Archimedes bei der Summation der Einzelfächen der einbeschriebenen Dreiecke ganz kurz vor dem Schritt, die Anzahl der Dreiecke beliebig zu erhöhen und somit einen Grenzübergang durchzuführen, steht. Edwards kann in [12] daher auch nicht widerstehen und führt den entsprechenden Grenzübergang mit heutigen Mitteln aus, was ihn vier Zeilen kostet!

3.5 Über Paraboloide, Hyperboloide und Ellipsoide

Es ist Archimedes nicht gelungen, die Fläche des Segmentes einer Ellipse zu berechnen; in seinem Werk *Über Paraboloide, Hyperboloide und Ellipsoide* gelingt im jedoch (u.a.) ein sauberer Beweis des Flächeninhaltes einer gesamten Ellipse.

Da wir bereits eine Parametrisierung des Kreises kennengelernt haben, ist die Parametrisierung einer Ellipse nicht schwer. Im Gegensatz zum Kreis besitzt die Ellipse zwei Halbachsen unterschiedlicher Länge, die lange Halbachse sei a, die kurze b, wie in Abbildung 3.8 gezeigt. Damit schreibt sich die Parametrisierung der Ellipse nun

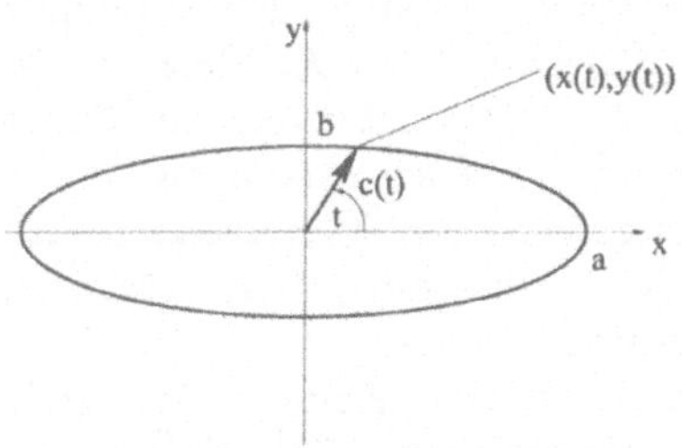

Bild 3.8: Eine Ellipse

fast wie von selbst, nämlich

$$c(t) := \left[\begin{array}{c} a\cos(t) \\ b\sin(t) \end{array} \right], \quad t \in [0, 2\pi[.$$

Für $t = 0$ erhält man den Punkt $(a, 0)$, für $t = \pi/2$ ergibt sich $(0, b)$, usw.

Bei der Flächenberechnung der Ellipse liegt es vielleicht nahe, von dem die Ellipse umgebenenden Kreis mit Radius a auszugehen, und die Ellipse als „gestauchten" Kreis anzusehen. Vielleicht kommt man dann darauf, die Fläche der Ellipse als das $\frac{b}{a}$-fache der Kreisfläche anzugeben, denn $\frac{b}{a}$ ist gerade das Stauchverhältnis. Archimedes gibt jedenfalls einen logisch einwandfreien Beweis, wie immer mit dem doppelten *reductio ad absurdum.*

Sehr nahe an die Definition des bestimmten Integrals gerät Archimedes bei der Volumenberechnung von Rotationskörpern, die er mit Zylinderscheiben füllt und umschreibt und für die er die für ihn tyische Kompressionsmethode verwendet.

3.6   Kugel und Zylinder

Dieses Archimedische Werk erscheint uns heutigen sehr elegant. Vielleicht schätzte Archimedes selbst diese Arbeit ebenso ein, denn er verfügte, daß sich auf seinem Grabstein die Gravierung einer Kugel befinden sollte, die in einem Kreiszylinder einbeschrieben ist, dessen Höhe gerade dem Durchmesser der Kugel entspricht.

In *Kugel und Zylinder* führt Archimedes wichtige Begriffe und Folgerungen ein, z.b. Konvexitätsaxiome. Wir wollen eine Kurve (oder einen Körper) etwas ungenau konvex nennen, wenn er sich nur in einer Richtung krümmt. Man unterscheidet konvexe und konkave Körper; in der Mathematik ist das gerade nichts weiter als eine Vorzeichenkonvention.

Durch Anwendung der Kompressionsmethode auf konvexe Körper kann Archimedes mit Hilfe seiner Konvexitätsaxiome das Volumen und die Oberfläche einer Kugel berechnen, aber auch Pyramidenstümpfe, Kegel und Tetraeder sind nicht vor ihm sicher. Insbesondere die Volumenberechnung der Kugel zeigt wieder seinen ingenieusen Umgang mit dem doppelten *reductio ad absurdum* und der Kompressionstechnik.

3.7   Über Spiralen

Nirgends in der griechischen Mathematik gibt es auch nur Spuren dessen, was wir Kurven genannt haben. Umso erstaunlicher scheint

die Tatsache, daß Archimedes in *Über Spiralen* eine mathematische
Figur behandelt, die förmlich nach der Darstellung in Form einer
Kurve schreit! Er hatte offenbar die Vorstellung, eine Kreisbewegung
mit einer linearen Bewegung in radialer Richtung zu überlagern,
so daß man ein schneckenhausähnliches Gebilde erhält. In heutiger
Parameterdarstellung lautet die Archimedische Spirale

$$c(t) := \begin{bmatrix} at\cos(t) \\ at\sin(t) \end{bmatrix}, \quad a > 0, t \in \mathbf{R}.$$

Für $t \in [0, 4\pi[$ und $a = 1$ ist die Spirale in Abbildung 3.9 zu sehen.
Diese „dynamische" Sicht eines fließenden Parameters, der über die

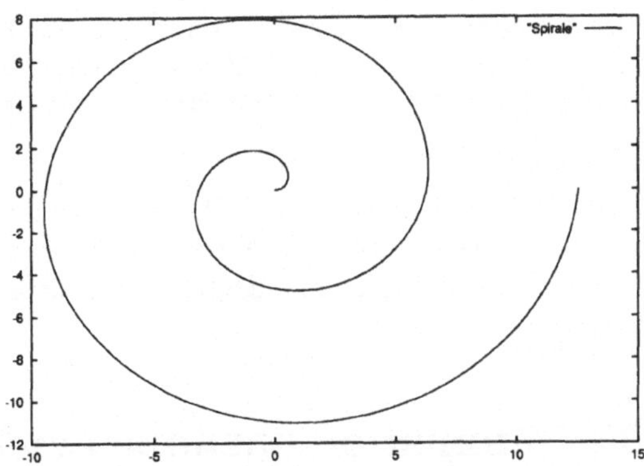

Bild 3.9: Die Archimedische Spirale

Abbildung c einen sich bewegenden Vektor steuert war Archimedes
natürlich völlig fremd. Nichtsdestotrotz ist er in der Lage, mit rein
geometrischen Methoden Schnittpunkte von Tangenten an die Spirale zu berechnen. Der Rest seiner Abhandlung ist der Flächenberechnung von Flächenstückchen, die die Spirale nach einer Umdrehung
einschließt, gewidmet, die er in gewohnt rigoroser Weise durchführt.
Natürlich steht das doppelte *reductio ad absurdum* am Ende der
Flächenberechnung, die mit der Kompressionsmethode durchgeführt
wird.

3.8   Eine Bewertung

Nach seinen Werken zu urteilen war Archimedes ein echter Vorläufer
von Leibniz und Newton. Es bleibt die Frage, warum er den letzten
Schritt zum Grenzübergang nicht genommen hat. Edwards [12] gibt
drei wesentliche Gründe an, weshalb Archimedes die wahre Erkenntnis infinitesimaler Prozesse verschlossen blieb.

- Archimedes teilte mit seinen griechischen Kollegen den *horror
  of the infinite* und blieb damit seinem *reductio ad absurdum*
  verhaftet. Ein echtes Limeskonzept wurde so gar nicht erst
  entwickelt.

- Archimedes ging jedes Problem von neuem an. Er entwickelte keine allgemeine Theorie der Flächen- und Volumenberechnung, die ihm vielleicht die Ähnlichkeiten der Rechenschritte
  besser vor Augen geführt hätte.

- Archimedes hat nicht erkannt, daß die Berechnung von Tangenten der inverse Prozeß zur Flächenberechnung ist. Damit
  blieben ihm die Zusammenhänge im infinitesimalen Calculus
  verborgen.

3.9   Die Summation unendlich vieler Zah-
len

Zur Flächenberechnung eines Kreises beschrieb Archimedes Polygone in den Kreis ein. Zerlegt man das Polygon wiederum in Dreiecke,
deren Einzelflächen einfach berechenbar sind, dann kommt jedem
Polygon eine Fläche zu, die sich aus der Summe der Teildreiecke
ergibt. Das ist eine sichere Sache, solange es immer *endlich viele*
Teildreiecke gibt. Strebt dagegen die Eckpunktzahl der einbeschriebenen Polygone gegen Unendlich, dann müssen auch unendlich viele
Teildreieckflächen aufsummiert werden. Unser Gefühl sagt uns da
bereits, daß dann die Einzelflächen der Teildreicke sehr klein werden
müssen, damit sich insgesamt ein endlicher Flächeninhalt ergibt.

Wir wollen diese Problematik im Rahmen der uns schon bekannten Folgenkonvergenz diskutieren. Dazu konstruieren wir aus einer gegebenen Folge $(x_n)_{n \in \mathbb{N} \cup \{0\}}$ eine neue Folge $(S_n)_{n \in \mathbb{N} \cup \{0\}}$ vermöge der Vorschrift

$$S_n := \sum_{k=0}^{n} x_k, \quad n \in \mathbb{N} \cup \{0\}.$$

Im Fall $\sum_{k=a}^{b} x_k, a > b$, spricht man von einer leeren Summe und definiert $\sum_{k=a}^{b} x_k := 0$.

Die neue Folge nennt man (unendliche) **Reihe** und schreibt (formal!)

$$\sum_{k=0}^{\infty} x_k.$$

Die S_n heißen auch **Partialsummen** der Reihe. Ist die Reihe konvergent, d.h. existiert $\lim_{n \to \infty} S_n$, dann schreibt man mit etwas ruhigerem Gewissen

$$\sum_{k=0}^{\infty} x_k = \lim_{n \to \infty} S_n.$$

Wir haben damit die Theorie der Reihen vollständig in die Theorie der Folgenkonvergenz eingebettet. Daher ist es nicht verwunderlich, wenn wir die Resultate für Folgen hier wiederfinden.

Welche Probleme die Mathematiker früherer Zeiten mit den unendlichen Reihen hatten, zeigt eine Publikation des Mönches G. GRANDI mit dem Titel *De infinitis infinitorum infiniteque parvorum ordinibus* aus dem Jahr 1710. Dort diskutiert Grandi die Reihe

$$\frac{1}{1+x} = 1 - x + x^2 - x^3 + x^4 - \dots,$$

die man durch formale Polynomdivision gewinnen kann. Er setzt $x = 1$ und erhält

$$1 - 1 + 1 - 1 + 1 - 1 + 1 - 1 + \dots = \frac{1}{2}.$$

Jetzt setzt er Klammern und folgert

$$(1-1) + (1-1) + (1-1) + \ldots = 0 + 0 + 0 + 0 + \ldots = \frac{1}{2}.$$

Ohne mit der Wimper zu zucken sieht der Mönch darin einen Beweis für die Schöpfung aus dem Nichts!

Selbst der große Leibniz, der eine kleine Schwäche für solche metaphysischen Erklärungsversuche hatte, verteidigte Grandis Argumentation. In einem Brief an Christian Wolff aus dem Jahr 1713 schreibt er: *[daß es] durch den Geist der bewundernswerten Natur geschieht, daß beim Übergang vom Endlichen zum Unendlichen gleichzeitig ... der Übergang zum Mittelwert sich vollzieht.*

In Wahrheit sind die obigen Ergebnisse aber nur der Nonsense, der sich beim Umgang mit divergenten Reihen nahezu von selbst ergibt!

Satz 3.9.1 (Konvergenzkriterien für Reihen)

1. **Cauchysches Konvergenzkriterium**
$\sum_{k=0}^{\infty} x_k$ *ist konvergent genau dann, wenn es zu jedem* $\varepsilon >$ *0 einen Index* $N = N(\varepsilon)$ *gibt, so daß für* $m, n \geq N$

$$\left| \sum_{k=n}^{m} x_k \right| < \varepsilon$$

gilt.

2. Wenn $\sum_{k=0}^{\infty} x_k$ *konvergent ist, dann bilden die* x_k *eine Nullfolge.*

3. Sind die Reihen $\sum_{k=0}^{\infty} x_k$ *und* $\sum_{k=0}^{\infty} y_k$ *konvergent, dann konvergiert auch die Reihe* $\sum_{k=0}^{\infty}(\lambda x_k + \mu y_k)$, $\lambda, \mu \in \mathbf{R}$, *und es gilt*

$$\sum_{k=0}^{\infty}(\lambda x_k + \mu y_k) = \lambda \sum_{k=0}^{\infty} x_k + \mu \sum_{k=0}^{\infty} y_k.$$

4. Leibnizsches Kriterium
Reihen der Form

$$\sum_{k=0}^{\infty} (-1)^k x_k$$

(sogenannte alternierende Reihen*) mit $x_k \geq 0$, bei denen die x_k eine monoton fallende Nullfolge bilden, sind konvergent. Weiter gilt die Einschließung*

$$\sum_{k=0}^{2n-1} (-1)^k x_k \leq \sum_{k=0}^{\infty} (-1)^k x_k \leq \sum_{k=0}^{2n} (-1)^k x_k.$$

Beweis: Die Aussage *1.* folgt unmittelbar aus Lemma 2.10.1. Aussage *2.* folgt aus *1.* für $m = n$. Aussage *3.* ist nur eine Umformulierung der Rechenregeln für Folgen. Zum Beweis von *4.* seien

$$u_n := \sum_{k=0}^{2n-1} (-1)^k x_k, \quad v_n := \sum_{k=0}^{2n} (-1)^k x_k.$$

Dann folgt

$$
\begin{aligned}
u_{n+1} &= u_n + (x_{2n} - x_{2n+1}) \geq u_n \\
v_{n+1} &= v_n - (x_{2n+1} - x_{2n+2}) \leq v_n \\
v_n &= u_n + x_{2n} \geq u_n \\
v_n - u_n &= x_{2n} \xrightarrow{x_n \text{ Nullfolge}} 0.
\end{aligned}
$$

Damit bilden aber die Folgen $(u_n)_{n \in \mathbb{N}}$ und $(v_n)_{n \in \mathbb{N}}$ eine Intervallschachtelung und konvergieren gegen einen gemeinsamen Grenzwert. Damit ist die Reihe $\sum_{k=0}^{\infty} (-1)^k x_k$ konvergent und es gilt die Einschließung $u_n \leq \sum_{k=0}^{\infty} (-1)^k x_k \leq v_n$. $\blacksquare$

Wir können uns nun ein paar Reihen ansehen.
Die Reihe

$$\sum_{k=0}^{\infty} x^k = 1 + x + x^2 + x^3 + \dots, \quad x \in \mathbb{R}$$

heißt geometrische Reihe.

Für die Partialsummen gilt

$$(1-x) \cdot S_n = (1-x) \sum_{k=0}^{n} x^k = (1-x) \cdot (1 + x + x^2 + \ldots + x^n)$$

$$= 1 + x + x^2 + \ldots + x^n$$

$$-x - x^2 - \ldots - x^n - x^{n+1} = 1 - x^{n+1},$$

also

$$S_n = \sum_{k=0}^{n} x^k = \frac{1 - x^{n+1}}{1 - x}, \quad x \neq 1.$$

Für $|x| < 1$ gilt

$$\lim_{n \to \infty} S_n = \frac{1}{1-x},$$

für $|x| > 1$ ist die geometrische Reihe divergent.

Besonders spannend ist die sogenannte harmonische Reihe

$$\sum_{k=1}^{\infty} \frac{1}{k} = 1 + \frac{1}{2} + \frac{1}{3} + \frac{1}{4} + \ldots,$$

weil man sofort auf Konvergenz schließen würde! Schließlich nehmen die Summanden $1/k$ brav ab und werden für großes k wirklich sehr klein. Unternimmt man einen Computertest und summiert $\sum_{k=1}^{n} 1/k$ für verschiedene Werte von n, dann ergibt sich folgendes interessante Bild:

n	$\sum_{k=1}^{n} 1/k$
10	2.92897
100	5.18738
500	6.79282
1000	7.48547
10000	9.78761

Das sieht doch sehr nach Konvergenz (gegen 10?) aus! Eine Summation bis 15000 zeigt jedoch, daß auch die 10 überschritten ist. Hier kommt man ohne Analysis offenbar gar nicht weiter.

Es soll das Cauchy-Kriterium aus Satz 3.9.1 verwendet werden. Wir wählen $\varepsilon = \frac{1}{2}$ und schätzen einmal ein Reihenstückchen ab:

$$\sum_{k=n}^{m} \frac{1}{k} \geq \sum_{k=n}^{m} \frac{1}{m} = \underbrace{\frac{1}{m} + \frac{1}{m} + \cdots + \frac{1}{m}}_{m-n+1 \text{ mal}} = \frac{m-n+1}{m}.$$

Nun ist

$$\frac{m-n+1}{m} = 1 - \frac{n}{m} + \frac{1}{m} \xrightarrow{m \to \infty} 1$$

für festes n. Damit ist aber das Cauchy-Kriterium verletzt, denn wir hätten im Fall der Konvergenz dieses Reihenstückchen auf einen Wert kleiner als $\varepsilon = \frac{1}{2}$ bringen müssen! Damit steht fest: Die harmonische Reihe divergiert!

Schon die Reihe

$$\sum_{k=1}^{\infty} \frac{1}{k^2}$$

erreicht ein Abfallverhalten ihrer Summanden, so daß Konvergenz eintritt. Mit (allerdings heftigen Geschützen aus der Theorie der Fourier-Reihen) kann man zeigen, daß der Wert dieser Reihe $\pi^2/6$ beträgt.

Ebenfalls interessant ist die Reihe

$$\sum_{k=0}^{\infty} \frac{1}{k!}.$$

Dabei bedeutet das auftretende Ausrufungszeichen die sogenannte Fakultät, die definiert ist durch

$$k! : \begin{cases} \mathbb{N} \cup \{0\} & \to \quad \mathbb{N} \\ k & \mapsto \quad k! := \begin{cases} 1 & ; \quad k = 0 \\ 1 \cdot 2 \cdot 3 \cdot \ldots \cdot k & ; \quad k \neq 0 \end{cases} \end{cases}$$

Die Fakultät hat ein beängstigendes Wachstumsverhalten! Bereits für $k = 10$ ist $k! = 1 \cdot 2 \cdot \ldots \cdot 10 = 604800$. Unsere Summanden in der Reihe werden daher sehr schnell klein und wir vermuten eine konvergente Reihe. Dazu stellen wir fest, daß die Folge der Partialsummen monoton wächst. Nun ist diese Folge aber auch beschränkt, was man so sieht: Für $k \geq 2$ gilt

$$0 < \frac{1}{k!} = \frac{1}{1 \cdot 2 \cdot 3 \cdot 4 \cdot \ldots \cdot k} \leq \frac{1}{1 \cdot 2 \cdot 2 \cdot 2 \cdot \ldots \cdot 2} = \frac{1}{2^{k-1}}$$

und daraus folgt für $n \geq 2$ die Abschätzung

$$
\begin{array}{ccc}
2 & \leq & 1 + \dfrac{1}{1!} + \dfrac{1}{2!} + \ldots + \dfrac{1}{n!} \\[2ex]
\overset{\frac{1}{k!} \leq \frac{1}{2^{k-1}}}{\leq} & & 1 + \dfrac{1}{2^0} + \dfrac{1}{2^1} + \dfrac{1}{2^2} + \ldots + \dfrac{1}{2^{n-1}} \\[2ex]
\leq & & 1 + \underbrace{\sum_{k=0}^{\infty} \left(\dfrac{1}{2}\right)^k}_{\text{Geometrische Reihe mit } x=1/2} = 3.
\end{array}
$$

Nach Satz 2.9.1 ist eine monoton wachsende, nach oben beschränkte Folge konvergent, womit die Konvergenz unserer Reihe nachgewiesen worden ist!

Der Wert der Reihe wird als Eulersche Zahl bezeichnet. Man definiert

$$e := \sum_{k=0}^{\infty} \frac{1}{k!}.$$

Da die Ungleichung $2 \leq S_n \leq 3$ auch im Limes $n \to \infty$ erhalten bleibt, liegt die Eulersche Zahl also zwischen 2 und 3.

Heute weiß man, daß e, ebenso wie π, eine transzendent irrationale Zahl ist. Man kann beliebig viele ihrer Stellen berechnen, ohne daß sich je ein festes Muster oder Periodizität einstellt. Hier sind die ersten 24 Stellen dieser eigentümlichen Zahl, die uns noch häufig begegnen wird:

$$e = 2.718281828459045235360287\ldots.$$

3.10 Absolute Konvergenz

Um zu brauchbaren (d.h. tatsächlich berechenbaren) Konvergenzkriterien zu gelangen, ist ein weiterer Konvergenzbegriff äußerst nützlich.

Man nennt eine Reihe $\sum_{k=0}^{\infty} x_k$ absolut konvergent, falls die Reihe $\sum_{k=0}^{\infty} |x_k|$ konvergiert.

Wegen der Dreiecksungleichung

$$\left| \sum_{k=0}^{n} x_k \right| \leq \sum_{k=0}^{n} |x_k|$$

und des Cauchy-Kriteriums ist jede absolut konvergente Reihe erst recht konvergent.

Satz 3.10.1 *1. $\sum_{k=0}^{\infty} x_k$ ist absolut konvergent genau dann, wenn $\sum_{k=0}^{n} |x_k|$ für alle $n \geq 0$ beschränkt ist.*

2. **Majorantenkriterium** *Gilt für jedes $k \geq 0$ stets*

$$|x_k| \leq y_k$$

(man sagt, die x_k werden durch die y_k majorisiert) und ist die Reihe $\sum_{k=0}^{\infty} y_k$ konvergent, dann ist

$$\sum_{k=0}^{\infty} x_k$$

absolut konvergent.

3. **Quotientenkriterium** *Für alle hinreichend großen k (z.B. alle $k \geq k_0$) sei $x_k \neq 0$. Gilt dann für $k \geq k_0$*

$$\left| \frac{x_{k+1}}{x_k} \right| \leq a < 1,$$

dann ist $\sum_{k=0}^{\infty} x_k$ absolut konvergent.

4. Wurzelkriterium *Gilt für alle* $k \geq k_0$

$$\sqrt[k]{|x_k|} \leq a < 1,$$

dann ist $\sum_{k=0}^{\infty} x_k$ *absolut konvergent.*

Beweis:

1. Die Folge $\left(\sum_{k=0}^{n} |x_k|\right)_{n \in \mathbb{N} \cup \{0\}}$ ist monoton wachsend und daher genau dann konvergent, wenn sie beschränkt ist.

2. Wegen $|x_k| \leq y_k$ ist $y_k \geq 0$ und $\sum_{k=0}^{\infty} y_k$ damit absolut konvergent. Jede absolut konvergente Reihe ist aber nach 1. beschränkt. Dann ist aber auch $\sum_{k=0}^{n} |x_k|$ wegen

$$\sum_{k=0}^{n} |x_k| \leq \sum_{k=0}^{n} y_k \leq \sum_{k=0}^{\infty} y_k$$

beschränkt und nach 1. ist damit $\sum_{k=0}^{\infty} x_k$ absolut konvergent.

3. Aus $|x_{k+1}/x_k| \leq a$ für $k \geq k_0$ folgt mit vollständiger Induktion $|x_k| \leq a^{k-k_0}|x_{k_0}|$ und damit für alle n

$$\sum_{k=0}^{n} |x_k| \leq \sum_{k=0}^{k_0-1} |x_k| + |x_{k_0}| \sum_{j=0}^{n-k_0} a^j \leq \sum_{k=0}^{k_0-1} |x_k| + |x_{k_0}| \frac{1}{1-a}.$$

Nach 1. ist damit $\sum_{k=0}^{\infty} |x_k|$ absolut konvergent.

4. Aus $\sqrt[k]{|x_k|} \leq a$ für $k \geq k_0$ folgt direkt $|x_k| \leq a^k$ für $k \geq k_0$. Wie in 3. schließt man

$$\sum_{k=0}^{n} |x_k| \leq \sum_{k=0}^{k_0-1} |x_k| + \frac{a^{k_0}}{1-a}$$

und damit ist nach 1. $\sum_{k=0}^{\infty} |x_k|$ absolut konvergent.

Man beachte, daß die Voraussetzung für Quotienten- bzw. Wurzelkriterium erfüllt ist, falls

$$\lim_{k\to\infty}\left|\frac{x_{k+1}}{x_k}\right| < 1 \quad \text{bzw.} \quad \lim_{k\to\infty}\sqrt[k]{|x_k|} < 1$$

gilt. Ist andererseits

$$\lim_{k\to\infty}\left|\frac{x_{k+1}}{x_k}\right| > 1 \quad \text{bzw.} \quad \lim_{k\to\infty}\sqrt[k]{|x_k|} > 1,$$

dann ist die Reihe $\sum_{k=0}^{\infty} x_k$ divergent.

Kehren wir nun zu dem GRANDIschen Problem der Klammerung
in unendlichen Reihen zurück. Darf man das? Unter welchen Voraussetzungen darf man das? Diese Frage regelt der Umordnungssatz.
Es geht dabei nicht darum, nur endlich viele Reihenglieder zu vertauschen, sondern es werden, ausgehend von einer vorgelegten Reihe
$\sum_{k=0}^{\infty} x_k$ umgeordnete Reihen $\sum_{k=0}^{\infty} x_{\sigma_k}$ betrachtet, wobei

$$\sigma : \mathbf{N} \cup \{0\} \to \mathbf{N} \cup \{0\}$$

eine beliebige, aber bijektive Vertauschung – eine sogenannte Permutation – ist, deren k-te Komponente σ_k gerade die Zahl k auf
eine andere Zahl abbildet.

So ist etwa

$$\sigma : \{1,2,3,4\} \to \{3,1,4,1\}$$

eine Permutation der (endlichen) Menge $\{1,2,3,4\}$ mit $\sigma_1 = 3, \sigma_2 = 1, \sigma_3 = 4, \sigma_4 = 1$

Satz 3.10.2 Umordnungssatz[3]

*Ist $\sum_{k=0}^{\infty} x_k$ absolut konvergent, dann ist auch jede umgeor-
dete Reihe $\sum_{k=0}^{\infty} x_{\sigma_k}$ absolut konvergent und es gilt $\sum_{k=0}^{\infty} x_k = \sum_{k=0}^{\infty} x_{\sigma_k}$.*

---

[3]In Studentenkreisen auch als *großer Unordnungssatz* verunglimpft!

Beweis: Sei $m \in \mathbb{N}$ und $N \in \mathbb{N}$ so groß gewählt, daß $\{\sigma_0, \ldots, \sigma_m\} \subset \{0, 1, \ldots, N\}$ gilt. Dann gilt

$$\sum_{k=0}^{m} |x_{\sigma_k}| \leq \sum_{k=0}^{N} |x_k| \leq \sum_{k=0}^{\infty} |x_k| =: S.$$

Daher ist $\sum_{k=0}^{\infty} x_{\sigma_k}$ absolut konvergent und für den Grenzwert $S' := \sum_{k=0}^{\infty} |x_{\sigma_k}|$ gilt $S' \leq S$.

Ganz analog ist natürlich auch $\sum_{k=0}^{\infty} x_k$ eine Umordnung von $\sum_{k=0}^{\infty} x_{\sigma_k}$, daher gilt auch $S \leq S'$ und somit $S = S'$.

Wenden wir nun alle obigen Überlegungen auf die natürlich ebenso absolut konvergente Reihe $\sum_{k=0}^{\infty} (|x_k| + x_k)$ an, so erhalten wir

$$S + \sum_{k=0}^{\infty} x_k = S' + \sum_{k=0}^{\infty} x_{\sigma_k}$$

und damit $\sum_{k=0}^{\infty} x_k = \sum_{k=0}^{\infty} x_{\sigma_k}$. $\blacksquare$

4 Zwielicht, Dunkelheit und Morgenröte

Die Blütezeit der griechischen Mathematik erstreckt sich über die Zeit von ca. 600 v.Chr. - 400 n.Chr., mit einem nachweisbaren Höhepunkt im dritten vorchristlichen Jahrhundert durch die Archimedischen Arbeiten. Mit dem Erstarken der römischen Macht im Mittelmeerraum beginnt der Untergang der griechischen Mathematik und Kultur.

4.1 Der Untergang der griechischen Mathematik

Die griechische Mathematik war abhängig von wenigen Personen und Schulen in Athen und Alexandria. Es gab kein einheitliches Fördersystem, sondern man war abhängig von der Großzügigkeit der regierenden Schichten. Zudem waren die behandelten Probleme bereits so komplex, daß tatsächlich nur ein paar wenige diese verstehen konnten. Weiterhin hatte man die Mathematik streng in Geometrie und Algebra unterteilt, und sich um die letztere so gut wie nicht gekümmert. Dadurch waren Beweise in der Regel sehr mühsam über geometrische Konstruktionen zu führen und Analogieschlüsse über das Erkennen ähnlicher Formeln in zwei scheinbar nicht verwandten Problemen ausgeschlossen. Mit anderen Worten: Nicht nur die Römer haben Schuld, sondern die griechische Mathematik hatte sich auch in eine Sackgasse manövriert. Gerade die Stärke der griechischen Mathematik – absolute Logik – hatte z.B. dazu geführt, irrationale Zahlen zu verwerfen, damit Grenzwertprozesse in $\mathbb{R}$ unmöglich zu machen, und der Entwicklung einer reellen Analysis somit im

Wege zu stehen.

Im Jahr 212 v.Chr. wurde die Stadt Syrakus durch die Römer geplündert. Römischen Soldaten, die den über einer geometrischen Aufgabe versunkenen Archimedes belästigten, soll er den berühmten Satz *Noli tangere circulos meos![1]* zugerufen haben, woraufhin ihn einer der Soldaten kurzerhand tötete.

Die Römer hatten keinerlei Interesse an einer so esoterischen Wissenschaft wie Mathematik. Sie unterstützten und entwickelten die Ingenieurskünste, wovon heizbare Häuser, Wasserleitungen und andere Erfindungen zeugen. Die bedeutendste Handlung, die die Römer jemals für die Mathematik geleistet haben, ist wohl die Restaurierung des Archimedischen Grabsteines durch den damaligen sizilianischen Quästor Cicero!

Bild 4.1: Tod des Archimedes (Mosaik)

Im Jahr 641 n.Chr. fiel die letzte Bastion griechischer Gelehrsamkeit – Alexandria – an die Moslems, die in dieser Zeit eine stabile Kultur im Mittelmeerraum aufbauen konnten. In der moslemischen Tradition spielten Wissenschaften eine bedeutende Rolle, so daß während des neunten und zehnten Jhds. n. Chr. die Werke von Euklid, Archimedes und anderen vom Griechischen ins Arabische überstzt wurden.

4.2 Das Mittelalter und die Araber

Die letzte Stunde des römischen Reiches wurde durch die Goten im Jahre 476 eingeläutet, als ein gotischer Eroberer sich zum römischen Herrscher krönen ließ und damit die gesamte Verwaltung des Reiches auseinanderbrach. Von diesem Zeitpunkt an hatte die katholische

---

[1]Störe meine Kreise nicht!

Kirche einige Jahrhunderte damit zu tun, vagabundierende Barbarenstämme zu zivilisieren, die weder eine geschriebene Sprache, noch irgendeine Idee von Wissenschaft hatten.

Es war der Römer BOETHIUS (ca. 480-524), der vier elementare Bücher über Arithmetik, Geometrie, Astronomie und Musik schrieb. Boethius wird als einer der Väter der Scholastik gesehen, einer mittelalterlichen Philosophie, die den Glauben mit der Ratio zusammenzubringen versuchte, siehe [41]. Das Ende der Scholastik und der damit verbundene Schritt aus dem mittelalterlichen Denken wird durch WLHELM VON OCKHAM (ca. 1298-1349) markiert, der die These aufstellte, daß Glauben *eine*, Wissen aber eine *andere* Sache sei.

Boethius' *Arithmetik* war im wesentlichen eine Zusammenfassung der *Introductio arithmeticae* des NIOMACHUS (um 100), die selbst wieder eine Zusammenstellung von Resultaten der pythagoräischen und platonischen Schule war. Wie schlimm es um unsere Wissenschaft um die Zeit 100 ausgesehen hat läßt sich vielleicht daran ermessen, daß Niomachus seinem Buch eine 10×10 Multiplikationstabelle beigegeben hat!

Die *Geometrie* des Boethius enthält ohne Beweise lediglich die einfacheren Resultate aus Euklids Elementen.

Bis zu Mönch GERBERT, dem späteren Papst Sylvester II (999-1003) ging es mit der Mathematik weiter bergab. Gerbert reiste nach Spanien, um das mathematische Wissen der Araber zu erlernen. Der wohl berühmteste mittelalterliche Mathematiker war wohl FRANK VON LÜTTICH (?-?), der ein häufig zitiertes Buch über die Quadratur des Kreises schrieb. Da er die rationale Zahl 11/14 für das exakte Verhältnis zwischen der Fläche eines Kreises und der Fläche des umschriebenen Quadrats hielt, gelang ihm natürlich die geometrische Konstruktion eines flächengleichen Quadrates.

Es gibt keinerlei Zweifel: Während unsere Vorfahren hierzulande ungewaschen und ebenso -gehobelt schwertschwingend durch die Lande zogen um ihren Hobbies – Plündern, Brandschatzen und Vergewaltigen – nachzugehen, wurde die Flamme der mathematischen Erkenntnis durch die arabischen Völker des Mittelmeerraumes gehütet. Die von Europa ausgehenden Kreuzzüge (ab 11. Jahrhun-

dert) waren beschämende Unternehmen unter dem Deckmantel der
Kurie, die Horden von ungebildeten Schlächtern gegen Mitglieder
einer Hochkultur aufhetzten, die neben täglichen Waschungen und
gesunder Ernährung kulturell und wissenschaftlich sehr aktiv war.
Besonders bekannt, weil sein Name für immer in die Mathematik ein-
gegangen ist, ist der Mathematiker und Astronom AL-KHOWARIZMI[2]
(ca. 780-850), der in Bagdad wirkte. Sein Name lebt fort in unserem
heutigen Wort Algorithmus. Eines seiner Bücher trägt den Titel
Al-jabr wa'l muqabalah, woraus unser Begriff Algebra abgeleitet
wurde. Al-Khowarizmi ging bereits sicher mit rationalen und irrationalen Zahlen um, er behandelt quadratische Gleichungen und läßt
bei geometrischen Interpretationen griechischen Einfluß erkennen.

Einen Höhepunkt erlebte die arabische Mathematik mit AL-
HAITHAM (ca. 965-1039), der in der westlichen Welt unter dem Na-
men ALHAZEN bekannt ist. Er schrieb ein einflußreiches Buch über
geometrische Optik und erweiterte die Volumenberechnungen des
Archimedes. Im Buch von Edwards [12] findet sich eine ingenieuse
Methode des Alhazen zum Beweis von Summenformeln.

Das mathematische Wissen der Griechen wurde in der
muslimisch-arabischen Welt etwa vier Jahrhunderte bewahrt und erweitert durch Elemente der Algebra und Arithmetik. Als die arabischen Wissenschaften ihren Niedergang im 12. Jahrhundert begannen, war die westliche Kultur zum Glück wieder so weit, die Fackel
(zumindest teilweise) übernehmen zu können. Im Jahr 1142 wurden
Euklids *Elemente* von ADELARD VON BATH vom Arabischen ins Lateinische übersetzt. ROBERT VON CHESTER lieferte eine lateinische
Übersetzung von al-Khowarizmis *Algebra* im Jahr 1145. Ein lateini-
scher Übersetzer in Spanien, GERARD VON CREMONA (1114-1187)
lieferte eine verbesserte Übersetzung der *Elemente* sowie einige der
Archimedischen Werke. Das damals bekannte Gesamtwerk des Archimedes wurde 1269 von WILHELM VON MÖRBEKE ins Lateinische
übersetzt.

---

[2]Es gibt unzählige Schreibweisen dieses Namens, z.Bspl. auch *al-Hwârâzmî*

4.3 Scholastische Spekulationen

In Europa begannen im 13. Jahrhundert die Universitäten zu sprießen und zu gedeihen. In dieses dynamische System fielen nun die Keime, die Archimedes und andere lange vorher gelegt hatten, und sie erblühten zu neuer Schönheit. Da das Verständnis der Archimedischen Schriften viel Mühe und großes Wissen erforderte, wandte man sich verstärkt der leichter verdaulichen Kost des Aristoteles zu. ARISTOTELES VON STAGIRA (384-322 v.Chr.) dachte sehr philosophisch über kontinuierliche Bewegungen und das Unendliche nach, als er sich Gedanken über Physik machte! Er wollte die Natur des Unendlichen ergründen, die Existenz von unteilbaren Größen (den Indivisiblen), unendlich kleinen Größen (den Infinitesimalen), und der Aufteilbarkeit kontinuierlicher Prozesse wie Zeit, Bewegung und geometrische Größen. Im dritten Buch seiner *Physik* fordert er den Leser auf, das Unendliche zu diskutieren, herauszufinden ob es das Unendliche gibt oder nicht, und, falls es existiert, *was* es eigentlich ist! Solche Gedanken fielen bei den mittelalterlichen Scholastikern auf fruchtbaren Boden! Es entwickelt sich eine mathematische Subkultur, in der über Mathematik philosophiert wird, in der aber einige Probleme, die erst im 19. Jahrhundert abschließend geklärt werden konnten, erkannt werden. Bei der Diskussion von kontinuierlichen Prozessen stand die gleichförmige Bewegung im Vordergrund, die eine Bewegung entlang einer Linie (lineare Bewegung) oder eines Kreises (zirkulare Bewegung) sein konnte.

Ein erstes ernsthaftes Anpacken des Problems einer Quantifizierung von *Änderung* einer Größe fand im zweiten Viertel des 14. Jahrhunderts am Merton College in Oxford statt. Hier waren der spätere Erzbischof von Canterbury, THOMAS BRADWARDINE, und RICHARD SWINESHEAD, genannt *the calculator*, mit Untersuchungen über, wie sie es nannten, *the latitude of forms* beschäftigt (Theorie der Formlatitüden). In der Aristotelischen Philosophie sind damit die Größen von Attributen eines Körpers wie etwa Temperatur oder Dichte gemeint, die man als *Quantitäten* bezeichnet. Bradwardine und Swineshead definierten gleichförmige Bewegung (konstante Geschwindigkeit), wenn gleiche Abstände in gleichen Zeiten durchlaufen werden. Gleichförmige Beschleunigung war demnach definiert, wenn gleiche Geschwindigkeitsänderungen in gleichen Zeitabschnitten vorlagen. Mit diesen Definitionen waren die Merton-Gelehrten in der Lage, ein berühmtes Theorem, die Merton-Regel der gleichförmigen Beschleunigung, zu beweisen:

Wird ein Körper in einem Zeitintervall gleichförmig beschleunigt, dann legt er eine Strecke s zurück, die genau so groß ist, als würde sich der Körper mit gleichmäßiger Geschwindigkeit

$$\frac{1}{2}(v_0 + v_1)$$

bewegen, wobei v_0 und v_1 die Geschwindigkeiten am Anfang und Ende des Zeitintervalls sind.

Die Untersuchungen der Merton-Gelehrten verbreiteten sich über Europa. Um das Jahr 1350 legte NICOLE ORESME (ca. 1323-1382), ein Theologielehrer am College de Navarre, sein Buch *Tractatus de latitudinibus formarum* vor, in dem die Mertonschen Ideen ausgebaut und vieles logisch geklärt wurde. Oresme gibt unter anderem eine geometrische Interpretation der Merton-Regel als Flächeninhalt eines Parallelogramms. In der Arbeit *Questiones super Geometriam Euclidis* beweist er (genau so wie wir heute!) die Divergenz der harmonischen Reihe. In *Algorismus proportionum* beschreibt er erstmalig die Rechnung mit gebrochenen Exponenten.

Der virtuose Umgang mit unendlichen Reihen ist ein Charakteristikum der scholastischen Mathematik. Die Philosophen waren fasziniert vom Hauch des Unendlichen und die Arbeiten aus dem Merton College führten wie von selbst auf einige unendliche Reihen. So löste Swineshead das folgende Problem:

> If a point moves throughout the first half of a certain time interval with a constant velocity, throughout the next quarter of the interval at double the initial velocity, throughout the following eighth at triple the initial velocity, and so on ad infinitum; then the average velocity during the whole time interval will be double the initial velocity.[3]

---

[3]Nach [12]

Nimmt man das Zeitintervall als $[0,1]$ und die Anfangsgeschwindigkeit mit 1 an, dann hatte Swineshead also

$$\frac{1}{2} + \frac{2}{4} + \frac{3}{8} + \cdots + \frac{n}{2^n} + \cdots = 2$$

gelöst. Edwards schreibt, daß der Beweis von Swineshead *long and tedious* gewesen sein soll. Oresme gibt in seinem *Tractatus* eine wundervolle geometrische Beweistechnik an, die in Abbildung 4.2 dargestellt ist. Aus der Zeichnung sieht man sofort, daß die Länge der

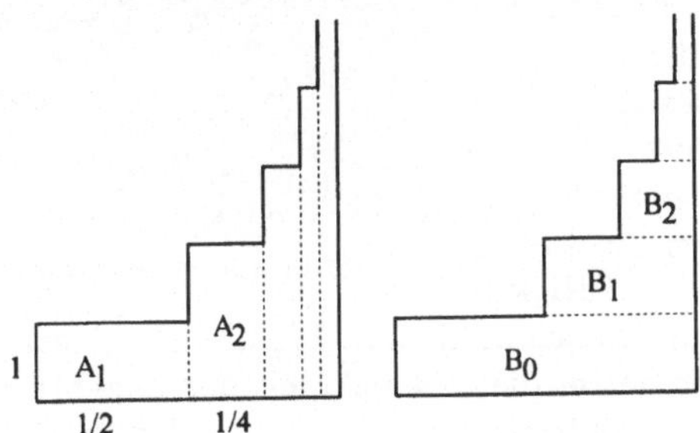

Bild 4.2: Oresmes Beweis

Unterseite der Figuren

$$\frac{1}{2} + \frac{1}{4} + \frac{1}{8} + \cdots = \sum_{k=1}^{\infty} \left(\frac{1}{2}\right)^k$$

ist. Dabei handelt es sich um eine geometrische Reihe deren Wert 1 ist. Nun argumentiert Oresme, daß an Stelle der Summation in der linken Figur der Abbildung 4.2 auch die Summation in der rechten Figur verwendet werden kann und erhält

$$\frac{1}{2} + \frac{2}{4} + \frac{3}{8} + \cdots + \frac{n}{2^n} + \cdots = \sum_{n=1}^{\infty} A_n$$

$$= \sum_{n=0}^{\infty} B_n = 1 + \frac{1}{2} + \frac{1}{4} + \frac{1}{8} + \cdots + \frac{1}{2^n} + \cdots$$

Die letzte Reihe ist die wiederum die bekannte geometrsiche Reihe, deren Wert sich hier zu 2 ergibt.

4.4 Die Renaissance und die mathematische Symbolik

Das Zeitalter des 15. und 16. Jahrhunderts markiert die wissenschaftliche und kulturelle Renaissance. Neben einer geistigen Öffnung der Menschen und ihrer Hinwendung zur griechischen Klassik ist es die Erfindung des Buchdrucks durch JOHANNES GUTENBERG (1455 erster Druck der Bibel), die einen effektiven Austausch intellektueller Tätigkeit

Bild 4.3: Gutenbergs Werkstatt

ermöglicht. Im Mittelpunkt der Renaissance-Mathematik stand neben der Geometrie die Entwicklung der Algebra als Werkzeug zum Lösen von Problemen.

Im Jahr 1545 veröffentlicht der aus Pisa stammende Philosoph, Arzt und Mathematiker GERONIMO CARDANO (1501-1576) seine *Ars Magna sive de regulis algebraicis*[4]. In diesem Buch ist die Lösungsstrategie für kubische Gleichungen

$$ax^3 + cx = b$$

mitgeteilt. Pikanterweise hatte zuvor der Rechenmeister NICCOLÒ TARTAGLIA[5] auf Druck von Cardano diesem unter Abnahme eines Eides, daß dieser das Geheimnis hüten würde, die Lösung mitgeteilt. Man kann sich den Streit nach Publikation der *Ars Magna* leicht vorstellen, der in der Tat häßliche Formen annahm. So unverzeihlich der Cardanische Wortbruch auch ist, der Mathematik hat die Publikation der Tartagliaschen Methoden einen Fortschritt beschert.

Dabei ist zu bedenken, daß der heute übliche mathematische Formalismus noch gar nicht entwickelt war! Die Zeichen + und − wurden häufig noch als p und m geschrieben und langatmige verbale

---

[4]Die große Kunst oder über die algebraischen Regeln
[5]Tartaglia = Der Stammler, Der Stotterer

Bild 4.4: Cardano (links) und Tartaglia

Erläuterungen ersetzten präzise Formeln. Präzision bei der Lösung algebraischer Gleichungen wurde erstmals von FRANCOIS VIETA (1540-1603) an den Tag gelegt. Er gilt als einer der Stammväter der modernen Buchstabenalgebra und des mathematischen Symbolismus. Er erkannte klar, daß die *logistica speciosa*[6], das Rechnen mit Symbolen, der *logistica numerosa*[7] weit überlegen ist.

Bild 4.5: Vieta (links) und Recorde

---

[6]Prächtige Rechenkunst
[7]Rechenkunst mit Zahlen

Vieta stammt aus dem westlichen Frankreich, wo er in der Klosterschule von Fontenay-le-Comte eine gründliche Ausbildung erhielt. Er studierte die Rechte und lies sich in seiner Vaterstadt als Advokat nieder, wo er es bald zu Ansehen brachte. Nach einem Zwischenspiel als Privatlehrer ging er an den Hof nach Paris, wo er als Advokat am Parlament tätig war. Nebenbei war er an der Dechiffrierung von Botschaften der Feinde Königs Heinrich II. beteiligt. Unter Heinrich IV. hat Vieta viel zur Konsolidierung des Staates beigetragen. Fast ein Wunder, daß er nebenbei noch zur Mathematik Zeit hatte! Im Jahr 1591 erscheint seine *In artem analyticem Isagoge* (Einführung in die analytische Kunst), eine bedeutsame Einführung in die Algebra. Vieta verwendet konsequent Vokale A, E, I, O, U, Y für Unbekannte, Konsonanten $B, C, D, \ldots$ für bekannte Größen. Er benutzt stets die Symbole $+$ und $-$, den Bruchstrich als Symbol für die Division und das Wörtchen *in* als Symbol für die Multiplikation.

Das Gleichheitszeichen $=$, das erst von ROBERT RECORDE (ca. 1510 - 1558) eingeführt wurde, hat Vieta stets als *aequibitur* oder *aequale* geschrieben. Als Beispiel gibt Wussing [52] die Schreibweise

$$\frac{a \text{ in } b}{c} + \left\{ \frac{\begin{array}{c} c \text{ in } d \\ -a \text{ in } x \end{array}}{f} \right\} \text{ aequale } h$$

für

$$\frac{ab}{c} + \frac{cd - ax}{f} = h$$

an, was für unsere heutigen Augen schon gut lesbar ist!

4.5 Die Geburt der analytischen Geometrie

Bis ins 16. Jahrhundert entwickelten sich Geometrie und Algebra mit nur losen Verbindungen nebeneinander her. Es sind zwei große Gestalten aus dem Frankreich des 17. Jahrhunderts, denen die fruchtbare Vereinigung der beiden Disziplinen gelingt, RENÉ DESCARTES

(1596-1650) und PIERRE DE FERMAT (1601-1665). Descartes ent-

Bild 4.6: Descartes (links) und Fermat

stammt dem mittleren französischen Adel und wurde als schwächli-
cher Knabe zur Erziehung in die Obhut eines Jesuitencollèges gegeben, an dem ein Onkel unterrichtete. Beim Studium der *artes libe-
rales*, der sieben freien Künste, die das Trivium *Grammatik*, *Rhe-
torik*, *Dialektik* oder *Logik* und das Quadrivium *Arithmetik*, *Geometrie*, *Astronomie*, *Musik* umfaßte, fiel er bald durch hervorragen-
des mathematisches Verständnis auf, was ihm einige Sonderrechte
(insbesondere langes Ausschlafen) einbrachte. Nach dem Besuch des
Collèges führte er das Leben eines Privatiers um sich juristischen
Studien zu widmen. Durch Militärdienst versuchte er, eine wichtige
Position im Staatswesen Frankreichs zu erlangen, was jedoch scheiterte, woraufhin er als Lebemann und Spieler durchs Leben zog, bis
er sich, des Vergnügens überdrüssig, in eine Wohnung zurückzog.
Von da an gibt es eine intensive Beschäftigung mit Fragen der Philosophie, Physik und Mathematik. Im Jahr 1628 emigriert er nach
Holland, wo er den jungen CHRISTIAN HUYGENS kennenlernt, dem
er väterlich zugeneigt ist. In Holland verbrachte er die produktiv-
sten Jahre und hier erscheint auch 1637 die *Discours de la méthode
pour bien conduire sa raison et chercher la verité dans le sciences*

plus la dioptrique, les meteores et la geometrie[8], die die Geburt der analytischen Geometrie markiert.

Er gerät bei einem Besuch in Paris in häßlichen Streit mit Pierre de Fermat über dessen Tangentenmethode. Da Versuche scheiterten, wieder in Paris Fuß zu fassen, nahm er das Angebot Königin Christines von Schweden an, sie in Philosophie zu unterrichten. Die wohl etwas hochnäsige Königin ließ Descartes den Standesunterschied spüren und setzte ihre Unterweisungen auf 5 Uhr morgens fest. Der arme Descartes, der Zeit seines Lebens den Vormittag im Bett zugebracht hatte, mußte nun täglich im kalten schwedischen Winter den langen Weg zum Hof zurücklegen. Bereits nach wenigen Tagen zog sich der 53jährige eine Lungenentzündung zu und verstarb daran nach neun Tagen, am 11. Februar 1650.

Bild 4.7: Christine von Schweden

Der Jurist Fermat befaßte sich nur aus Neigung mit Mathematik. Sein Leben verlief, verglichen mit dem Descartes', äußerst ruhig.

Neben dem Aufbau der analytischen Geometrie widmete er sich der Wahrscheinlichkeitstheorie, der Zahlentheorie und der Infinitesimalrechnung. Ich verkneife mir an dieser Stelle, etwas über den großen Fermatschen Satz zu sagen, der vor nicht langer Zeit von Andrew Wiles bewiesen wurde, sondern verweise auf das Buch von Singh [46].

Nun aber zur analytischen Geometrie. Die zentrale Idee, die Algebra und Geometrie verbindet, ist die Korrespondenz einer Gleichung

$$f(x, y) = 0$$

mit dem Ort (x, y) von Punkten, die dieser Gleichung genügen. Als

---

[8]Abhandlungen über die Methode, die Vernunft richtig zu leiten und die Wahrheit in den Naturwissenschaften zu suchen, außerdem die Dioptrik, Meteore und Geometrie

Beispiel sei die Parabel

$$y = x^2 \quad \Leftrightarrow \quad f(x,y) := x^2 - y = 0$$

genannt. Die Menge $\{(x,y) \mid x^2 - y = 0\}$ ergibt genau den Graphen dieser Funktion.

Da jeder Punkt durch zwei Koordinaten beschrieben werden kann, liegt die Einführung eines Koordinatensystems mit zwei aufeinander senkrecht stehenden Achsen nahe, und sowohl Descartes, als auch Fermat, haben durchgängig ein solches Koordinatensystem benutzt. Aus diesem Grund nennen wir ein solches Koordinatensystem noch heute cartesisch[9]. Aber die analytische Geometrie ist Bestandteil einer anderen Vorlesung ...

4.6 Grenzwerte von Funktionen

Es bezeichne D die Definitionsmenge einer Funktion $f : D \to \mathbf{R}$, man denke etwa an ein Intervall. Wir wissen bereits, was ein Häufungspunkt für Folgen ist, aber im Zusammenhang mit Funktionen wollen wir an dieser Stelle die folgende Definition für Mengen geben: Ein Häufungspunkt von D ist ein Punkt $x_0 \in \mathbf{R}$, zu dem es eine Folge $(x_n)_{n \in \mathbf{N}}$ mit $x_n \in D$ für alle $n \in \mathbf{N}$ und $x_n \neq x_0$ gibt, so daß

$$\lim_{n \to \infty} x_n = x_0$$

gilt. Die Folge muß also ganz in D liegen und kein Folgenelement darf x_0 sein!

Die Menge aller Häufungspunkte sei mit D' bezeichnet.

Die Menge

$$\overline{D} := D \cup D'$$

heißt abgeschlossene Hülle von D. Die Menge D heißt abgeschlossen, wenn $D = \overline{D}$ gilt.

Bereits früher ist uns die ε-Umgebung

$$U_\varepsilon(x_0) := \{x \in \mathbf{R} \mid |x - x_0| < \varepsilon\}$$

---

[9]Nach der lateinischen Form *Cartesius* des Namens

begegnet. Die Menge D heißt beschränkt, wenn es ein $\varepsilon > 0$ gibt, so daß $D \subset U_\varepsilon(x_0)$ gilt, die Menge D sich also vollständig in eine ε-Umgebung einschließen läßt. Ein Punkt x_0 heißt innerer Punkt von D, wenn es ein $\varepsilon > 0$ gibt, so daß $U_\varepsilon(x_0) \subset D$ gilt, eine ε-Ungebung um x_0 also noch vollständig in D liegt. Die Menge aller inneren Punkte von D wird mit D° bezeichnet. Man sagt auch, D° sei das Innere von D. Die Menge D heißt offen, falls $D^\circ = D$ gilt.

Hier ist es gut auszuruhen und die Begriffe an einem anschaulichen Beispiel zu testen! Wir betrachten das Intervall

$$D := [0, 1[.$$

Der linke Intervallrand 0 ist ganz sicher kein innerer Punkt von D, denn jede ε-Umgebung um 0 ragt mit ihrem linken Teil über D hinaus! Das Innere ist daher $D^\circ =]0, 1[$. Wegen $D^\circ \neq D$ ist unser D auch nicht offen.

Der rechte Rand 1, der nicht mehr zu D gehört, ist sicher ein Häufungspunkt von D, denn eine ganz in D gelegene Folge, die gegen 1 konvergiert, läßt sich finden[10]. Daher ist $\overline{D} = [0, 1]$ die abgeschlossene Hülle von D. Da $D \neq \overline{D}$ gilt, ist D nicht abgeschlossen.

Dagegen ist das Intervall $[0, 1]$ abgeschlossen, das Intervall $]0, 1[$ offen.

Ferner zeigt man leicht (Übungsaufgabe!), daß jeder innere Punkt stets ein Häufungspunkt ist.

Mit dem so zur Verfügung stehenden Handwerkszeug können wir den Begriff des Grenzwertes von Folgen auf Funktionen erweitern.

Definition 4.6.1 Es sei gegeben eine Funktion $f : D \to \mathbf{R}$, $D \subset \mathbf{R}$ und $x_0 \in D'$. Man sagt, $f(x)$ konvergiert für $x \to x_0$ gegen den Grenzwert y_0, falls für jede Folge $(x_n)_{n \in \mathbf{N}}$, $x_n \in D$, $x_n \neq x_0$,

$$\lim_{x \to x_0} x_n = x_0 \quad \Rightarrow \quad \lim_{n \to \infty} f(x_n) = y_0$$

gilt. Wir schreiben dann

$$\lim_{x \to x_0} f(x) = y_0.$$

---

[10]Z.Bspl. ist $x_n := 1 - \frac{\varepsilon}{n}$ eine solche Folge

Manchmal muß man Grenzwerte von Funktionen an Intervallrändern berechnen. Dann kann es nur Folgen in D geben, die von einer Seite gegen x_0 streben. Für diesen Fall ist es praktisch, einseitige Grenzwerte zu definieren. Wir schreiben

$$\lim_{x \to x_0^-} f(x) = y_0$$

genau dann, wenn für jede Folge $(x_n)_{n \in \mathbb{N}}$ aus D mit $x_n < x_0$ aus $\lim_{n \to \infty} x_n = x_0$ stets $\lim_{n \to \infty} f(x_n) = y_0$ folgt (Grenzwert von links (oder unten)). Analog schreiben wir

$$\lim_{x \to x_0^+} f(x) = y_0$$

genau dann, wenn für jede Folge $(x_n)_{n \in \mathbb{N}}$ aus D mit $x_n > x_0$ aus $\lim_{n \to \infty} x_n = x_0$ stets $\lim_{n \to \infty} f(x_n) = y_0$ folgt (Grenzwert von rechts (oder oben)). Bei den einseitigen Grenzwerten wollen wir verabreden, auch $x_0 = \pm\infty$ zuzulassen.

Zur Illustration betrachten wir die Sprungfunktion

$$H(x) := \begin{cases} 0 & ; \quad x < 0 \\ 1 & ; \quad x \geq 0 \end{cases}$$

Diese Funktion nennt man nach OLIVER HEAVISIDE (1850-1925), der damit elektrische Schaltimpulse beschreiben wollte, auch Heaviside-Funktion . Es gilt

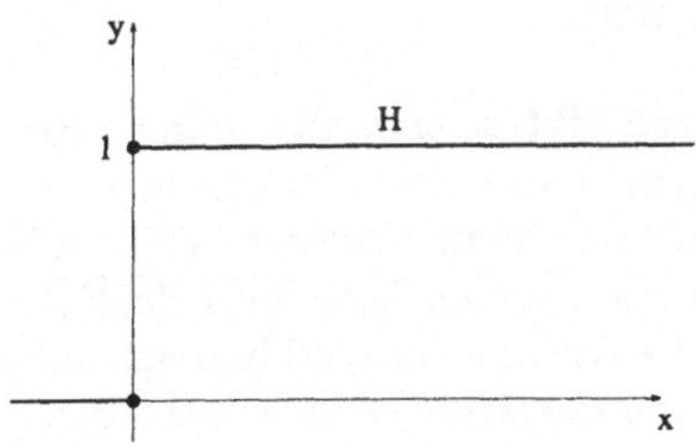

Bild 4.8: Die Sprungfunktion H

$$\lim_{x \to 0^-} H(x) = 0, \quad \lim_{x \to 0^+} H(x) = 1,$$

so daß der Limes

$$\lim_{x \to 0} H(x)$$

nicht existiert!

Ganz anders sieht der Fall der Funktion $y = f(x) = x^2$ am Punkt $x_0 = 0$ aus. Hier gilt offenbar $\lim_{x \to 0} x^2 = 0 = f(0)$.

Im Fall der Funktion $y = f(x) = \begin{cases} 1 & ; \quad x \in \mathbf{R} \backslash \{1\} \\ 0 & ; \quad x = 1 \end{cases}$ gilt

$$\lim_{x \to 1} f(x) = 1 \neq 0 = f(1).$$

Es bleibt zum Umgang mit Grenzwerten von Funktionen nur noch nachzutragen, daß die für Folgen bekannten Grenzwertsätze unmittelbar hier übertragbar sind. So gelten die Regeln

$$\lim_{x \to x_0} (f(x) + g(x)) = \lim_{x \to x_0} f(x) + \lim_{x \to x_0} g(x),$$

$$\lim_{x \to x_0} (\lambda f(x)) = \lambda \cdot \lim_{x \to x_0} f(x),$$

$$\lim_{x \to x_0} (f(x) \cdot g(x)) = \left(\lim_{x \to x_0} f(x) \right) \cdot \left(\lim_{x \to x_0} g(x) \right),$$

$$\lim_{x \to x_0} \left(\frac{f(x)}{g(x)} \right) = \frac{\lim_{x \to x_0} f(x)}{\lim_{x \to x_0} g(x)}, \text{ falls } \lim_{x \to x_0} g(x) \neq 0.$$

4.7 Stetigkeit

Bei den Ingenieuren gibt es eine alte, falsche Regel, nach der eine stetige Funktion genau eine solche ist, die man ohne abzusetzen mit dem Stift nachzeichnen kann. Obwohl es Gegenbeispiele zu dieser Regel gibt, fahren die meisten Ingenieure doch recht gut mit dieser Faustregel, denn die Ausnahmen sind hinreichend pathologisch. Wir wollen uns mit vagen Erklärungen nicht zufrieden geben und werden eine exakte Definition auf Basis der Grenzwerte von Funktionen geben. Trotzdem ist ein wenig Anschauung hilfreich! Wir wollen eine Funktion dann als stetig bezeichnen, wenn kleine Änderungen am Argument x auch nur kleine Änderungen am Funktionswert $f(x)$ bewirken. Das ist ja gerade am Beispiel unserer Sprungfunktion H aus dem vorhergehenden Abschnitt nicht so gewesen, denn ein kleines Ruckeln am Argument $x = 0$ nach links und rechts ergibt immer einen Sprung in den Funktionswerten von der Höhe 1!

Wir wollen eine Funktion stetig an einem Punkt x_0 nennen, wenn ihr Grenzwert für $x \rightarrow x_0$ genau dem Funktionswert $f(x_0)$ entspricht. Genau das war ja bei der Sprungfunktion nicht gegeben. Den Zusammhang mit der Vorstellung von kleinen Änderungen des Funktionswertes bei kleiner Änderung der Argumente klären wir danach.

Definition 4.7.1 Eine Funktion f heißt stetig im Punkt $x_0 \in D \cap D'$, falls

$$\lim_{x \rightarrow x_0} f(x) = f(x_0)$$

gilt. Eine Funktion f heißt stetig, falls sie in allen Punkten $x \in D \cap D'$ stetig ist.

Manchmal weisen Funktionen Löcher in ihrem Definitionsbereich auf, z.B.

$$f(x) := \frac{x^3 - 1}{x - 1}$$

bei $x_0 = 1$ oder

$$g(x) := \frac{1}{x}$$

bei $x_0 = 0$. Im Falle der Funktion f existiert der Limes

$$\lim_{x \rightarrow 1} \frac{x^3 - 1}{x - 1} = \lim_{x \rightarrow 1} x^2 + x + 1 = 3,$$

im Fall der Funktion g existiert der Grenzwert nicht ($\lim_{x \rightarrow 0+} 1/x = +\infty, \lim_{x \rightarrow 0-} 1/x = -\infty$). Im ersten Fall wollen wir sagen, f ist an der Stelle $x_0 = 1$ stetig ergänzbar, allgemeiner:

Eine Funktion f heißt an der Stelle $x_0 \in D'$ stetig ergänzbar, falls $\lim_{x \rightarrow x_0} f(x) < \infty$ existiert.

Wir kommen nun zu unserer Vorstellung zurück, daß eine stetige Funktion bei wenig Wackeln am Argument auch nur wenig im Funktionswert wackeln sollte. Dazu beweisen wir das folgende $\varepsilon - \delta$-Kriterium.

Satz 4.7.1 *Eine Funktion f ist stetig in* $x_0 \in D \cap D'$ *genau dann, wenn es zu jedem* $\varepsilon > 0$ *ein* $\delta > 0$ *gibt, so daß für alle* $x \in D$

$$|x - x_0| < \delta \quad \Rightarrow \quad |f(x) - f(x_0)| < \varepsilon$$

gilt.

Nanu, warum heißt es denn nicht $|x - x_0| < \varepsilon \Rightarrow |f(x) - f(x_0)| < \delta$? Nun, wenn wir im Falle unserer Sprungfunktion ein sehr kleines ε vorgeben würden, dann fänden wir natürlich immer ein δ (mag es auch groß sein), so daß die Differenz der Funktionswerte im δ-Bereich bleiben! Damit wäre die Sprungfunktion aber bei 0 stetig und das wollen wir gewiß nicht!

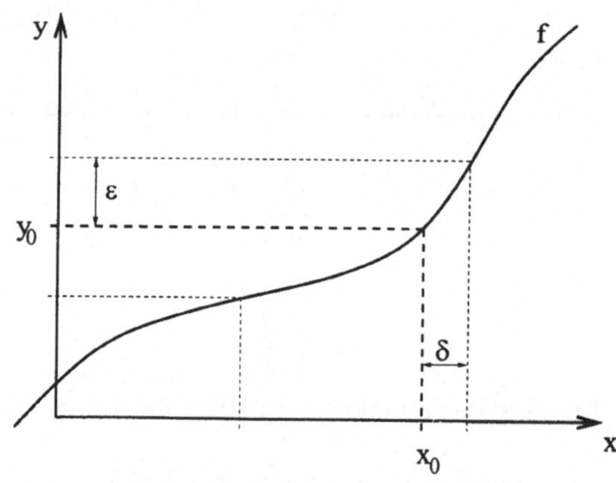

Bild 4.9: Das $\varepsilon - \delta$-Kriterium

Beweis: Wir nehmen zuerst an, f sei stetig in x_0. Weiterhin nehmen wir an, es gebe ein $\varepsilon > 0$, so daß für alle $\delta > 0$ ein $x_\delta \in D$ existiert, für das

$$|x_\delta - x_0| < \delta \quad \text{und} \quad |f(x_\delta) - f(x_0)| \geq \varepsilon$$

gilt. Das ist genau die logische Verneinung des $\varepsilon - \delta$-Kriteriums. Wählte man nun $\delta = 1/n$, dann erhielte man eine Folge $(x_n)_{n \in \mathbb{N}}$,

$x_n \in D$, mit der Eigenschaft

$$|x_n - x_0| < \frac{1}{n} \quad \text{und} \quad |f(x_n) - f(x_0)| \geq \varepsilon.$$

Wegen der letzten Ungleichung ist auch $x_n \neq x_0$, also $x_n \in D\backslash\{x_0\}$ und $\lim_{n\to\infty} x_n = x_0$, aber $(f(x_n))_{n\in\mathbb{N}}$ würde nicht gegen $f(x_0)$ konvergieren. Das stünde aber im Widerspruch zur vorausgesetzten Stetigkeit von f.

Nun nehmen wir an, das $\varepsilon - \delta$-Kriterium sei erfüllt. Es gelte $\lim_{n\to\infty} x_n = x_0$, $x_n \in D\backslash\{x_0\}$. Zu $\varepsilon > 0$ wähle $\delta > 0$ mit

$$\forall x \in D: \quad |x - x_0| < \delta \Rightarrow |f(x) - f(x_0)| < \varepsilon,$$

und $N = N(\delta(\varepsilon))$ mit

$$\forall n \geq N: \quad |x_n - x_0| < \delta.$$

Damit folgt nun sofort

$$\forall n \geq N: \quad |f(x_n) - f(x_0)| < \varepsilon,$$

also $\lim_{n\to\infty} f(x_n) = f(x_0)$.   ∎

Uff! An dieser Stelle lohnt sich ein Verweilen, Verschnaufen, und vielleicht ein erneutes Durchgehen dieses Abschnitts nach dem Abendbrot (oder nach einer Mütze Schlaf!). Die *Epsilontik* ist eine gewöhnungsbedürftige Wissenschaft. Sie wird nur durch fleißiges Üben zum gewohnten Handwerkszeug, ist andererseits aber in der Analysis (und anderswo) so wichtig, daß man unbedingt damit vertraut sein sollte!

Übrigens finden Sie in vielen Büchern das $\varepsilon - \delta$-Kriterium als *Definition* der Stetigkeit. Daß dieses Kriterium mit unserer Folgendefinition der Stetigkeit an Häufungspunkten übereinstimmt, kann dann genau wie hier bewiesen werden. Der Vorteil der $\varepsilon-\delta$-Definition liegt darin, daß auch Stetigkeit an isolierten Punkten des Definitionsgebietes definiert werden kann. Dann sind z.B. Folgen immer stetige Abbildungen. Wir haben uns hier für die Folgendefinition entschieden, weil ihr Inhalt sehr gut intuitiv greifbar ist. Da brauchen wir dann allerdings, daß x_0 ein Häufungspunkt ist, denn sonst gibt es u.U. gar keine Folge $x_n \to x_0$!

Aus den Rechenregeln für Grenzwerte folgt sofort, daß auch die Funktionen $f + g$, $f \cdot g$ und f/g bei x_0 stetig sind, wenn die beiden Funktionen f, g es sind (und wenn im letzten Fall $g(x_0) \neq 0$ gilt).

Oft führt man mehrere Funktionen hintereinander aus. Das geht so. Ist g eine Funktion, die von E nach D abbildet und f eine Funk-

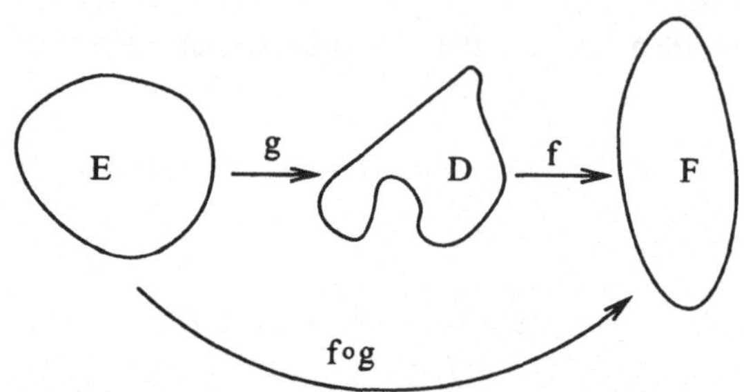

Bild 4.10: Hintereinanderausführung von Funktionen

tion von D nach F, dann ist die Hintereinanderausführung oder das Kompositum definiert als

$$f \circ g : E \to F,$$

man liest den Kompositionskuller vorteilhaft als f nach g (also erst g, dann f). Man schreibt auch gerne $f(g(x))$ für $(f \circ g)(x)$. Natürlich ist ein Kompositum stetig in $x_0 \in E^\circ$, wenn g dort stetig ist und f stetig im Punkt $g(x_0) \in D^\circ$ ist.

Alle Polynome sind stetig. Die Wurzelfunktion und die Winkelfunktionen sin und cos sind stetig.

4.8   Folgerungen aus der Stetigkeit

Wir haben bereits bei einem früheren Beispiel im Zusammenhang mit der Löwenfangmethode eine Nullstelle einer Funktion gesucht und dabei benutzt, daß im Fall $f(a) \cdot f(b) < 0$ im Intervall $[a, b]$ eine Nullstelle liegen muß. Hier nun können wir die Bedingungen an dieses Vorgehen endlich klären und uns den Beweis schenken, den haben wir bereits mit unserem Löwenfangalgorithmus erbracht!

Satz 4.8.1 *Es sei* $f : [a, b] \to \mathbf{R}$ *stetig. Gilt* $f(a) \cdot f(b) < 0$, *dann existiert* $x_0 \in\,]a, b[$, *so daß* $f(x_0) = 0$ *gilt.*

Beweis: Man nehme ohne Beschränkung der Allgemeinheit $f(a) < 0$, $f(b) > 0$ an und verwende den Löwenfangalgorithmus. Dieser definiert eine Intervallschachtelung, die gegen ein x_0 konvergiert. Für alle linken Intervallränder gilt immer $f(a_k) < 0$, also auch $\lim_{k \to \infty} f(a_k) \leq 0$. An allen rechten Intervallrändern ist immer $f(b_k) > 0$, also $\lim_{k \to \infty} f(b_k) \geq 0$. Damit ist $f(x_0) = 0$ gezeigt. $\blacksquare$

Wendet man den gerade bewiesenen Satz auf die Funktion $g(x) := f(x) - c$ an, dann erhält man sofort den

Satz 4.8.2 (Zwischenwertsatz) *Es sei* $f : [a, b] \to \mathbf{R}$ *stetig. Gilt* $f(a) < c < f(b)$, *dann existiert ein* $x_0 \in\,]a, b[$, *so daß* $f(x_0) = c$ *gilt.*

Eine weitere schöne Eigenschaft der stetigen Funktionen ist die Min-Max-Eigenschaft. Sie besagt, daß eine stetige Funktion auf einem abgeschlossenen Intervall stets ihr Maximum und ihr Minimum annimmt.

Satz 4.8.3 *Es sei* $f : [a, b] \to \mathbf{R}$ *stetig. Dann gibt es* $x_1, x_2 \in [a, b]$ *mit*

$$f(x_1) = \min_{x \in [a,b]} f(x) \quad und \quad f(x_2) = \max_{x \in [a,b]} f(x).$$

Beweis: Sei $s := \sup_{a \leq x \leq b} \{f(x)\}$, wobei $+\infty$ zugelassen ist. Dann existiert eine Folge mit $x_k \in [a, b]$ und $f(x_k) \to s$. Nach dem Satz von Bolzano-Weierstraß gibt es eine in $[a, b]$ konvergente Teilfolge von $(x_k)_{k \in \mathbf{N}}$ mit $x_{k_j} \to x_0 \in [a, b]$ und $f(x_{k_j}) \to s$. Auf Grund der Stetigkeit von f in x_0 folgt damit aber

$$s = f(x_0) = \max_{a \leq x \leq b} f(x).$$

Der Beweis für das Minimum verläuft vollständig analog.   ∎

4.9   Gleichmäßige Stetigkeit

Bei der Funktion $y = f(x) = x$ läßt sich im $\varepsilon - \delta$-Kriterium für jedes
feste ε ein δ wählen, das dann an jeder beliebigen Stelle x das $\varepsilon - \delta$-
Kriterium erfüllt. Das ist offenbar nicht generell so, wie ein Blick
auf Abbildung 4.11 zeigt. Für ein und dasselbe ε gibt es hier an

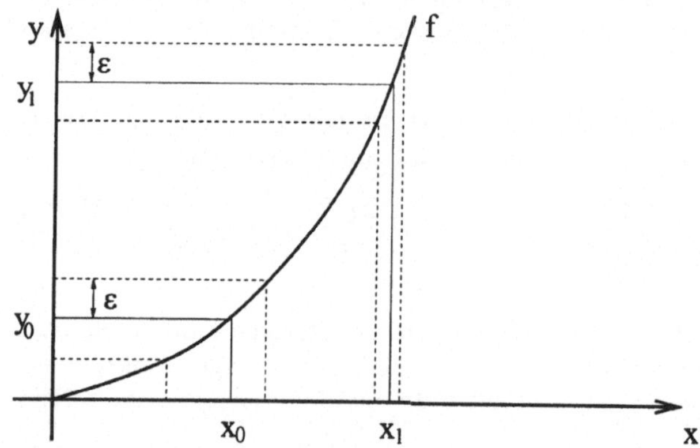

Bild 4.11: δ hängt von der Stelle x ab

zwei verschiedenen Stellen x_0 und x_1 offenbar deutlich verschiedene
δ. Das an der Stelle x_0 noch ausreichende δ würde an der Stelle x_1
bereits viel zu groß sein, um die Differenz der Funktionswerte noch
in einer ε-Umgebung zu halten.

Reicht die Wahl eines δ unabhängig von der Stelle x, dann spricht
man von gleichmäßiger Stetigkeit.

Definition 4.9.1 Eine Funktion $f : D \to \mathbb{R}$ heißt gleichmäßig
stetig, falls es für alle $\varepsilon > 0$ ein $\delta > 0$ gibt, so daß für beliebige

$x, x_0 \in D$ gilt:

$$|x - x_0| < \delta \quad \Rightarrow \quad |f(x) - f(x_0)| < \varepsilon.$$

Die Funktion $f(x) = 1/x$ ist auf $]0, 1]$ sicher nicht gleichmäßig stetig, denn je näher man der Null kommt, um so kleiner ist das δ zu wählen.

Um die Bedeutung der gleichmäßigen Stetigkeit zu erfassen, wollen wir erst einige Mengen auszeichnen. Man nennt eine Menge D kompakt, falls jede Folge $(x_k)_{k \in \mathbb{N}}$ mit $x_k \in D$ eine in der Menge D konvergente Teilfolge

$$x_{k_j} \to x_0 \in D$$

besitzt. Es ist recht einfach, kompakte Mengen in $\mathbb{R}$ (und allen $\mathbb{R}^n$) zu identifizieren. Es gilt nämlich der

Satz 4.9.1 *Mengen D in $\mathbb{R}$ (und auch in $\mathbb{R}^n$) sind genau dann kompakt, wenn sie beschränkt und abgeschlossen sind.*

Beweis: Wäre D unbeschränkt, so gäbe es eine Folge $(x_m)_{m \in \mathbb{N}}$, $x_m \in D$, mit $\lim_{m \to \infty} |x_n| = \infty$. Diese kann aber keine konvergente Teilfolge besitzen.

Wäre D nicht abgeschlossen gäbe es einen Häufungspunkt x_0 von D mit $x_0 \notin D$. Damit gibt es aber auch eine Folge $(x_m)_{m \in \mathbb{N}}$, $x_m \in D$ mit $\lim_{m \to \infty} x_m = x_0 \notin D$, die ebenfalls keine in D konvergente Teilfolge haben kann.

Nun sei D beschränkt und abgeschlossen. Sei $(x_m)_{m \in \mathbb{N}}$ eine Folge in D, die wegen der Beschränktheit von D ebenfalls beschränkt ist. Nach dem Satz von Bolzano-Weierstraß gibt es eine Teilfolge, die gegen ein x_0 konvergiert. Wäre dieses $x_0 \notin D$, dann wäre aber $x_0 \in D'$, da alle Elemente der Teilfolge aus D sind. Aber D ist abgeschlossen, und damit gilt $D' \subset D$. Damit muß $x_0 \in D$ sein. ■

Es sind also die abgeschlossenen Intervalle in $\mathbb{R}$, die kompakte Mengen darstellen.

Wir kommen nun zu einem abschließenden Resultat über die gleichmäßige Stetigkeit.

Satz 4.9.2 *Jede stetige Funktion auf einem Kompaktum ist gleichmäßig stetig.*

Beweis: Wäre f nicht gleichmäßig stetig, dann gäbe es ein $\varepsilon > 0$, so daß für alle $\delta > 0$ zwei Zahlen $x_\delta, y_\delta \in D$ existieren würden mit

$$|x_\delta - y_\delta| < \delta \text{ und } |f(x_\delta) - f(y_\delta)| > \varepsilon.$$

Wählt man $\delta = 1/m$ so erhält man Folgen $(x_m)_{m \in N}$, $(y_m)_{m \in N}$ mit $|x_m - y_m| < 1/m$, aber $|f(x_m) - f(y_m)| \geq \varepsilon$. Nun ist D kompakt und daher existieren konvergente Teilfolgen $(x_{m_k})_{k \in N}$, $(y_{m_k})_{k \in N}$, die auf Grund der ersten Ungleichung gegen einen gemeinsamen Limes $x_0 \in D$ konvergieren. Auf Grund der Stetigkeit von f muß dann aber auch $\lim_{k \to \infty} f(x_{m_k}) = \lim_{k \to \infty} f(y_{m_k}) = f(x_0)$ gelten und das ist ein Widerspruch zur zweiten Ungleichung. ∎

5 Frühe infinitesimale Techniken

5.1 Johannes Kepler

Kepler, 1571 in der kleinen Württembergischen freien Reichsstadt Weil der Stadt[1] geboren, tritt uns als beeindruckende Persönlichkeit in der politisch äußerst bewegten Zeit um den und im Dreißigjährigen Krieg entgegen.

Durch das Engagement seiner Mutter, die seine außergewöhnliche Begabung früh erkannte, konnte er an der Universität Tübingen lutherische Theologie studieren. Keplers Mutter hatte ein schweres Schicksal. Sie wurde noch im Alter als Hexe verleumdet und der Hexenprozeß der Katharina Kepler ist ein wohldokumentiertes Schandstück der damaligen Justiz. Durch den vehementen Einsatz ihres damals schon berühmten Sohnes kam es nicht zum äußersten. Der gesamte Prozeß ist spannend beschrieben in dem Buch [49].

Bereits 1594 trat Kepler mit besten Empfehlungen ein Amt als Lehrer der Mathematik und der Moral an der Stiftschule zu Graz an. Die Berechnung von Kalendern mit allerlei *Prognostica* gehörte zu seinen Aufgaben und bald konnte er sein mageres Gehalt durch das Erstellen von Horoskopen aufbessern.

Eigentlich an Astronomie und Mathematik interessiert, ur-

---

[1]Ich habe selbst während meiner Promotionszeit in Weil der Stadt gelebt und kann den Besuch der Stadt, wie auch des kleinen Kepler-Museums, das in seinem Geburtshaus untergebracht ist und von der Kepler-Gesellschaft liebevoll betrieben wird, nur wärmstens empfehlen.

teilt er drastisch, aber durchaus realistisch: *Die Dirne Astrologie muß ihre Mutter Astronomie aushalten, sind doch der Mathematiker Gehälter so gering, daß die Mutter gewißlich Hunger leiden müßte, wenn die Tochter nichts erwürbe.* Eine kühne Spekulation über den geometrischen Aufbau des Sonnensystems, 1595 unter dem Titel *Mysterium Cosmographicum* publiziert, bringt ihm die Anerkennung Galileis und die Kritik Tycho de Brahes, aber auch eine Einladung an den Hof Kaiser Rudolph II. nach Prag durch Vermittlung de Brahes,

Bild 5.1: Der Keplerin vor der Folter

des größten Astronomen seiner Zeit.

Zunehmender Druck der Gegenreformation, eine unglückliche Ehe und enge finanzielle Verhältnisse belasten Kepler in Graz, so daß er Brahes Angebot, dessen Assistent in Prag zu werden, gerne annimmt. Als Tycho Brahe 1601, zwei Jahre nach der Ankunft Keplers in Prag, stirbt, ernennt Kaiser Rudolph Kepler zu dessen Nachfolger. Seine finanzielle Lage bessert sich dadurch aber nicht. Das stets rückständige Gehalt muß in 12 Prager Jahren ständig angemahnt werden.

Wissenschaftlich ist Keplers Prager Zeit äußerst fruchtbar. Er entdeckt, daß die Planetenbahnen Ellipsen, und nicht, wie jahrhundertelang geglaubt, Kreisbahnen sind. Er schreibt ein Buch über geometrische Optik, in dem er das Konstruktionsprinzip des heute nach ihm benannten Fernrohres erläutert. Im Jahre 1611 stirbt Keplers Frau. Da seine Lage als Protestant am erzkatholischen Prager Hof immer schwieriger wird, nimmt er in diesem Jahr eine Stelle im protestantischen Linz an. Im Jahr 1612 stirbt Rudolph der zweite, 1613 heiratet Kepler erneut und diese neue Verbindung steht in direktem Zusammenhang mit der Differenzenrechnung.

Er entwickelt eine Quadraturregel (d.i. eine Regel zur näherungsweisen Berechnung von Flächen), die noch heute als Keplersche Faßregel in Gebrauch ist. Aber lassen wir Kepler selbst zu Wort kommen: *Als ich im November des letzten Jahres (1613) meine Wiedervermählung feierte, zu einer Zeit, da an den Donauufern bei Linz die aus Niederösterreich herbeigeführten Weinfässer nach einer reichlichen Lese aufgestapelt und zu einem annehmbaren Preis zu kaufen waren, da war es die Pflicht des neuen Gatten und sorglichen Familienvaters, für sein Haus den nötigen Trunk zu besorgen. Als einige*

Bild 5.2: Johannes Kepler

Fässer eingekellert waren, kam am 4. Tag der Verkäufer mit der Meßrute, mit der er alle Fässer, ohne Rücksicht auf ihre Form, ohne jede weitere Überlegung oder Rechnung ihrem Inhalt nach bestimmte... Ich bezweifelte die Richtigkeit der Methode, denn ein sehr niedriges Faß mit etwas breiten Böden und daher sehr viel kleinerem Inhalt könnte dieselbe Visierlänge besitzen. Es schien mir als Neuvermähltem nicht unzweckmäßig, ein neues Prinzip mathematischer Arbeiten, nämlich die Genauigkeit dieser bequemen und allgemein wichtigen Bestimmung nach geometrischen Grundsätzen zu erforschen und die etwa vorhandenen Gesetze ans Licht zu bringen.
Welch herrliche Dinge kann Bachus auch in der Mathematik ansto-

ßen! Keplers Quadraturregeln, auf Basis der Differenzenrechnung konstruiert, wurden von ihm in einem Buch mit dem Titel *Nova stereometria doliorum vinariorum* (Neue Stereometrie der Weinfässer) 1615 publiziert. In seinen auf Archimedes zurückgehenden Ideen verband sich bereits der heuristische Umgang mit dem unendlich kleinen, so daß in Kepler durchaus ein Vorläufer der kommenden Differentialrechnung gesehen werden kann.

Allerdings galt Keplers Hauptinteresse in der Linzer Zeit der Astronomie. Hier veröffentlichte er die Rudolphinischen Tafeln, die er unter begeistertem Einsatz der Logarithmen von Napier erstellte. Allerdings wurde seine Begeisterung über die große Nützlichkeit der Logarithmen nicht von allen geteilt. Sein Lehrer Maestlin meinte, *es steht einem Professor der Mathematik nicht an, sich über irgendeine Abkürzung der Rechnungen kindisch zu freuen.* Kepler mußte den Druck seiner Rudolphinischen Tafeln in den Wirren des Dreißigjährigen Krieges aus eigener Tasche bezahlen, was ihn und seine Familie an den Rand des Ruins brachte. Im Jahr 1625 setzte sich in Linz die Gegenreformation

Bild 5.3: Visieren

durch und alle Protestanten wurden ausgewiesen. Kepler erhielt Aufschub. Schließlich nahm Wallenstein Kepler in seine Dienste und beschäftigte den genialen Mathematiker und Naturforscher in Sagan als Astrologen. Als Wallenstein in Ungnade fiel, reiste Kepler 1620 durch das vom Krieg zerrüttete Land von Sagan nach Regensburg,

wo er seine Familie zurückgelassen hatte. Dort erkrankte er, starb
am 15. November 1630 und wurde als Protestant vor den Mauern
der Stadt beerdigt. Bei der Belagerung Regensburgs durch die
Schweden im Jahr 1634 wurde das Grab zerstört. Es ist heute
unauffindbar, [19], [39].

Es besteht eine gewisse Wahrscheinlichkeit, daß Kepler unter
günstigeren Lebensumständen der Vater der Analysis geworden
wäre. In seiner *Nova stereometria doliorum vinariorum* verwendet
er echte infinitesimale Techniken in folgender Form: Da es sich bei
Weinfässern offenbar um Rotationskörper handelt, behandelt Kepler
in seinem Buch etwa 90 verschiedene solcher Körper. Er denkt sich
dabei jeden Körper aus infinitesimal kleinen Scheiben zusammenge-
setzt.

5.2 Cavalieris Indivisiblen

Die erste systematische Beschreibung zur Verwendung infinitesimaler Techniken gab BONAVENTURA CAVALIERI (1598-1647). Er schrieb
zwei sehr einflußreiche Bücher, die *Geometria indivisibilius* im Jahr
1635 und die *Exercitationes geometricae sex*[2] (Sechs geometrische
Übungen) im Jahr 1647.

Cavalieris Methode unterschied sich von der Keplerschen in zwei
wesentlichen Punkten. Während Kepler sich vorstellte, jeder Körper
sei aus unendlich vielen kleinen Scheiben (den Indivisiblen) zusam-
mengesetzt, so daß sich sein Volumen durch eine *ad hoc* Summation der Teilvolumina berechnen ließ, dachte Cavalieri stets an eine
eins-zu-eins Korrespondenz zwischen indivisiblen Elementen *zweier*
Körper, von denen einer ein Vergleichskörper bekannten Rauminhal-
tes war. Wenn dann zwei korrespondierende Indivisiblen in einem
festen konstanten Verhältnis standen, dann schloß Cavalieri, daß die
Volumina der beiden Körper in demselben Verhältnis standen (Satz
des Cavalieri).

Da in seinen Überlegungen stets das Volumen des einen Körpers

---

[2]Wenn Sie das jetzt mit *Übungen zum geometrischen Sex* übersetzen, sollten Sie Ihre Lateinkenntnisse dringend prüfen!

explizit bekannt war, ließ
sich mit seiner Methode
tatsächlich das Volumen
vieler Körper bestimmen.
Desweiteren betrachtete
Kepler die Körper stets
aus Indivisiblen gleicher
Dimension aufgebaut. Für
Cavalieri war ein Körper
stets aus Indivisiblen klei-
nerer Dimension aufgebaut,
also bestand eine Pyramide
aus Flächenscheiben, usw.
Neben diesen Vergleichs-
resultaten gab Cavalieri,
dem es stets mehr um die

Bild 5.4: Cavalieri

Berechnung als um rigorose Beweisführung ging, auch eine Methode
an, mit der man Flächeninhalte und Volumina durch Aufsummieren
der unendlichen vielen Indivisiblen berechnen konnte.

In moderner Terminologie wußte er daher bereits

$$\int_0^a x^n \, dx = \frac{a^{n+1}}{n+1},$$

allerdings ist das wohl eher eine Vermutung Cavalieris gewesen. Erst
FERMAT, PASCAL und ROBERVAL gaben mehr oder weniger richtige
Beweise dieser Beziehung an.

5.3 Wallis, Neil und die Rektifizierung von Kurven

Der erste systematische Versuch, die Funktionen

$$y = x^k$$

mit nicht notwendig natürlichem Exponenten zu quadrieren, geht
auf JOHN WALLIS (1616-1703) zurück. Wallis, ein ordinierter Theo-
loge, erhielt 1649 den Lehrstuhl für Geometrie (*Savilian professor of*

geometry) in Oxford und war 1663 an der Gründung der Royal Society beteiligt. Von Wallis stammt die berühmte Produktdarstellung

Bild 5.5: John Wallis

(vergl. [31])

$$\frac{\pi}{2} = \frac{2 \cdot 2 \cdot 4 \cdot 4 \cdot 6 \cdot 6 \cdots}{1 \cdot 3 \cdot 3 \cdot 5 \cdot 5 \cdot 7 \cdot 7 \cdots}$$

und einige erste Beiträge zur Rektifizierung von Kurven. Unter Rektifizierung versteht man die Bestimmung der Länge eines Kurvenbogens. Will man z.B. wissen, wie lang das Stück der Parabel $y = x^2$ zwichen $x = 0$ und $x = 1$ ist, dann hat man dieses Parabelstück zu rektifizieren (so wie die *Quadratur* die Flächenberechnung bedeutet).

Wallis konnte die Quadratur von $x^{1/q}$ bewerkstelligen, aber das

Ergebnis

$$\int_0^a x^{p/q}\,dx = \frac{q}{p+q}\,a^{(p+q)/q} \tag{5.1}$$

konnte er nur vermuten, was später von Fermat und TORRICELLI
(1608-1647) bewiesen wurde.

Die historisch erste Rektifizierung einer Kurve wurde 1657 durch
den zwanzigjährigen Engländer WILLIAM NEIL beschrieben, der danach in der Vergessenheit verschwunden ist. Er behandelte die *semi-
kubische Parabel*

$$y^2 = x^3,$$

also $y = \pm x^{3/2}$, auf dem Intervall $[0, a]$, die heute nach ihm Neilsche
Parabel genannt wird. Wir behandeln hier nur den positiven Ast.
Teilt man das Intervall in sehr viele gleichgroße Intervalle auf, dann
ist die Länge eines Teilstückchens nach Pythagoras ungefähr

$$s_i \approx \sqrt{(x_i - x_{i-1})^2 + (y_i - y_{i-1})^2}.$$

Damit ist die Gesamtlänge des Kurvenstücks gegeben durch

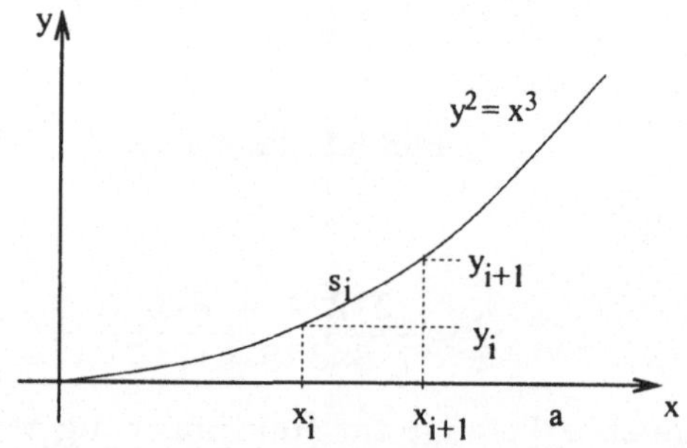

Bild 5.6: Zur Rektifizierung

$$s \approx \sum_{i=1}^n s_i = \sum_{i=1}^n \sqrt{(x_i - x_{i-1})^2 + (y_i - y_{i-1})^2}. \tag{5.2}$$

Zur Berechnung dieser Summe verwendet Neil als Hilfsfunktion $z = x^{1/2}$. Wenn man mit A_i die Fläche unter dieser Hilfsfunktion im Intervall $[0, x_i]$ bezeichnet, dann folgt nach (5.1): $A_i = \frac{2}{3}x_i^{3/2}$ und das ist gerade

$$A_i = \frac{2}{3}x_i^{3/2} = \frac{2}{3}y_i.$$

Damit folgt für die Ausgangsfuntion $y = x^{3/2}$

$$y_i - y_{i-1} = x_i^{3/2} - x_{i-1}^{3/2} = \frac{3}{2}(A_i - A_{i-1}).$$

Ersetzen wir die Flächen näherungsweise durch $A_i \approx z_i x_i$ und $A_{i-1} \approx z_i x_{i-1}$ mit $z_i = \sqrt{x_i}$, dann gilt

$$y_i - y_{i-1} = \frac{3}{2}(A_i - A_{i-1}) \approx \frac{3}{2}z_i(x_i - x_{i-1}).$$

Diesen Ausdruck setzen wir nun entsprechend in (5.2) ein und erhalten

$$
\begin{aligned}
s \quad &\approx \quad \sum_{i=1}^{n} \sqrt{1 + \left(\frac{y_i - y_{i-1}}{x_i - x_{i-1}}\right)^2}\,(x_i - x_{i-1}) \\[2mm]
&\approx \quad \sum_{i=1}^{n} \sqrt{1 + \left(\frac{3}{2}z_i\right)^2}\,(x_i - x_{i-1}) \\[2mm]
&\overset{z_i = x_i^{1/2}}{\approx} \quad \sum_{i=1}^{n} \frac{3}{2}\sqrt{x_i + \frac{4}{9}}\,(x_i - x_{i-1}).
\end{aligned}
$$

Das ist im Grenzwert gerade die Fläche der Funktion $y = \frac{3}{2}\sqrt{x + \frac{4}{9}}$ über dem Intervall $[0, a]$. Eine Verschiebung der gesamten Funktion um $4/9$ nach rechts läßt den Flächeninhalt unangetastet, so daß der Limes der Summe auch gleich der Fläche von $y = \sqrt{x} = x^{1/2}$ über $[4/9, a + 4/9]$ ist. Diese Fläche können wir aber mit Hilfe von (5.1) berechnen und erhalten

$$s = \frac{3}{2}\left[\frac{2}{3}(a + \frac{4}{9})^{3/2} - \frac{2}{3}(4/9)^{3/2}\right] = \frac{1}{27}\left[(9a + 4)^{3/2} - 8\right].$$

5.4   Zur Motivation der Integration

Zu berechnen sei der Flächeninhalt zwischen der Funktion $f(x) = x^2$ und der x-Achse im Bereich $0 \leq x \leq b$. Wie in Abbildung 5.7

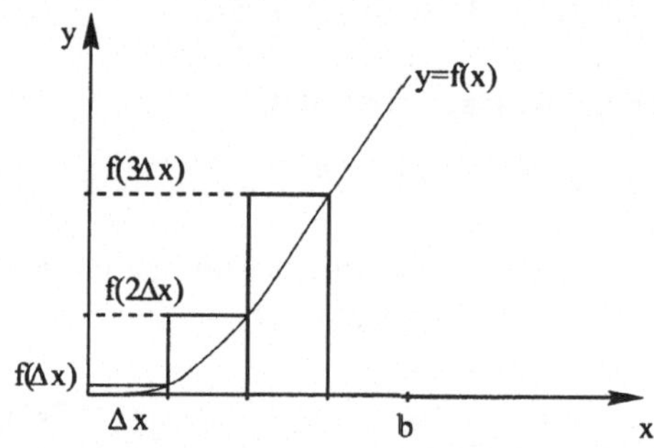

Bild 5.7: Zur Bestimmung des Flächeninhaltes

dargestellt, zerlegen wir das Interval $[0, b]$ in n Teilintervalle der Breite $\Delta x = b/n$. Der gesuchte Flächeninhalt sollte, bei großem n, nicht zu weit von der Summe der Rechtecksflächen $\sum_{i=1}^{n} f(i\Delta x)\Delta x$ entfernt sein. Daher gilt als Approximation der Fläche A

$$
\begin{aligned}
A_n \quad &:= \quad \sum_{i=1}^{n} (i\Delta x)^2 \Delta x \\[2mm]
&= \quad \Delta x \left(\Delta x^2 + 2^2 \Delta x^2 + 3^2 \Delta x^2 + \cdots + n^2 \Delta x^2 \right) \\[2mm]
&\overset{\Delta x = b/n}{=} \quad \frac{b^3}{n^3} \left(1^2 + 2^2 + 3^2 + \cdots + n^2 \right).
\end{aligned}
$$

Wir hatten uns bereits in Kapitel 2 mit solchen Summen beschäftigt, aber nicht mit dieser! Man beweist aber leicht mit vollständiger Induktion (Übungsaufgabe!), daß

$$
\sum_{k=1}^{n} k^2 = 1^2 + 2^2 + 3^2 + \cdots + n^2 = \frac{n}{6}(n+1)(2n+1)
$$

gilt. Damit erhalten wir für unsere Näherung an den Flächeninhalt

$$A_n = \frac{b^3 n}{6n^3}(n+1)(2n+1) = \frac{b^3}{6n^2}(n+1)(2n+1).$$

Führen wir die Division durch n^2 durch, dann ergibt sich

$$A_n = \frac{b^3}{6}\left(1 + \frac{1}{n}\right)\left(2 + \frac{1}{n}\right),$$

und das ist für eine Betrachtung des Verhaltens für große n wesentlich geeigneter. Da $1/n$ eine Nullfolge ist, ergibt sich für unsere gesuchte Fläche

$$\lim_{n\to\infty} A_n = \frac{b^3}{3}.$$

Das ist tatsächlich die exakte Fläche, denn diese ergibt sich ja aus dem Integral

$$A = \int_0^b f(x)\,dx = \int_0^b x^2\,dx = \frac{1}{3}x^3\Big|_0^b = \frac{1}{3}b^3 - \frac{1}{3}0^3 = \frac{1}{3}b^3.$$

In der Tat definiert man das Integral einer Funktion gerade über Summen solchen Typs.

5.5   Das bestimmte Integral

Betrachten wir vorerst eine beschränkte Funktion f über einem Intervall $I := [a, b]$, d.h. es gibt eine Konstante C, so daß für alle $x \in [a, b]$ stets $|f(x)| \le C$ gilt. Funktionen, die unbeschränkt wachsen, können offenbar bei einer Flächenbestimmung Kummer machen!

Jede Menge der Form

$$Z := \{a \doteq x_0 < x_1 < \cdots < x_n = b\}$$

heißt Zerlegung (Partition) von I. Die Größe

$$\xi_Z := \max_{1 \le i \le n} |x_{i-1} - x_i|$$

heißt Feinheit der Zerlegung. Die Feinheit ist also die Länge des größten auftretenden Zerlegungsintervalls, es kann also viel kleinere Zellen in Z geben! Die Menge aller Zerlegungen wird mit $Z[a, b]$ bezeichnet.

Damit können wir nun diejenigen Summen definieren, die wir uns gut als Grundlage einer Flächenmessung vorstellen können.

Definition 5.5.1 Sei f beschränkt auf $I := [a, b]$ und Z eine Zerlegung von I. Dann heißt

$$U_f(Z) := \sum_{i=0}^{n-1} \inf_{x \in [x_i, x_{i+1}]} f(x) \cdot (x_{i+1} - x_i)$$

die Untersumme,

$$O_f(Z) := \sum_{i=0}^{n-1} \sup_{x \in [x_i, x_{i+1}]} f(x) \cdot (x_{i+1} - x_i)$$

die Obersumme, und

$$R_f(Z) := \sum_{i=0}^{n-1} f(\eta_i) \cdot (x_{i+1} - x_i), \quad x_i \leq \eta_i \leq x_{i+1}$$

eine Riemannsche Summe von f zur Zerlegung Z.

Ober- und Untersumme sind durch Angabe der Zerlegung bereits eindeutig definiert; bei der Riemannschen Summe darf man in jedem Teilintervall $[x_i, x_{i+1}]$ der Zerlegung einen Punkt η_i frei wählen, an dem f auszuwerten ist. In Abbildung 5.7 wurde offenbar eine Obersumme zur Approximation des Flächeninhaltes verwendet.

BERNHARD RIEMANN (17.9.1826-20.7.1866), auf den die einfache

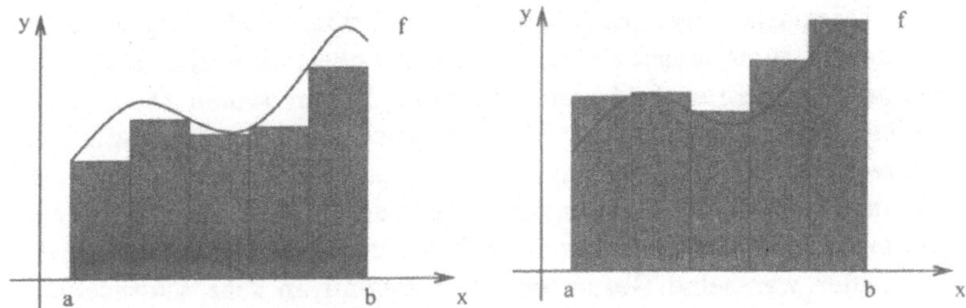

Bild 5.8: Flächenberechnung durch Unter- (links) und Obersummen

Bild 5.9: Riemann

Integrationstheorie zurückgeht, die wir hier studieren wollen, stammte aus einem Hannoverschen Pastorenhaushalt und begann ein Theologiestudium, das er bald darauf gegen ein Studium der Mathematik tauschte. Er studierte in Göttingen und Berlin und legte in seiner Dissertation die Grundlagen unserer heutigen Funktionentheorie. Im Gegensatz zu Weierstraß, der alles auf die Theorie der Potenzreihen gründete, steht bei Riemann der Differenzierbarkeitsbegriff in der komplexen Ebene im Mittelpunkt. Er habilitierte sich bei Gauß und es ist belegt, daß der alte Genius über den zugehörigen Vortrag ungewöhnlich begeistert gewesen sein soll.

Riemann erkannte den Zusammenhang zwischen komplexanalytischen Funktionen und partiellen Differentialgleichungen (Cauchy-Riemann-Differentialgleichung). Von ihm stammen die Riemannsche Fläche zur Veranschaulichung komplexer Abbildungen, und Untersuchungen über die (heute nach ihm benannte) ζ-Funktion, die in der Zahlentheorie große Bedeutung hat und auf die sich die berühmte Riemannsche Vermutung bezieht. Durch seinen Habilitationsvortrag zum Thema *Über die Hypothesen, welche der Geometrie zugrunde liegen* (speziell von Gauß ausgewählt!), wurde die Riemannsche Geometrie begründet, ohne die heute die Relativitätstheorie nicht denkbar wäre. Neben seinen theoretisch bedeutsamen Arbeiten war Riemann auch stark an Anwendungen interessiert. Er löste als erster (wenn auch nicht ganz richtig) ein offenes Problem der Gasdynamik, das heute als Riemann-Problem bekannt ist. Weiterhin hat er über Elektrizität und Optik gearbeitet.

Leider war seine Gesundheit von Beginn an sehr schwächlich. Eine Brustfellentzündung entartete in Schwindsucht und der frühe Tod ereilte ihn bei einem Erholungsaufenthalt in Italien, wo auch sein Grab zu finden ist[3].

Nun aber zurück zu unseren Summen. Es folgt sofort aus Definiton 5.5.1, daß für jede feste Zerlegung Z stets

$$U_f(Z) \leq R_f(Z) \leq O_f(Z)$$

gilt. Ist Z_1 eine feinere Zerlegung als Z_2, enthält also mehr Punkte als Z_2, dann wird die Untersumme offenbar größer, die Obersumme kleiner, d.h.

$$Z_2 \subset Z_1 \implies U_f(Z_1) \geq U_f(Z_2), \quad O_f(Z_1) \leq O_f(Z_2).$$

Für zwei beliebige Zerlegungen Z_1, Z_2 gilt aber stets

$$U_f(Z_1) \leq O_f(Z_2).$$

Damit haben wir wir aber bereits festgestellt, daß die Grenzwerte

$$\int_{\underline{a}}^b f(x)\, dx \; := \; \sup_{Z \in Z[a,b]} \{U_f(Z)\}$$

$$\int_a^{\overline{b}} f(x)\, dx \; := \; \inf_{Z \in Z[a,b]} \{O_f(Z)\}$$

existieren, die man **Riemannsches Unter- bzw. Oberintegral** nennt.

---

[3] Seine Göttinger Wohnung ist, wie die der anderen berühmten Göttinger Mathematiker, mit einem Schild gekennzeichnet. Ein Spaziergang durch Göttingen mit einem kundigen Führer lohnt sich also!

Wenn sich aus Ober- und Untersummen unterschiedliche Grenzwerte ergeben, stimmt etwas nicht! Dann handelt es sich offenbar um eine seltsame Funktion, der wir keinen Flächeninhalt zuschreiben können. Wir werden eine solche Funktion bald kennenlernen. Wenn wir verabreden, daß gleiche Werte von Ober- und Unterintegral für eine Fläche vernünftig sind, liegt folgende Definition nahe.

Definition 5.5.2 Die Funktion f heißt **Riemann-integrierbar** über $[a, b]$, falls

$$\int_{\underline{a}}^{b} f(x)\,dx = \int_{a}^{\overline{b}} f(x)\,dx$$

gilt. In diesem Fall schreibt man für den gemeinsamen Wert

$$\int_{a}^{b} f(x)\,dx$$

und nennt diesen Wert das **Riemann-Integral** von f über $[a, b]$.

Die (geniale) Notation des Integrals stammt vom großen LEIBNIZ. Das $\int$ symbolisiert ein langgezogenes S für *summatio*, das dx stammt von *Differenz* und erinnert an die Zerlegungsabschnitte $x_{i+1} - x_i$.

Es ist außerordentlich mühevoll und unerquicklich, die Integrale von Funktionen durch Berechnung von Ober- und Unterintegralen zu bestimmen, da Suprema und Infima über alle möglichen Zerlegungen gebildet werden müssen. Ganz einfach ist das nur für eine Handvoll von Funktionen.

Die einfachste ist $f(x) = c = $ const. auf $[a, b]$. Offenbar gilt hier immer

$$
\begin{aligned}
U_f(Z) \;=\; O_f(Z) &= \sum_{i=0}^{n-1} c(x_{i+1} - x_i) = c \sum_{i=0}^{n-1} (x_{i+1} - x_i) \\
&= c\left((x_1 - x_0) + (x_2 - x_1) + \dots \right. \\
&\qquad \left. + (x_{n-1} - x_{n-2}) + (x_n - x_{n-1})\right) \\
&= c(x_n - x_0) = c(b - a),
\end{aligned}
$$

also

$$\int_a^b c\,dx = c(b-a),$$

was genau dem Flächeninhalt des Rechtecks der Breite $b-a$ und Höhe c entspricht.

Etwas verrückt, aber sehr instruktiv, ist die Funktion

$$f(x) := \begin{cases} 0 & ; \quad x \in [0,1] \cap \mathbf{Q} \\ 1 & ; \quad x \in [0,1] \backslash \mathbf{Q} \end{cases},$$

die an allen rationalen Punkten aus $[0,1]$ verschwindet und an allen irrationalen Punkten den Wert 1 annimmt. Für jede Zerlegung Z gilt $U_f(Z) = 0$, denn das Infimum von f ist immer 0 (Da $\mathbf{Q}$ dicht in $\mathbf{R}$ ist, enthält jedes noch so kleine Intervall rationale Punkte). Da das Supremum unabhängig von der Zerlegung immer 1 ist, folgt $O_f(Z) = 1$. Damit ist die Funktion f nicht Riemann-integrierbar!

Die Funktion

$$f(x) := \begin{cases} 0 & ; \quad x \neq c \\ 1 & ; \quad x = c \end{cases},$$

auf $[a,b]$ mit $a \leq c \leq b$ besteht nur aus einem von Null verschiedenen Punkt. Für jede Zerlegung ist offenbar $U_f(Z) = 0$. In der Obersumme kann es höchstens zwei Intervalle geben, auf denen $\sup f = 1$ ist, nämlich wenn die Zerlegung so gewählt ist, daß der Punkt c die rechte Intervallgrenze des einen, und die linke Intervallgrenze des anderen Teilintervalles ist. Daher gilt stets die Abschätzung

$$0 < O_f(Z) \leq 2\xi_Z.$$

Da die Feinheit der Zerlegung beliebig klein gemacht werden kann, ist die Obersumme beliebig wenig von 0 verschieden. Damit ist f Riemann-integrierbar und es gilt

$$\int_a^b f(x)\,dx = 0.$$

Dieses letzte Resultat kann man sich zumindest gut vorstellen, wenn man die Rolle des Integrals als Flächeninhaltsmesser bedenkt. Unter einem Punkt ist eben kein Flächeninhalt vorhanden. Das bedeutet auch, daß man eine Funktion an endlich vielen Stellen punktweise abändern kann, ohne den Wert des Integrals zu ändern! Das vorherige Beispiel zeigt aber, daß Änderungen auf einer Menge von der Größe von $\mathbf{Q}$ (abzählbar unendlich) nicht tolerierbar sind! Diese (und andere) Umstände haben im 19. Jahrhundert zur Entwicklung der Lebesgueschen Integrationstheorie geführt, die wir uns hier aber nicht ansehen wollen.

5.6 Integrale und Integrierbarkeit

Wir wollen einige einfache Eigenschaften des Integrals klarstellen. Am einfachsten ist wahrscheinlich

Lemma 5.6.1 *Ist* $a \leq c \leq b$, *dann ist* f *genau dann über* $[a,b]$ *integrierbar, wenn* f *über* $[a,c]$ *und* $[c,b]$ *integrierbar ist. In diesem Fall gilt*

$$\int_a^b f(x)\,dx = \int_a^c f(x)\,dx + \int_c^b f(x)\,dx.$$

Wir brauchen dieses Lemma gar nicht zu beweisen, da es aus den Eigenschaften von Ober- und Untersumme folgt. Dabei nimmt man den Punkt c zu einer Zerlegung von $[a,b]$ dazu und verwendet, daß die Untersumme einer feineren Zerlegung immer größer, die Obersumme immer kleiner ist als die entsprechende Summe auf der gröberen Zerlegung.

Viel bedeutender ist das folgende Resultat. Wir nehmen einen abstrakten Standpunkt ein und betrachten eine Funktion f als *Punkt* in einem Funktionenraum. So wie die Zahlen in $\mathbf{R}$ leben Funktionen in irgendwelchen Räumen. Wir wollen den Raum der über $[a,b]$ integrierbaren Funktionen, obwohl wir ihn noch gar nicht genau kennen, mit $\mathcal{I}[a,b]$ bezeichnen. Dann definieren wir die Abbildung

$$\mathcal{I}[a,b] \ni f \mapsto I_a^b(f) := \int_a^b f(x)\,dx \in \mathbf{R}$$

und fragen nach Eigenschaften dieser Abbildung. Abbildungen aus Funktionenräumen nach $\mathbf{R}$ nennt man auch Funktionale oder Operatoren.

Lemma 5.6.2 *Die Abbildung* I_a^b *(d.h. die Integration) ist ein* linearer Operator. *D.h.: Sind* f, g *auf* [a, b] *integrierbar, dann ist auch* $\alpha f + \beta g$ *für* $\alpha, \beta \in \mathbf{R}$ *integrierbar und es gilt*

$$\int_a^b (\alpha f(x) + \beta g(x))\, dx = \alpha \int_a^b f(x)\, dx + \beta \int_a^b g(x)\, dx.$$

Beweis: Auf Grund der Eigenschaften von Supremum und Infimum gilt

$$\int_{\underline{a}}^b (f+g)(x)\, dx \ \geq \ \int_{\underline{a}}^b f(x)\, dx + \int_{\underline{a}}^b g(x)\, dx$$

$$\int_a^{\overline{b}} (f+g)(x)\, dx \ \leq \ \int_a^{\overline{b}} f(x)\, dx + \int_a^{\overline{b}} g(x)\, dx,$$

was die Eigenschaft der Additivität beweist. Die Aussage $\int_a^b \lambda f(x)\, dx = \lambda \int_a^b f(x)\, dx$ ist für $\lambda \geq 0$ klar, weil dasselbe auch für Ober- und Unterintegral gilt. Für $\lambda < 0$ benutzt man $\int_{\underline{a}}^b (-f)(x)\, dx = - \int_a^{\overline{b}} f(x)\, dx$. ∎

Neben dem Sinn der Integrale, Flächeninhalte unter komplizierten Graphen auszurechnen, werden sie in der Analysis gerne verwendet, weil man sie abschätzen kann! Einen ersten Einblick gibt

Lemma 5.6.3 *Es gelten die Ungleichungen*

$$(b-a) \inf_{x \in [a,b]} f(x) \ \leq \ \int_a^b f(x)\, dx \leq (b-a) \sup_{x \in [a,b]} f(x)$$

$$\left| \int_a^b f(x)\, dx \right| \ \leq \ (b-a) \sup_{x \in [a,b]} |f(x)|.$$

Beweis: Für die Zerlegung $Z := \{a, b\}$ von $[a, b]$ gilt

$$U_f(Z) \;=\; \inf_{x \in [a,b]} f(x) \cdot (b - a)$$

$$O_f(Z) \;=\; \sup_{x \in [a,b]} f(x) \cdot (b - a),$$

womit die erste Ungleichung bereits klar ist. Weiterhin folgt wegen $\pm f(x) \leq |f(x)|$ für alle $x \in [a, b]$, daß

$$\left| \int_a^b f(x)\,dx \right| \;\leq\; \int_a^b |f(x)|\,dx$$

$$\leq\; O_{|f|}(Z)$$

$$\overset{Z=\{a,b\}}{=}\; \sup_{x \in [a,b]} |f(x)| \cdot (b - a).$$

$\blacksquare$

Das Integral besitzt noch eine weitere sehr angenehme Eigenschaft, die wir im folgenden Lemma festhalten.

Lemma 5.6.4 *Integration erhält die Positivität, d.h. für eine Funktion* f*, für die für alle* $x \in [a, b]$ *gilt:* $f(x) \geq 0$*, folgt*

$$\int_a^b f(x)\,dx \geq 0.$$

Beweis: Folgt sofort aus Lemma 5.6.3. $\blacksquare$

Wir bemerken an dieser Stelle, daß man für $a > b$ definiert

$$\int_a^b f(x)\,dx := - \int_b^a f(x)\,dx.$$

Der durch das Integral berechnete Flächeninhalt ist vorzeichenbehaftet. Flächen unterhalb der x-Achse werden negativ berechnet!

Weiterhin benutzt man häufig die Abschätzung

$$\left| \int_a^b f(x)\,dx \right| \le \int_a^b |f(x)|\,dx,$$

die unmittelbar aus der Positivität folgt, wenn man die Integrierbarkeit von $|f|$ voraussetzt.

Man kann weiter zeigen, daß für integrierbare Funktionen jede Folge Riemannscher Summen gegen das Integral konvergiert. Der Beweis ist allerdings sehr technisch.

Zum Schluß wollen wir den Raum $\mathcal{I}[a,b]$ noch genauer untersuchen. Wann ist eine Funktion integrierbar? Eine große Hilfe dabei ist

Lemma 5.6.5 (Riemannsches Kriterium) *Ist* f *beschränkt auf* $[a,b]$, *dann sind die beiden Aussagen*

- f *ist integrierbar über* $[a,b]$.

- *Für alle* $\varepsilon > 0$ *gibt es eine Zerlegung* Z *von* $[a,b]$, *so daß*

$$O_f(Z) - U_f(Z) < \varepsilon$$

   gilt.

äquivalent.

Beweis: Nach der Definition von Ober- und Unterintegral gibt es zu jedem $\varepsilon > 0$ Zerlegungen Z_1 und Z_2 mit

$$0 \;\le\; O_f(Z_1) - \int_a^b f(x)\,dx < \frac{\varepsilon}{2}$$

$$0 \;\le\; \int_{\underline{a}}^b f(x)\,dx - U_f(Z_2) < \frac{\varepsilon}{2}.$$

Beim Übergang auf eine feinere Zerlegung bleiben diese Ungleichungen erhalten, daher können wir oBdA $Z_1 = Z_2$ annehmen.

Addition der beiden Ungleichungen liefert, daß aus der ersten Aussage die zweite folgt. Für $\varepsilon > 0$ folgt aus der zweiten Aussage des Lemmas

$$0 \leq \int_a^{\overline{b}} f(x)\,dx - \int_{\underline{a}}^b f(x)\,dx \leq O_f(Z) - U_f(Z) < \varepsilon$$

und damit folgt die erste Aussage. Also sind beide Aussagen äquivalent. ∎

Nun werden wir sehr konkret. Alle beschränkten monotonen Funktionen sind in $\mathcal{I}[a, b]$ und alle stetigen!

Satz 5.6.1 *Sei* $f : [a, b] \to \mathbf{R}$ *beschränkt.*

1. *Ist* f *monoton, dann ist* f *integrierbar.*

2. *Ist* f *stetig, dann ist* f *integrierbar.*

Beweis:

1. Wir betrachten oBdA den Fall einer monoton wachsenden Funktion und geben eine äquidistante Zerlegung $t_j = a + \frac{j}{n}(b - a), j = 0, 1, 2, \ldots, n$ vor. Dann folgt

$$\begin{aligned}
O_f(Z) - U_f(Z) &= \sum_{j=0}^{n-1} (f(t_{j+1}) - f(t_j))(t_{j+1} - t_j) \\
&= \frac{b-a}{n} \sum_{j=0}^{n-1} (f(t_{j+1}) - f(t_j)) \\
&= \frac{b-a}{n}(f(b) - f(a))
\end{aligned}$$

und das konvergiert für $n \to \infty$ gegen 0. Damit ist f nach dem Riemannschen Kriterium integrierbar.

2. Da f auf $[a, b]$ stetig ist, ist sie dort auch gleichmäßig stetig (denn $[a, b]$ ist kompakt). Sei nun $\varepsilon > 0$ und $\delta > 0$ dazu so gewählt, daß

$$|x - y| < \delta \Rightarrow |f(x) - f(y)| < \frac{\varepsilon}{b-a}$$

gilt. Für eine Zerlegung Z mit $\xi_Z < \delta$ folgt dann mit Satz 4.8.3

$$O_f(Z) - U_f(Z) \;=\; \sum_{j=0}^{n-1} \left(\sup_{x \in [x_j, x_{j+1}]} f(x) - \inf_{x \in [x_j, x_{j+1}]} f(x) \right) \cdot$$
$$\cdot (x_{j+1} - x_j)$$
$$\leq \; \sum_{j=0}^{n-1} \frac{\varepsilon}{b-a}(x_{j+1} - x_j) = \varepsilon.$$

Die Integrierbarkeit von f folgt wiederum aus dem Riemann-schen Kriterium.

∎

Nun wissen wir[4], daß alle unsere bekannten Funktionen, Polynome, $y = \sqrt{x}$, $y = e^x$, $y = \log_a(x)$, $y = \sin(x)$ über kompakten Intervallen integrierbar sind! Auch stückweise stetige Funktionen (wie die Sprungfunktion H) sind über kompakten Intervallen integrierbar, wenn die Anzahl der Unstetigkeitsstellen nicht zu groß wird (endlich viele Sprungstellen sind kein Problem!). Man kann eine integrierbare Funktion auch an endlich vielen Stellen in $[a, b]$ abändern und bekommt trotzdem noch den gleichen Wert des Integrals.

5.7   Kepler und Cavalieri im Rückblick

Wir wollen nun den Volumenberechnungen von Kepler unsere nachträgliche Referenz erweisen. In Abbildung 5.10 ist ein Rotationskörper gezeigt, der durch Drehung eines Funktionsgraphen $(x, f(x))$ um die x-Achse entsteht. Betrachten wir die ausgefüllte Kreisfläche im Inneren des Rotationskörpers, dann ist deren Radius gerade $r(x) = f(x)$, also ist ihr Flächeninhalt

$$\pi r^2 = \pi(f(x))^2.$$

---

[4]Wir haben Monotonie oder Stetigkeit der Exponetialfunktion oder des Logarithmus nicht bewiesen. Ich nehme aber an, daß Sie einen diesbezüglichen Beweis selbst einmal versuchen wollen. Anderenfalls sollten Sie die entsprechenden Beweise in der Literatur nachschlagen.

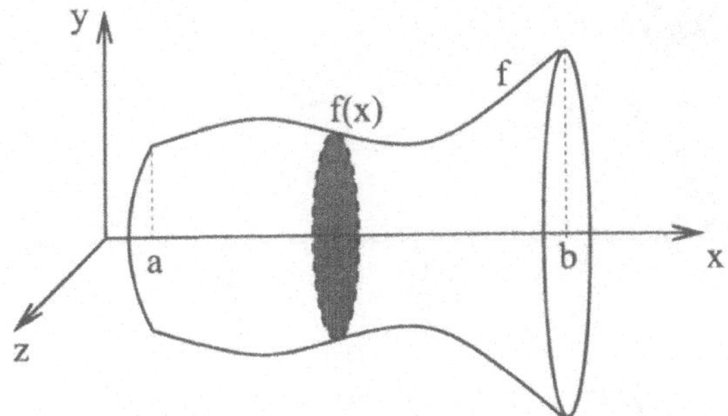

Bild 5.10: Volumen von Rotationskörpern

Nach Cavalieri haben wir nun diese Flächeninhalte von a bis b aufzusummieren. Wir wissen nun, daß diese Summation durch unser Integral bewerkstelligt wird. Damit ist das Volumen unseres Rotationskörpers gerade

$$V = \int_a^b \pi(f(x))^2 \, dx = \pi \int_a^b f(x)^2 \, dx.$$

Bei der Keplerschen Faßregel benötigte Kepler also lediglich eine Quadraturformel auf dem Intervall, um die Fläche unter f^2 festzustellen. Heute können wir seine Quadraturregel wie folgt beschreiben:

Ein Faß besteht aus parabolisch gebogenen Brettern, d.h. die in Abbildung 5.11 gezeigte Funktion auf $[a, b]$ ist gegeben durch

$$f(x) = c_0 + c_1 x + c_2 x^2.$$

Gesucht ist die Fläche unter der Funktion, also

$$A = \int_a^b f(x) \, dx.$$

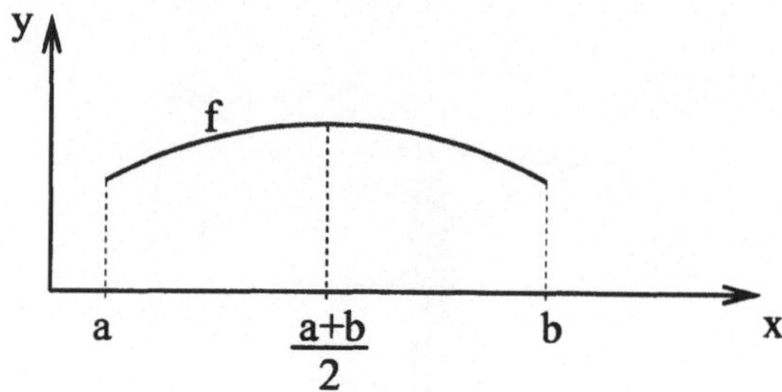

Bild 5.11: Zur Keplerschen Faßregel

Aus der Schule kennen Sie noch die Integrationsregeln für Polynome[5]

$$\int_a^b x\,dx = \frac{1}{2}(b^2 - a^2), \qquad \int_a^b x^2\,dx = \frac{1}{3}(b^3 - a^3),$$

die zu

$$A = c_0(b - a) + \frac{1}{2}c_1(b^2 - a^2) + \frac{1}{3}c_2(b^3 - a^3)$$

führen. Jetzt wird der Faktor $(b - a)/6$ ausgeklammert und dann etwas umsortiert.

$$A = \frac{b-a}{6}\left[6c_0 + 3c_1(b + a) + 2c_2(b^2 + ab + a^2)\right]$$

$$= \frac{b-a}{6}\left[\underbrace{c_0 + c_1 a + c_2 a^2}_{=f(a)} + 4\underbrace{\left(c_0 + c_1\frac{a+b}{2} + c_2\left(\frac{a+b}{2}\right)^2\right)}_{=f\left(\frac{a+b}{2}\right)} + \underbrace{c_0 + c_1 b + c_2 b^2}_{=f(b)}\right],$$

---

[5] Falls nicht, werden Sie sie bald kennenlernen

also

$$A = \frac{b-a}{6}\left[f(a) + 4f\left(\frac{a+b}{2}\right) + f(b)\right].$$

Das ist die berühmte Keplersche Faßregel, die nichts anderes ist als eine Formel zur Berechnung des Flächeninhaltes unter quadratischen Parabeln. Heute nennt man diese Formel auch Simpsonsche Regel.

5.8 Neils Erbe

Mit Hilfe der Integralrechnung ist es auch gar kein Problem, Kurven zu rektifizieren, d.h. ihre Länge zu bestimmen. Wir betrachten eine Kurve

$$[a, b] \ni t \mapsto c(t) = \left[\begin{array}{c} x(t) \\ y(t) \end{array}\right] \in \mathbf{R}^2$$

und approximieren sie durch einen Polygonzug nach Abbildung 5.12. Dazu zerlegen wir das Intervall $[a, b]$ vermöge $Z = \{a = t_0 < t_1 <$

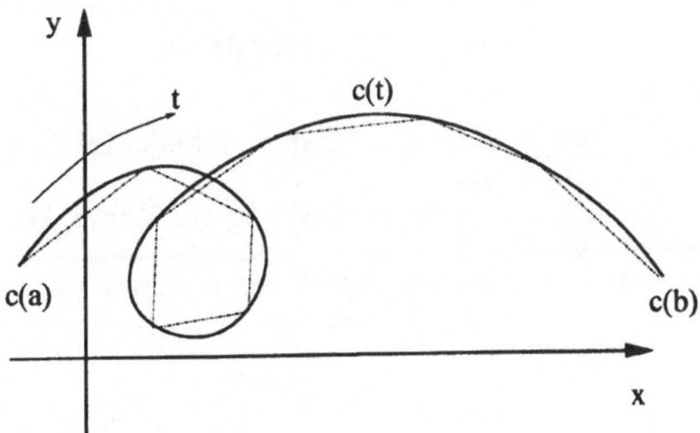

Bild 5.12: Approximation einer Kurve mit einem Polygonzug

$\cdots < t_m = b\}$ und berechnen die Länge des Polygonzugs als

$$L(Z) = \sum_{j=0}^{m-1} |c(t_{j+1}) - c(t_j)|.$$

Dabei taucht nun der Betrag $|\cdot|$ für einen Vektor auf. Das ist aber nichts anderes als seine Länge, die sich nach Pythagoras zu

$$|c(t)|^2 = (x(t))^2 + (y(t))^2$$

ergibt, also kann

$$|c(t)| = \sqrt{(x(t))^2 + (y(t))^2}$$

als Definition der Länge eines Vektors dienen.

Nun ist anschaulich klar, daß $L(Z)$ für immer feiner werdende Zerlegungen gegen die Länge der Kurve konvergiert, falls diese überhaupt rektifizierbar ist, d.h. falls die Menge $\{L(Z) \mid Z \in Z[a, b]\}$ nach oben beschränkt ist.

Ohne Beweis geben wir daher an:

Ist $c : [a, b] \to \mathbf{R}^2$ eine rektifizierbare Kurve, deren Ableitung noch stetig ist, dann ist

$$L(c) = \int_a^b |\dot{c}(t)|\, dt$$

die Länge der Kurve. Dabei bedeutet $\dot{c}(t) := \begin{bmatrix} \lim_{\Delta t \to 0} \frac{x(t+\Delta t)-x(t)}{\Delta t} \\ \lim_{\Delta t \to 0} \frac{y(t+\Delta t)-y(t)}{\Delta t} \end{bmatrix}$ die Ableitung der Kurve. Wir werden in Kapitel 6 auf diesen zentralen Begriff der Analysis zurückkommen.

6 Frühe Tangentenkonstruktionen

6.1 Fermats ungewollte Tangente

Wir kommen auf PIERRE DE FERMAT zurück, von dem bereits in
Kapitel 4 die Rede war. In seinen Aufzeichnungen findet sich eine
seltsame Methode, die Edwards [12] als *Pseudo-Gleichheits-Methode*
bezeichnet hat.

Fermat stellt sich die Aufgabe, eine Strecke der Länge b so in
zwei Teile der Längen x und b − x zu teilen, daß das Produkt

$$x(b - x) \overset{!}{=} \max$$

maximal wird. Diese Fragestellung ist äquivalent dazu, den Flächen-

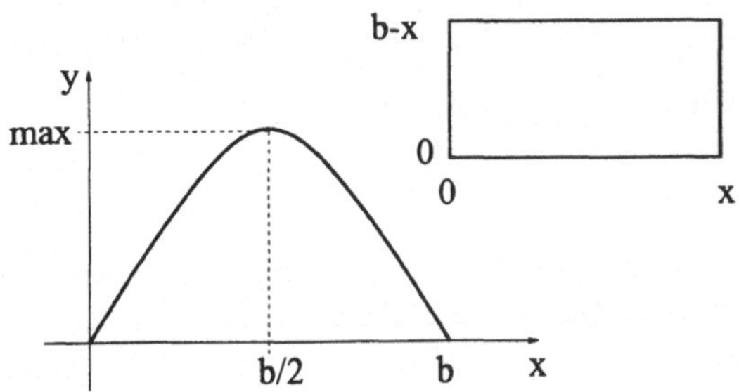

Bild 6.1: Das Fermatsche Extremwertproblem

inhalt eines Rechteckes des Umfangs 2b zu maximieren, denn wenn
eine Seite des Rechtecks gerade x, die andere b − x groß ist, dann ist
der Umfang $2 \cdot x + 2 \cdot (b - x) = 2b$. In unserer heutigen Sprache ist das

Fermatsche Problem daher ein Extremwertpropblem. Gesucht ist das Maximum der Funktion

$$y = f(x) = x(b - x) = bx - x^2,$$

vergl. Abbildung 6.1.

Fermat stört die gesuchte Größe x um eine Größe e (wobei er kein Wort darüber verliert, ob er sich e klein oder groß vorstellt)[1] und setzt den gestörten Wert der Funktion f in Beziehung zum ungestörten Wert, was sich in Formeln mit Hilfe des Symbols $\sim$ als

$$f(x + e) = b(x + e) - (x + e)^2 \sim bx - x^2 = f(x)$$

schreibt[2]. Multipliziert man die linke Seite von $\sim$ aus und streicht alle Terme, die sowohl links als auch rechts vorkommen, dann verbleibt

$$be - 2xe - e^2 \sim 0,$$

was Fermat durch e dividiert, um

$$b - 2x - e \sim 0$$

zu erhalten. Schafft man $-2x - e$ auf die rechte Seite, indem man das Symbol $\sim$ wieder wie ein Gleichheitszeichen behandelt, dann wird daraus

$$b \sim 2x + e.$$

Nun streicht Fermat das e, was darauf schließen läßt, daß er es sich von Anfang an als sehr klein vorgestellt hat, und erhält

$$x = \frac{b}{2},$$

und das ist tatsächlich die Stelle, an der die Funktion f ihr Maximum annimmt! Was hat Fermat da eigentlich gemacht?

---

[1] Achtung! $e \neq e$.
[2] Niemand weiß genau, was Fermat mit dem Symbol $\sim$ gemeint hat!

Eine mögliche Erklärung kann man aus Abbildung 6.1 ablesen. In der Nähe eines Maximums wird sich f nicht besonders stark ändern, daher ist, wenn e sehr klein ist, $f(x + e)$ nahe an $f(x)$, in Zeichen

$$f(x + e) \sim f(x),$$

bzw.

$$f(x + e) - f(x) \sim 0.$$

Nach Division durch e ergibt sich der Quotient

$$\frac{f(x + e) - f(x)}{e} \sim 0,$$

und das entspricht unserem Differenzenquotienten, auf dem wir in kürze die Differentialrechung aufbauen werden! Hier könnte Fermat also unbewußt die Gleichung für die Tangente an eine Kurve gefunden haben, die ja im Falle eines Extremums gerade die Steigung 0 aufweist.

6.2 Die Descartesche Kreismethode

Descartes besaß im Gegensatz zu Fermat eine sehr algebraische Methode zur Berechnung von Tangenten. Er stellte sich vor, die Tangente an den Graphen einer Funktion f im Punkt P mit den Koordinaten $(x, f(x))$ als Senkrechte zur Strecke Pv zu finden, wenn die Strecke Pv nur die Normale an den Graph im Punkt P ist[3]. Um sicherzustellen, daß er tatsächlich eine Normale ausrechnete, dachte er sich einen Kreis mit Radius r um den Punkt v. Die Strecke Pv ist genau dann eine Normale an den Graphen, wenn sich Kreis und Funktion nicht in zwei verschiedenen Punkten schneiden, sondern wenn es eine doppelte Wurzel gibt!

In die Kreisgleichung

$$y^2 + (v - x)^2 = r^2$$

---

[3]In unserem Font sieht v fast so aus wie das griechische ν. Gemeint ist aber der deutsche Buchstabe v, der in Abbildung 6.2 deutlicher geschrieben ist.

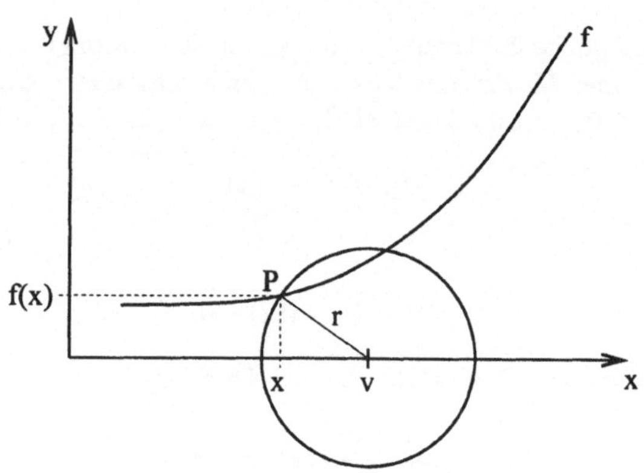

Bild 6.2: Descartes Kreismethode

wird daher für y der Wert der Funktion f eingesetzt, so daß

$$(f(x))^2 + (v - x)^2 = r^2$$

entsteht. Nun muß Descartes annehmen, daß f^2 ein Polynom ist.
Dann ist die gesamte linke Seite ebenfalls ein Polynom und gesucht
ist eine doppelte Nullstelle x der Gleichung

$$(f(x))^2 + (v - x)^2 - r^2 = 0.$$

Besitzt ein Polynom eine doppelte Nullstelle x_d, dann ist es aber
notwendig von der Form $(x - x_d)^2 \sum c_i x^i$. Also setzt Descartes

$$(f(x))^2 + (v - x)^2 - r^2 = (x - x_d)^2 \sum c_i x^i$$

an, wobei sich der obere Summationsindex nach dem Grad des Polynoms richtet. Nun setzt er Terme gleicher Potenzen von x auf der
rechten und linke Seite gleich und löst nach v in Abhängigkeit von
x_d. Die Steigung der Normalen Pv ist dann $-f(x_d)/(v - x_d)$ und
damit ist die Steigung der Tangenten gerade $(v - x_d)/f(x_d)$.

Als Beispiel diene $y = f(x) = x^2$. Dann ist

$$(f(x))^2 + (v - x)^2 - r^2 = x^4 + (v - x)^2 - r^2$$

ein Polynom 4.ten Grades. Daher müssen wir mit einer angenommenen doppelten Nullstelle x_d

$$x^4 + (v-x)^2 - r^2 = (x - x_d)^2(c + bx + ax^2)$$

ansetzen. Ausmultiplizieren und ordnen nach Potenzen von x liefert

$$x^4 + x^2 - 2vx + (v^2 - r^2) \;=\; ax^4 + (b - 2ax_d)x^3$$
$$+(c - 2bx_d + ax_d^2)x^2 + (bx_d^2 - 2cx_d)x$$
$$+cx_d^2$$

Da links und rechts ein Polynom gleichen Grades steht und beide Polynome gleich sein müssen, müssen auch die jeweiligen Koeffizienten vor den x-Potenzen gleich sein (Koeffizientenvergleich). Wir sehen sofort $a = 1$. Weiter finden wir die drei Beziehungen

$$\begin{aligned} b - 2x_d &= 0 \\ c - 2bx_d + x_d^2 &= 1 \\ bx_d^2 - 2cx_d &= -2v, \end{aligned}$$

die wir nach v auflösen sollen. Aus den beiden ersten Gleichungen folgt $b = 2x_d$ und $c = 1 + 3x_d^2$. Damit ergibt sich aus der dritten Gleichung

$$v = cx_d - \frac{1}{2}bx_d^2 = 2x_d^2 + x_d.$$

Für die Steigung der Tangenten am Punkt x_d folgt also

$$\frac{v - x_d}{f(x_d)} = \frac{2x_d^3}{x_d^2} = 2x_d.$$

Es sollte jedem Leser klar sein, daß die Berechnung von Tangentensteigungen mit Descartes Kreismethode außerordentlich mühsam ist, wenn die Funktionen komplizierter werden. Von JAN HUDDE (1628-1704), dem Bürgermeister Amsterdams, stammt eine algebraische Regel, die die Kreismethode einfacher machte. Dabei verwendet Hudde in unser heutigen Sprache, daß die Steigung der Tangenten an ein Polynom der Wert der ersten Ableitung des Polynoms ist. Er konstruiert das abgeleitete Polynom explizit und benutzt an keiner Stelle infinitesimale Techniken.

Sein Landsmann RENÉ FRANCOIS SLUSE (1622-1685), ein Lütticher Domherr, brachte die Kreismethode weiter voran, in dem er sie auf den Fall implizit definierter Kurven $f(x, y) = 0$ erweiterte und weitere Rechentips angab. Auch er blieb in der Algebra verhaftet.

6.3 Barrows infinitesimale Tangententechniken

Der in Cambridge am Trinity College ausgebildete ISAAC BARROW (1630-1677) ist als Vorgänger Newtons auf dem Lucasianischen Lehrstuhl bekannt geworden, weil er den Lehrstuhl für seinen genialen, aber deutlich jüngeren Kollegen räumte. Barrow war ein echter Pionier der Infinitesimalrechnung und er geht das Tangentenproblem auf geradezu Leibnizsche Weise an. Seine Idee bezieht sich auf den

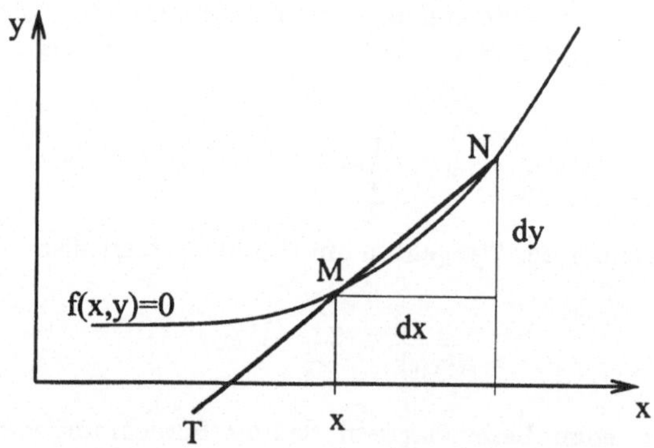

Bild 6.3: Barrows infinitesimale Methode

allgemeinen Fall einer Kurve $f(x, y) = 0$. Er denkt sich auf der Kurve zwei Punkte M und N infinitesimal auseinanderliegend. Dann setzt er an (heutige Notation!)

$$f(x + dx, y + dy) = f(x, y) = 0,$$

da beide Punkte (x, y) und $(x + dx, y + dy)$ auf der Kurve liegen.
Sodann ignoriert er alle Terme, die Potenzen von dx oder dy oder
Produkte $dx \cdot dy$ enthalten, *for these terms have no value*. Der infinitesimal kleine Bogen MN wird mit der Geraden MN identifiziert
und die Steigung der Tangenten wird als

$$\frac{dy}{dx}$$

berechnet.

Als Beispiel betrachten wir das Descartesche Blatt

$$f(x, y) = x^3 + y^3 - 3xy.$$

$f(x + dx, y + dy) = f(x, y) = 0$ liefert

$$(x + dx)^3 + (y + dy)^3 - 3(x + dx)(y + dy) = x^3 + y^3 - 3xy,$$

und nach Ausmultiplizieren

$$3x^2 dx \quad + \quad 3x(dx)^2 + (dx)^3 + 3y^2 dy + 3y(dy)^2 + (dy)^3$$
$$- \quad 3x\, dy - 3y\, dx - 3dx\, dy = 0.$$

Elimination von Termen hoher Ordnung läßt

$$3x^2 dx + 3y^2 dy - 3x\, dy - 3y\, dx = 0$$

übrig. Damit ist die Steigung der Tangenten

$$m = \frac{dy}{dx} = \frac{y - x^2}{y^2 - x}.$$

6.4 Differenzierbarkeit

Die wahren Erfinder der Differentialrechnung sind zweifelsohne
NEWTON und LEIBNIZ, auf die wir im Laufe dieser Vorlesung noch

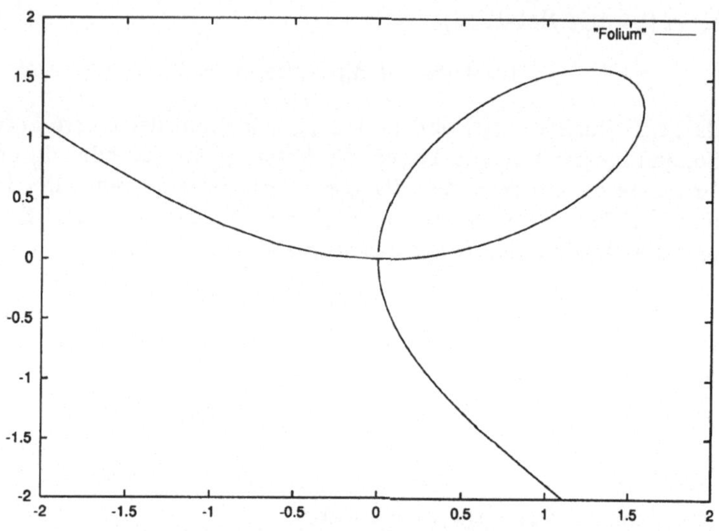

Bild 6.4: Das Descartesche Blatt

genauer zu sprechen kommen. Newton stellte sich einen Massenpunkt vor, der entlang einer Kurve flitzt, und wollte seine Geschwindigkeit zu einer beliebigen Zeit t berechnen, wenn nur die Ortsfunk-
tion $t \mapsto x(t)$ bekannt war. Leibniz war viel mehr Mathematiker als
Newton und wollte an eine gegebene Funktion die Tangente konstruieren.

Definition 6.4.1 (Differenzierbarkeit) Gegeben sei eine Funktion $f : D \to R$ mit $D \subset R$ und ein Punkt $x_0 \in D \cap D'$. Die Funktion
f heißt differenzierbar in x_0, falls der Grenzwert

$$f'(x_0) := \frac{df}{dx}(x_0) := \lim_{x \to x_0} \frac{f(x) - f(x_0)}{x - x_0}$$

existiert. In diesem Fall heißt der Grenzwert der Differentialquo-
tient oder die Ableitung von f am Punkt x_0.

Natürlich findet man sofort eine äquivalente Darstellung des Differentialquotienten durch

$$f'(x_0) = \lim_{h \to 0} \frac{f(x_0 + h) - f(x_0)}{h}.$$

Im Fall ihrer Existenz nennt man die einseitigen Differentialquotienten

$$f'(x_0^+) \quad := \quad \lim_{x \to x_0^+} \frac{f(x) - f(x_0)}{x - x_0}$$

$$f'(x_0^-) \quad := \quad \lim_{x \to x_0^-} \frac{f(x) - f(x_0)}{x - x_0}$$

rechts- bzw. linksseitige Ableitung von f im Punkt x_0.

Im Leibnizschen Sinne stellt also der Differenzenquotient

$$\frac{\Delta y}{\Delta x} := \frac{f(x) - f(x_0)}{x - x_0}$$

für $x \neq x_0$ die Sekantensteigung der Funktion f zwischen den Punkten x_0 und x dar, wie in Abbildung 6.5 dargestellt ist. Der Grenzwert beschreibt somit die Steigung der Tangenten im Punkt x_0.

In Newtons Vorstellung war eine Kurve

$$c(t) = x(t) = \begin{bmatrix} x(t) \\ y(t) \end{bmatrix}$$

gegeben, die den Ort x eines Massenpunktes zur Zeit t beschreibt. Die mittlere Geschwindigkeit des Massenpunktes zwischen den Zeiten t und $t + \Delta t$ ist dann berechenbar durch

$$\frac{\Delta c}{\Delta t} = \frac{\Delta x}{\Delta t} = \frac{c(t + \Delta t) - c(t)}{\Delta t} = \begin{bmatrix} \frac{x(t+\Delta t)-x(t)}{\Delta t} \\ \frac{y(t+\Delta t)-y(t)}{\Delta t} \end{bmatrix},$$

aber wie ist die momentane Geschwindigkeit zur Zeit t? Wie in den Leibnizschen Überlegungen lassen wir nun die Sekante zur

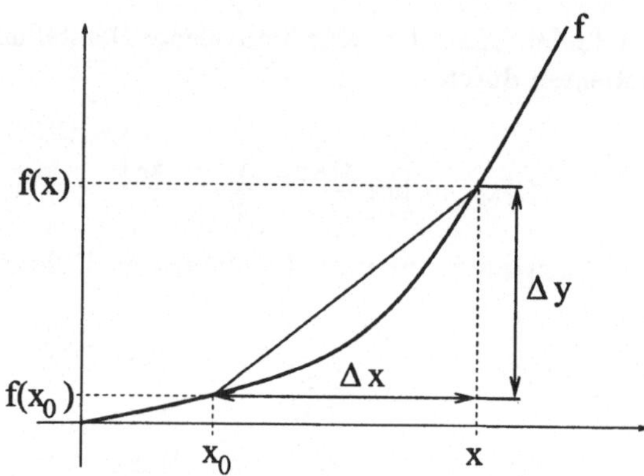

Bild 6.5: Die Sekantensteigung

Tangente zusammenschnurren, um den Geschwindigkeitsvektor zur
Zeit t zu erhalten[4]. Wir erhalten als Geschwindigkeit zur Zeit t

$$\frac{dc}{dt} := \dot{c}(t) := \lim_{\Delta t \to 0} \frac{c(t + \Delta t) - c(t)}{\Delta t}$$

$$= \begin{bmatrix} \lim_{\Delta t \to 0} \frac{x(t+\Delta t)-x(t)}{\Delta t} \\ \lim_{\Delta t \to 0} \frac{y(t+\Delta t)-y(t)}{\Delta t} \end{bmatrix} .$$

Wie Sie sehen braucht man vor einer Erweiterung des Ableitungsbe-
griffes auf vektorwertige Funktionen keine Angst zu haben, da man
die Ableitung auf die Komponenten des Vektors bezieht. Die Notation mit dem Punkt $\dot{c}(t)$ stammt von Newton[5] und ist heute in der
Physik bei Geschwindigkeiten sehr gebräuchlich.

---

[4]Machen Sie sich klar, daß Geschwindigkeit immer ein Vektor ist, denn die
Fahrt Ihres Autos ist sicher richtungsabhängig! Die verkaufsfördernde Werbung
Dieses Auto hat eine Höchstgeschwindigkeit von 423 km/h meint
immer nur den Betrag der Geschwindigkeit!
[5]Wir werden darüber in Kapitel 9 etwas mehr erfahren.

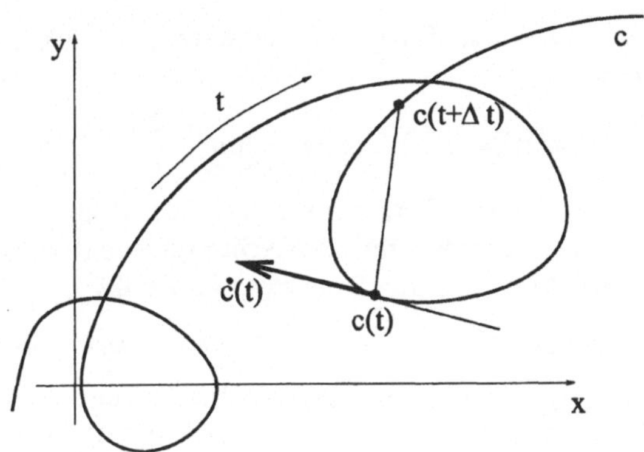

Bild 6.6: Die Sekantensteigung einer Kurve

Wir möchten der Kurve $t \mapsto c(t)$ einen Tangentenvektor zur Zeit t_0 zuschreiben, und zwar eine affin-lineare Funktion

$$t \mapsto \ell(t) = a(t - t_0) + b.$$

Da zur Zeit $t = t_0$ der Kurvenpunkt $c(t_0)$ erreicht wird, muß $b = c(t_0)$ gelten. Damit unser Vektor ℓ tatsächlich die Eigenschaften einer Tangente haben kann, verlangen wir

$$\lim_{t \to t_0} \frac{c(t) - \ell(t)}{t - t_0} = \lim_{t \to t_0} \frac{c(t) - a(t - t_0) - b}{t - t_0} = 0.$$

Wir sehen nun unmittelbar, daß für den Koeffizienten $a = \dot{c}(t)$ gelten muß, eine Tangente also durch

$$\ell(t) = \dot{c}(t_0)(t - t_0) + c(t_0)$$

beschrieben wird. Damit wissen wir, daß die Geschwindigkeit eines Massenpuntes auf einer Kurve immer gerade der Tangentenvektor an die Kurve ist!

Es existiert eine weitere wichtige Charakterisierung des Begriffes der Differenzierbarkeit, die sich der Landau-Symbole bedient. Im Fall einer Funktion $\varphi : D \to \mathbf{R}$ mit $D \subset \mathbf{R}$ sagt man, sie sei ein

klein O *von* h, wenn sie für $h \to 0$ schneller gegen 0 konvergiert als
h, in Zeichen

$$\varphi(h) = o(h) \quad :\Longleftrightarrow \quad \lim_{h \to 0} \frac{\varphi(h)}{h} = 0.$$

Das O soll an das Wort *Ordnung* erinnern. Mit Hilfe dieses Landau-
Symbols ist eine Funktion f differenzierbar im Punkt x_0 genau dann,
wenn es eine Zahl $a \in \mathbf{R}$ (die Ableitung im Punkt x_0) gibt, so daß

$$r(x, x_0) := f(x) - f(x_0) - a(x - x_0) = o(x - x_0)$$

gilt. Das sieht man sofort aus unserer alten Definition der Differenzierbarkeit. Der große Vorteil der Formulierung mit Landau-Symbol
liegt darin, daß er zum einen deutlich zeigt, daß die Ableitung eine
lineare Abbildung $x \to f'(x_0)(x - x_0)$ induziert, die die Funktion
f an der Stelle x_0 durch eine Gerade $x \to f(x_0) + f'(x_0)(x - x_0)$ ap-
proximiert, desweiteren ist diese Definition aber auch sofort auf den
mehrdimensionalen Fall einer Abbildung $\mathbf{R}^m \to \mathbf{R}^n$ erweiterbar,
worum wir uns aber im Rahmen dieser Vorlesung nicht kümmern
werden.

EDMUND LANDAU (14.2.1877-19.2.1938) war ein genialer Zahlen-
theoretiker, der 1899 in Berlin promovierte, 1901 habilitierte und
1909 Ordinarius in Göttingen wurde. Da er sich des Verbrechens
schuldig gemacht hatte, Jude zu sein, wurde er durch die braune
Kloake von seiner geliebten Universität Göttingen im Jahr 1933 verdrängt. Er ging als gebrochener Mann 1935 nach Cambridge, um
als Gastprofessor zu wirken. Im Jahr 1938 starb er in Berlin. Seine
zahlentheoretischen Arbeiten brauchen uns hier nicht zu interessie-
ren. Sein Vorlesungsstil soll extrem klar, streng und knapp gewesen sein. Er bereitete seine Vorlesungen minutiös vor und schrieb
fehlerlos geschliffene Sätze an die Tafel. Im Jahr 1930 erschien ein
kleines Büchlein (das es noch heute im Nachdruck gibt!) mit dem
Titel *Grundlagen der Analysis*. Hier hat Landau sich die, wie er sagt,
langweilige Mühe gemacht, eine axiomatische Fundierung der elementaren Arithmetik zu liefern. Das *Vorwort für die Lernenden* hat
seinerzeit viele Lehrer erregt, denn Landau schreibt dort:

> *Bitte vergiß alles, was Du auf der Schule gelernt hast;*
> *denn Du hast es nicht gelernt.*

Daß er nicht viel von der Schulausbildung hielt, macht auch eine Bemerkung über seine Töchter klar. Er sagt über sie, daß sie

> *schon in der Schule Differential- und Integralrechnung gelernt zu haben glauben und heute noch nicht wissen, warum* $x \cdot y = y \cdot x$ *ist.*

Ich will Ihnen hier das zweite Landau-Symbol nicht vorenthalten, daß insbesondere in der Numerischen Analysis eine große Rolle spielt. Man sagt über eine Funktion φ sie sei *groß O von h*, wenn sie für $h \to 0$ mindestens so schnell fällt wie h, in Zeichen

$$\varphi(h) = \mathcal{O}(h) \quad :\Longleftrightarrow \quad \text{es gibt positive } C \text{ und } \varepsilon, \text{ so daß für alle}$$
$$h \text{ mit } 0 < |h| < \varepsilon$$
$$\left| \frac{\varphi(h)}{h} \right| \leq C \text{ gilt.}$$

Man schreibt auch etwas lax, daß φ ein groß O von h ist, wenn der Betrag von φ durch Konstante mal h beschränkt ist.

Ein Beispiel

Betrachten wir die Funktionen

$$f(x) = x^n$$

für $n \in \mathbf{N}$. Man sieht sofort, daß für beliebige $x, x_0 \in \mathbf{R}$

$$x^n - x_0^n = x^n \;\; + \;\; x^{n-1}x_0 + x^{n-2}x_0^2 + \cdots + xx_0^{n-1}$$
$$- \;\; x^{n-1}x_0 - x^{n-2}x_0^2 - \cdots - xx_0^{n-1} - x_0^n$$

gilt und damit

$$x^n - x_0^n = (x - x_0) \cdot \left(x^{n-1} + x^{n-2}x_0 + x^{n-3}x_0^2 \cdots + x_0^{n-1} \right)$$
$$= (x - x_0) \sum_{j=0}^{n-1} x^{n-1-j}x_0^j.$$

Damit folgt für $x \neq x_0$

$$\lim_{x \to x_0} \frac{x^n - x_0^n}{x - x_0} = \lim_{x \to x_0} \sum_{j=0}^{n-1} x^{n-1-j} x_0^j = \sum_{j=0}^{n-1} x_0^{n-1} = n x_0^{n-1},$$

womit wir

$$f'(x_0) = \frac{dx^n}{dx}(x_0) = n x_0^{n-1}$$

bewiesen haben. Da aus den Rechenregeln für Grenzwerte folgt, daß mit f und g auch λf und $f+g$ differenzierbar sind, können wir bereits alle Polynome

$$p(x) = a_0 + a_1 x + a_2 x^2 + \cdots a_n x^n = \sum_{j=0}^{n} a_j x^j$$

vom Grad höchstens n nach der Regel

$$p'(x) = a_1 + 2a_2 x + \cdots n a_n x^{n-1} = \sum_{j=1}^{n} j a_j x^{j-1}$$

differenzieren.

Eine Tabelle

Um Ihnen den Spaß an der Sache nicht zu nehmen und genügend Material zum eigenen Üben zur Verfügung zu stellen, liefere ich Ihnen an dieser Stelle eine klitzekleine Tabelle von Ableitungen.

$f(x)$	$f'(x)$	Bemerkungen
x^a	$a x^{a-1}$	$a \in \mathbf{R}, x > 0$
e^x	e^x	
$\sin x$	$\cos x$	
$\cos x$	$-\sin x$	
$\ln x$	$\frac{1}{x}$	$x > 0$

6.5   Ableitungsregeln

Wir wollen uns nun das Handwerkszeug verschaffen, mit dem sich Ableitungen komplizierter Funktionen ermitteln lassen. Wir beginnen mit einer nicht ganz trivialen Bemerkung.

Lemma 6.5.1 *Ist* $f : D \to \mathbf{R}$, $D \subset \mathbf{R}$, *im Punkt* $x_0 \in D^\circ$ *differenzierbar, dann ist sie dort auch stetig.*

Beweis: Aus $\lim\limits_{x \to x_0} \frac{f(x)-f(x_0)}{x-x_0} = f'(x_0)$ folgt

$$\lim_{x \to x_0} (f(x) - f(x_0) - f'(x_0)(x - x_0)) = 0$$

und wegen $\lim\limits_{x \to x_0} f'(x_0)(x-x_0) = f'(x_0)\lim_{x \to x_0}(x-x_0) = 0$ ist damit

$$\lim_{x \to x_0} (f(x) - f(x_0)) = 0,$$

d.h. $\lim_{x \to x_0} f(x) = f(x_0)$. ∎

Eine triviale Bemerkung ist

Lemma 6.5.2 *Sind* $f, g : D \to \mathbf{R}$ *in* $x_0 \in D^\circ$ *differenzierbar, dann ist für* $\alpha, \beta \in \mathbf{R}$ *auch die Funktion* $\alpha f + \beta g$ *in* x_0 *differenzierbar und es gilt*

$$(\alpha f + \beta g)'(x_0) = \alpha f'(x_0) + \beta g'(x_0).$$

Beweis: Ohne Kommentar:

$$\frac{(\alpha f(x) + \beta g(x)) - (\alpha f(x_0) + \beta g(x_0))}{x - x_0} = \alpha \frac{f(x) - f(x_0)}{x - x_0} + \beta \frac{f(x) - f(x_0)}{x - x_0}$$

Limesbildung auf beiden Seiten ergibt gerade die Aussage des Lemmas. ∎

Nun wird es aber Zeit, sich den nützlicheren Dingen zuzuwenden! Wir beginnen mit

Lemma 6.5.3 (Produktregel) *Sind* $f, g : D \to \mathbf{R}$ *in* $x_0 \in D^\circ$ *differenzierbar, dann ist auch die Funktion* $f \cdot g$ *in* x_0 *differenzierbar und es gilt*

$$(f \cdot g)'(x_0) = f'(x_0)g(x_0) + f(x_0)g'(x_0).$$

Beweis: Wir formen um

$$\frac{f(x)g(x) - f(x_0)g(x_0)}{x - x_0} = \frac{f(x) - f(x_0)}{x - x_0}g(x) + f(x_0)\frac{g(x) - g(x_0)}{x - x_0}$$

und diese Gleichung konvergiert für $x \to x_0$ genau gegen die behauptete Formel. ∎

Die entsprechende Regel für die Ableitung eines Quotienten ist Inhalt des folgenden Lemmas.

Lemma 6.5.4 (Quotientenregel) *Sind* $f, g : D \to \mathbf{R}$ *in* $x_0 \in D^\circ$ *differenzierbar und ist* $g(x_0) \neq 0$ *dann ist auch die Funktion* f/g *differenzierbar in* x_0 *und es gilt*

$$\left(\frac{f}{g}\right)'(x_0) = \frac{f'(x_0)g(x_0) - f(x_0)g'(x_0)}{(g(x_0))^2}.$$

Beweis: Da $g(x_0) \neq 0$ ist, folgt aus der Stetigkeit von g (die aus der vorausgesetzten Differenzierbarkeit folgt), daß g auch in einer Umgebung $U_\varepsilon(x_0)$ von x_0 nicht verschwindet. Für ein $x \in U_\varepsilon(x_0)$ gilt dann

$$\frac{\frac{1}{g(x)} - \frac{1}{g(x_0)}}{x - x_0} = -\frac{1}{g(x) \cdot g(x_0)} \cdot \frac{g(x) - g(x_0)}{x - x_0}$$

und das strebt für $x \to x_0$ gegen

$$-\frac{1}{(g(x_0))^2}g'(x_0).$$

Damit haben wir

$$\left(\frac{1}{g}\right)'(x_0) = -\frac{1}{(g(x_0))^2}g'(x_0)$$

gezeigt. Jetzt bemühen wir die Produktregel und schon folgt

$$\left(\frac{f}{g}\right)'(x_0) \;=\; \left(f \cdot \frac{1}{g}\right)'(x_0) = \frac{f'(x_0)}{g(x_0)} - f(x_0)\frac{g'(x_0)}{(g(x_0))^2}$$

$$= \frac{f'(x_0)g(x_0) - f(x_0)g'(x_0)}{(g(x_0))^2}.$$

∎

Die vielleicht wichtigste Regel kommt jetzt zum Schluß. Es handelt sich um die Ableitung des Kompositums zweier Funktionen.

Lemma 6.5.5 (Kettenregel) *Es seien die Funktionen* $f : D \to$ **R** *und* $g : E \to$ **R** *mit* $D, E \subset$ **R** *gegeben. Der Punkt* x_0 *liege*

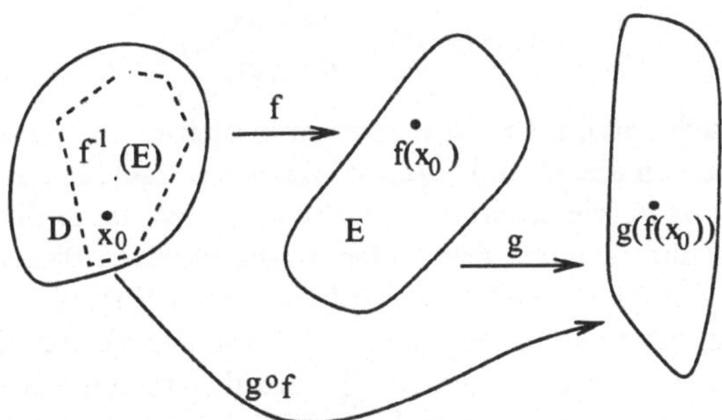

im Inneren von D *und sei auch noch im Inneren des Urbildes von* f. *Die Funktion* f *sei im Punkt* x_0 *differenzierbar und die Funktion* g *im Punkt* $f(x_0) \in E^\circ$. *Dann ist das Kompositum* $g \circ f$ *in* x_0 *differenzierbar und es gilt*

$$(g \circ f)'(x_0) = g'(f(x_0)) \cdot f'(x_0).$$

Beweis: Nach Voraussetzung gelten die Beziehungen

$$f(x) \;=\; f(x_0) + \eta_1(x)(x - x_0), \quad \lim_{x \to x_0} \eta_1(x) = f'(x_0)$$

$$g(y) \;=\; g(y_0) + \eta_2(y)(y - y_0), \quad \lim_{y \to y_0} \eta_2(y) = g'(y_0),$$

$$\text{mit } y = f(x) \textbf{ und } y_0 = f(x_0).$$

Damit folgt $(g \circ f)(x) = (g \circ f)(x_0) + \eta_2(f(x)) \cdot \eta_1(x)(x - x_0)$ und damit

$$\frac{(g \circ f)(x) - (g \circ f)(x_0)}{x - x_0} = \eta_2(f(x)) \cdot \eta_1(x)$$

was für $x \to x_0$ gegen $g'(f(x_0)) \cdot f'(x_0)$ konvergiert. ∎

Ich kann mir die Kettenregel in der hier vorgestellten, modernen Form, nicht gut merken! Es ist einer der Hauptvorteile des Leibnizschen Kalküls, daß mit den Symbolen dx und dy in genialer Weise umgegangen werden kann. Man schreibt die Kettenregel dann in der einfach zu memorierenden Form

$$(g(f(x)))' = \frac{dg}{df} \cdot \frac{df}{dx}(x),$$

wobei einfach von links nach rechts durchdifferenziert wird[6]. Ich muß Sie natürlich an dieser Stelle darauf hinweisen, daß Sie auf gar keinen Fall mit Dingen wie dx und dy rechnen dürfen, denn diese Symbole machen nur in Form des Differentialquotienten Sinn. Wenn Sie sich aber einmal vorstellen, Sie dürften doch (heimlich im Keller) so rechnen wie mit Zahlen, dann folgt aus der obigen Kettenregel nach 'Kürzen' durch df gerade $\frac{dg}{dx}$ und das wollen wir ja mit der Kettenregel gerade ausrechnen!

Sie wissen aus unserer Tabelle, daß für $f(x) = \sin x$

$$f'(x) = (\sin x)' = \cos x$$

ist. Dann folgt aus der Kettenregel für die Funktion

$$(g \circ f)(x) := (\sin x)^n$$

mit $g(y) = y^n$ gerade

$$(g(f(x)))' = \frac{dg}{df}\frac{df}{dx}(x) = nf^{n-1} \cdot \cos x = n(\sin x)^{n-1} \cos x.$$

---

[6]Weiter gilt $(g(f(h(u(x)))))' = \frac{dg}{df}\frac{df}{dh}\frac{dh}{du}\frac{du}{dx}(x)$ und so weiter und so weiter ...

Natürlich folgt das auch (und zwar viel sauberer) aus unserer Form
der Kettenregel

$$(g \circ f)'(x) = g'(f(x))f'(x)$$

denn $f'(x) = \cos x$ und $g'(f(x)) = nf(x)^{n-1} = n(\sin x)^{n-1}$.

6.6　Rund um den Mittelwertsatz

Wir wollen die Gelegenheit benutzen und die Differentialrechnung
weiter ausbauen. Insbesondere ist sie von großer Bedeutung, wenn
Funktionen auf ihre Eigenschaften hin untersucht werden sollen.

Wir betrachten eine Funktion $f : D \to R$ an einem Punkt $x_0 \in D$.
Man sagt f hat an der Stelle x_0 ein globales Maximum, falls

$$f(x) \le f(x_0)$$

für alle $x \in D$ gilt. Das globale Maximum heißt streng, wenn an
Stelle von $\le$ die echte Kleinerbeziehung $<$ steht. Man sagt, f habe
in x_0 ein lokales Maximum, falls es ein $\varepsilon > 0$ gibt, so daß

$$|x - x_0| < \varepsilon \quad \Rightarrow \quad f(x) \le f(x_0)$$

für alle $x \in D$ gilt. Hier liegt also ein Maximum in einer gewissen Umgebung von x_0 vor. Das lokale Maximum heißt auch wieder
streng, wenn an Stelle von $f(x) \le f(x_0)$ dann $f(x) < f(x_0)$ steht.
Entsprechende Definitionen gelten für Minima. Man spricht von einem Extremum, wenn entweder ein Maximum oder ein Minimum
vorliegt.

Wir wissen bereits aus der Min-Max-Eigenschaft stetiger Funktionen (Satz 4.8.3), daß jede stetige Funktion mit kompaktem Definitionsbereich mindestens ein globales Maximum und ein globales
Minimum besitzt. Allerdings ist die Bestimmung lokaler Extrema
meist wesentlich leichter als die Bestimmung globaler! Wir beginnen
daher mit einem ersten Resultat, das Auskunft über lokale Extrema
gibt.

Satz 6.6.1 *Ist* $f : [a, b] \to \mathbf{R}$ *in* x_0 *differenzierbar und besitzt dort ein lokales Extremum, dann gilt im Fall* $a < x_0 < b$

$$f'(x_0) = 0.$$

Ist $x_0 = a$, *dann bedeutet* $f'(a) \leq 0$ *ein Maximum und* $f'(a) \geq 0$ *ein Minimum. Ist* $x_0 = b$ *dann bedeutet* $f'(b) \geq 0$ *ein Maximum und* $f'(b) \leq 0$ *ein Minimum.*

Beweis: Wir betrachten ohne Beschränkung der Allgemeinheit den Fall eines lokalen Maximums in x_0. Dann gilt

$$\frac{f(x) - f(x_0)}{x - x_0} \leq 0$$

für $x_0 < x \leq \min\{x_0 + \varepsilon, b\}$ und

$$\frac{f(x) - f(x_0)}{x - x_0} \geq 0$$

für $\max\{x_0 - \varepsilon, a\} \leq x < x_0$. Daher ist $f'(x_0^-) \geq 0$ und $f'(x_0^+) \leq 0$. Insbesondere folgt für $x_0 \in]a, b[$

$$f'(x_0) = f'(x_0^-) = f'(x_0^+) = 0.$$

∎

Wir haben damit die wichtige notwendige Bedingung $f'(x_0) = 0$ für das Auftreten eines Extremums kennengelernt. Man nennt Punkte x_0 mit $f'(x_0) = 0$ auch **stationäre Punkte** von f.

Satz 6.6.2 (Satz von Rolle[7]) *Ist* $f : [a, b] \to \mathbf{R}$ *stetig auf* $[a, b]$, *differenzierbar auf* $]a, b[$ *und gilt* $f(a) = f(b)$, *dann gibt es einen Punkt* $x_0 \in]a, b[$ *mit*

$$f'(x_0) = 0.$$

---

[7]MICHEL ROLLE (1652-1719)

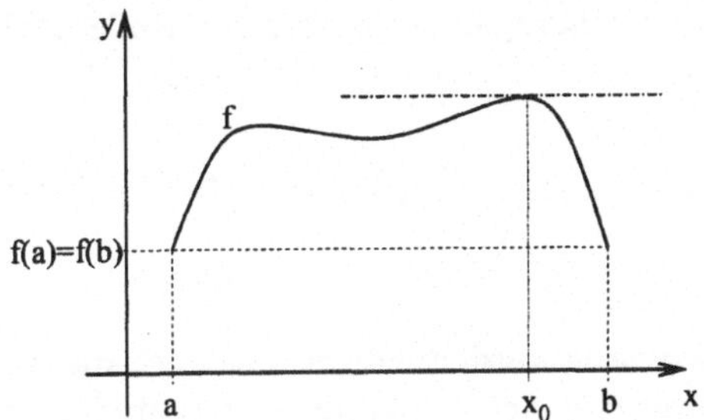

Beweis: Da f auf dem Kompaktum $[a, b]$ stetig ist, nimmt sie dort Maximum und Minimum an. Liegen beide Extrema am Rand des Intervalls, dann ist f konstant (warum?) und es folgt $f' = 0$ überall. Ansonsten liegt ein Extremum bei $x_0 \in]a, b[$ und mit Satz 6.6.1 folgt $f'(x_0) = 0$. ∎

Satz 6.6.3 (Mittelwertsatz) *Ist* $f : [a, b] \to \mathbf{R}$ *stetig auf* $[a, b]$ *und differenzierbar auf* $]a, b[$, *dann gibt es einen Punkt* $x_0 \in]a, b[$ *mit*

$$f'(x_0) = \frac{f(b) - f(a)}{b - a}.$$

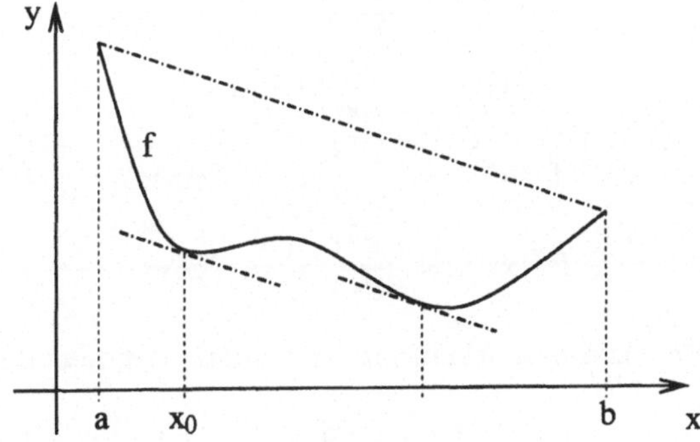

Beweis: Die Funktion

$$F(x) := f(x) - \frac{x - a}{b - a}(f(b) - f(a))$$

erfüllt die Voraussetzungen des Satzes von Rolle. Daher gibt es ein $x_0 \in\,]a, b[$ mit

$$0 = F'(x_0) = f'(x_0) - \frac{1}{b-a}(f(b) - f(a)).$$

■

Nun können Sie tätig werden! Folgern Sie doch mal aus dem Mittelwertsatz, daß für eine auf $[a, b]$ differenzierbare Funktion gilt:

Für alle x : $f'(x) \geq 0$ $\Leftrightarrow$ f monoton wachsend

Für alle x : $f'(x) > 0$ $\Rightarrow$ f streng monoton wachsend

Für alle x : $f'(x) \leq 0$ $\Leftrightarrow$ f monoton fallend

Für alle x : $f'(x) < 0$ $\Rightarrow$ f streng monoton fallend

6.7   Der Satz von Taylor

Ist eine Funktion nicht nur einmal differenzierbar, sondern kann man ihre Ableitung auch noch ableiten, dann kann man höhere Ableitungen bilden. So ist z.B.

$$
\begin{aligned}
f(x) \quad &= \quad \sin x \\[2mm]
f'(x) \quad &= \quad \frac{df}{dx}(x) = \cos x \\[2mm]
f''(x) \quad &:= \quad \frac{d^2 f}{dx^2}(x) = -\sin x \\[2mm]
f'''(x) \quad &:= \quad \frac{d^3 f}{dx^3}(x) = -\cos x
\end{aligned}
$$

und so weiter. Die n-te Ableitung ist rekursiv definiert durch

$$f^{(n)} := \frac{d^n f}{dx^n} := \frac{d}{dx}\left(\frac{d^{n-1} f}{dx^{n-1}}\right).$$

Mit Hilfe höherer Ableitungen können wir eine Grundaufgabe

der Analysis lösen, nämlich
die Annäherung einer kom-
plizierten Funktion durch
einfachere Funktionen. In
unserem Fall wollen wir
eine gegebene Funktion
durch Polynome immer
höheren Grades annähern
(*approximieren*). Wie das
vor sich geht sagt der
Satz von Taylor, der auf
BROOK TAYLOR (1685-
1731) zurückgeht. Taylor
studierte in Cambridge
und wurde später Sekretär
der Royal Society.
Die Bedeutung des Taylor-
schen Satzes insbesondere
für die Anwendungen

Bild 6.7: Brook Taylor

ist schwerlich zu überschätzen. Viele Approximationsmethoden
basieren auf diesem Satz und in der Numerik partieller Differentialgleichungen dient der Satz der Konstruktion von finiten
Differenzenoperatoren zur Approximation von Ableitungen.

Satz 6.7.1 (Satz von Taylor) *Es sei* $f : [a, b] \to \mathbb{R}$ *eine Funkti-*
on, deren n-*te Ableitung noch existiert und stetig ist. Weiterhin*
sei $x_0 \in]a, b[$.

Dann gibt es genau ein Polynom $T_n(x; x_0)$ *höchstens* n-*ten*
Grades mit der Approximationseigenschaft

$$f(x) = T_n(x; x_0) + o((x - x_0)^n).$$

Dies ist das sogenannte **Taylor-Polynom**

$$T_n(x; x_0) := \sum_{k=0}^{n} \frac{f^{(k)}(x_0)}{k!} (x - x_0)^k$$

zum Entwicklungspunkt x_0.

Ist sogar die $(n+1)$-te Ableitung von f *noch stetig, dann gilt die Darstellung*

$$f(x) = \sum_{k=0}^{n} \frac{f^{(k)}(x_0)}{k!}(x - x_0)^k + R_n(x; x_0)$$

mit der **Restgliedformel nach Lagrange**

$$R_n(x; x_0) = \frac{f^{(n+1)}(\xi)}{(n+1)!}(x - x_0)^{n+1},$$

wobei $\xi = x_0 + \Theta(x - x_0)$ *mit einem* $0 < \Theta < 1$ *ist.*

Beweis: Das Taylorsche Polynom soll die Funktion f in der Nähe des Entwicklungspunktes x_0 möglichst gut approximieren. Daher verlangen wir für die Ableitungen

$$T_n^{(k)}(x_0; x_0) = f^{(k)}(x_0)$$

für $k = 0, 1, 2, \ldots, n$. Dabei ist die 0-te Ableitung gerade die Funktion selbst, d.h. $f^{(0)} = f$. Setzen wir daher das Polynom an mit

$$T_n(x; x_0) = \sum_{k=0}^{n} a_k(x - x_0)^k,$$

dann liefern die Ableitungen

$$T_n^{(j)}(x; x_0) = \sum_{k=j}^{n} a_k \cdot k \cdot (k-1) \cdot \ldots \cdot (k-j+1) \cdot (x - x_0)^{k-j}.$$

An der Stelle x_0 folgt damit

$$T_n^{(j)}(x_0; x_0) = a_j \cdot j!.$$

Da die j-te Ableitung des Polynoms mit der j-ten Ableitung der Funktion übereinstimmen soll folgt

$$a_j = \frac{f^{(j)}(x_0)}{j!}, \quad j = 0, 1, 2, \ldots, n$$

und damit ist gezeigt, daß unser Polynom tatsächlich die Form

$$T_n(x; x_0) := \sum_{k=0}^{n} \frac{f^{(k)}(x_0)}{k!} (x - x_0)^k$$

hat.

Um die Approximationsordnung zu beweisen zeigen wir

$$\lim_{x \to x_0} \frac{f(x) - T_n(x; x_0)}{(x - x_0)^n} = 0$$

und nehmen $x \neq x_0$ an. Wir definieren zwei Funktionen, deren Ableitungen noch stetig sind, nämlich

$$g(t) \ := \ f(x) - \sum_{k=0}^{n-1} \frac{f^{(k)}(t)}{k!} (x - t)^k, \quad a \leq t \leq b$$

$$G(t) \ := \ g(t) - g(x_0) \left(\frac{x - t}{x - x_0} \right)^n, \quad a \leq t \leq b.$$

Man findet

$$g'(t) \ = \ -\sum_{k=0}^{n-1} \frac{f^{(k+1)}(t)}{k!} (x - t)^k + \sum_{k=1}^{n-1} \frac{f^{(k)}(t)}{(k-1)!} (x - t)^{k-1}$$

$$= \ -\frac{f^{(n)}(t)}{(n-1)!} (x - t)^{n-1}, \quad a \leq t \leq b$$

und $G(x) = G(x_0) = 0$. Aus dem Satz von Rolle 6.6.2 folgert man dann ein $\Theta \in]0, 1[$, so daß mit $\xi := x_0 + \Theta(x - x_0)$ gilt:

$$0 \ = \ G'(\xi) = g'(\xi) + n g(x_0) \frac{(x - \xi)^{n-1}}{(x - x_0)^n}$$

$$= \ -\frac{f^{(n)}(\xi)}{(n-1)!} (x - \xi)^{n-1} + n g(x_0) \frac{(x - \xi)^{n-1}}{(x - x_0)^n}.$$

Wegen $x \neq \xi$ folgt hieraus $g(x_0) = \frac{f^{(n)}(\xi)}{n!} (x - x_0)^n$ und damit

$$f(x) = \sum_{k=0}^{n-1} \frac{f^{(k)}(x_0)}{k!} (x - x_0)^k + \frac{f^{(n)}(\xi)}{n!} (x - x_0)^n. \qquad (6.1)$$

Aus (6.1) folgt sofort

$$f(x) - T_n(x; x_0) = \frac{1}{n!}\left(f^{(n)}(\xi) - f^{(n)}(x_0)\right)(x - x_0)^n,$$

wobei $\xi = x_0 + \Theta(x - x_0)$ mit $\Theta = \Theta(x) \in]0,1[$.

Die Stetigkeit von $f^{(n)}$ liefert

$$\lim_{x \to x_0} \frac{f(x) - T_n(x; x_0)}{(x - x_0)^n} = \frac{1}{n!}\lim_{x \to x_0}\left(f^{(n)}(\xi) - f^{(n)}(x_0)\right) = 0.$$

Damit ist die behauptete Approximationsgüte gezeigt. Die Lagrangesche Restgliedformel folgt aus (6.1), wenn man n durch $n + 1$ ersetzt.

Zum Schluß müssen wir noch zeigen, daß es genau ein Taylor-Polynom gibt. Dazu nehmen wir an, es gäbe zwei solche, nämlich $P(x; x_0) = \sum_{k=0}^{n} a_k(x - x_0)^k$ und $Q(x; x_0) = \sum_{k=0}^{n} b_k(x - x_0)^k$, die beide die erforderliche Approximationsgüte aufweisen. Dann folgt für $j = 0, 1, 2, \ldots, n$

$$\frac{P(x; x_0) - Q(x; x_0)}{(x - x_0)^j} = \frac{P(x; x_0) - f(x)}{(x - x_0)^j} + \frac{f(x) - Q(x; x_0)}{(x - x_0)^j}$$

und das konvergiert für $x \to x_0$ gegen 0, woraus für $x \to x_0$

$$\sum_{k=0}^{n}(a_k - b_k)(x - x_0)^{k-j} \to 0$$

folgt. Setzt man nacheinander $j = 0, 1, 2, \ldots, n$ ein, dann ergibt sich $a_j = b_j$. $\blacksquare$

Beispiele

In unserer kleinen Ableitungstabelle tauchte die Regel $(e^x)' = e^x$ auf. Das erlaubt nun, das Taylorpolynom von $f(x) = e^x$ um $x_0 = 0$ zu berechnen. Wegen $f^{(k)}(0) = 1$ für alle k folgt

$$T_n(x; 0) = \sum_{k=0}^{n}\frac{1}{k!}x^k = 1 + x + \frac{x^2}{2} + \frac{x^3}{3!} + \cdots + \frac{x^n}{n!}$$

Es gilt also

$$e^x = 1 + x + \frac{x^2}{2} + \frac{x^3}{3!} + \cdots + \frac{x^n}{n!} + R_n(x;0)$$

mit $R_n(x;0) = \frac{e^\xi}{(n+1)!} x^{n+1}$, $\xi = \Theta x$, $0 < \Theta < 1$.

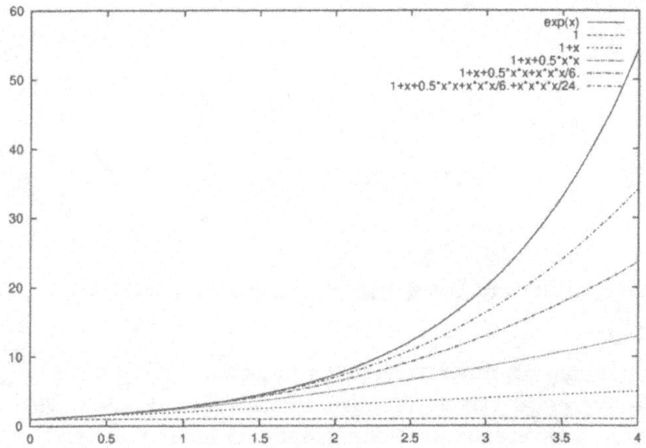

Bild 6.8: Die ersten Taylor-Polynome für e^x

Im Fall von $f(x) = \sin x$ wissen wir $f'(x) = \cos x$, $f''(x) = -\sin x$, usw., also ergibt sich die Darstellung

$$\sin x = x - \frac{x^3}{3!} + \frac{x^5}{5!} - \frac{x^7}{7!} + (-1)^n \frac{x^{2n+1}}{(2n+1)!} + R_{2n+2}(x;0)$$

mit $R_{2n+2}(x;0) = (-1)^{n+1} \frac{\cos \xi}{(2n+3)!} x^{2n+3}$, $\xi = \Theta x$, $0 < \theta < 1$, wenn man $\sin x$ um den Punkt $x_0 = 0$ entwickelt.

Hier ist ein Wort der Warnung angebracht!

Man ist versucht anzunehmen, daß die Taylor-Reihe

$$\sum_{k=0}^{\infty} \frac{f^{(k)}(x_0)}{k!} (x - x_0)^k$$

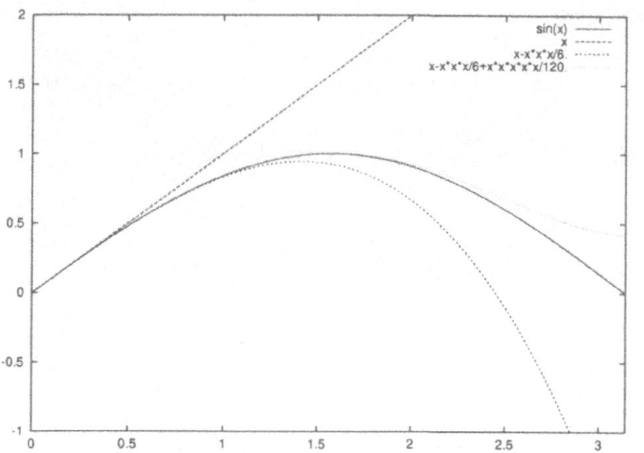

Bild 6.9: Die ersten Taylor-Polynome für sin x

einer beliebig oft differenzierbaren Funktion f stets auch f darstellt,
d.h. konvergiert. Das ist im allgemeinen nicht der Fall! Selbst wenn
die Reihe konvergiert muß der Grenzwert nicht $f(x)$ sein!

Als Beispiel diene die Funktion

$$f(x) = e^{-\frac{1}{x^2}}$$

für $x \neq 0$ und $f(0) = 0$. Die Funktion ist mit ihren sämtlichen Ableitungen auch bei $x = 0$ immer stetig, da linker und rechter Grenzwert
jeweils übereinstimmen und alle Ableitungen dort verschwinden, d.h.
$f^{(n)}(0) = 0$. Damit verschwinden im Taylor-Polynom aber alle Koeffizienten und das Restglied bleibt stets die Funktion selbst!

6.8   Kurvendiskussion

Wir nehmen die Untersuchung von Funktionen mit Hilfe der Differentialrechnung wieder auf und zeigen als Folgerung aus dem Satz
von Taylor den

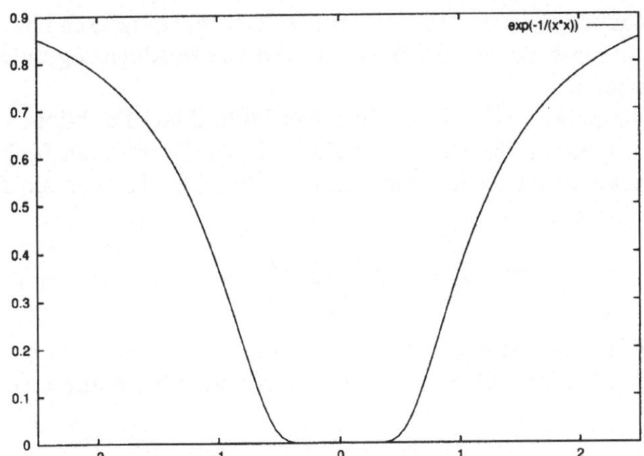

Bild 6.10: Die Funktion $e^{-\frac{1}{x^2}}$ ist nicht in eine Taylor-Reihe entwickelbar

Satz 6.8.1 *Existieren noch die zweiten Ableitungen der Funktion* $f : [a,b] \to \mathbf{R}$ *und sind stetig, dann gilt für ein* $x_0 \in]a,b[$:

- *Ist* $f'(x_0) = 0$ *und* $f''(x_0) > 0$, *dann hat* f *in* x_0 *ein strenges lokales Minimum.*

- *Ist* $f'(x_0) = 0$ *und* $f''(x_0) < 0$, *dann hat* f *in* x_0 *ein strenges lokales Maximum.*

Beweis: Wegen $f'(x_0) = 0$ folgt mit dem Taylorschen Satz

$$f(x) = f(x_0) + \frac{f''(\xi)}{2!}(x - x_0)^2.$$

Da f'' noch stetig ist, ist es in einer ganzen Umgebung von x_0 noch positiv (bzw. negativ), also $f(x) > f(x_0)$ im ersten Fall und $f(x) < f(x_0)$ im zweiten Fall für alle x aus dieser Umgebung. ∎

Man mache sich diesen Sachverhalt einmal graphisch klar, in dem man zu einer Funktion f die erste und zweite Ableitung untereinanderzeichnet.

Um genauere Aussagen über den Verlauf von Funktionen zu machen ist es nützlich zu ergründen, ob ihr Graph eine Links- oder Rechtskurve darstellt. Man nennt $f : [a, b] \to \mathbf{R}$ konvex, falls für alle $x_1 < x < x_2$

$$f(x) \leq f(x_1) + \frac{x - x_1}{x_2 - x_1}(f(x_2) - f(x_1))$$

gilt. Die Funktion heißt streng konvex, wenn an Stelle von $\leq$ gerade $<$ steht. Man nennt $f : [a, b] \to \mathbf{R}$ konkav, falls für alle $x_1 < x < x_2$

$$f(x) \geq f(x_1) + \frac{x - x_1}{x_2 - x_1}(f(x_2) - f(x_1))$$

gilt. Die Funktion heißt streng konkav, wenn an Stelle von $\geq$ gerade $>$ steht. Die Differentialrechnung gibt uns auch in diesem Fall ein einfaches Kriterium an die Hand.

Satz 6.8.2 *Sind die zweiten Ableitungen von* $f : [a, b] \to \mathbf{R}$ *noch stetig, dann gilt*

- *Ist für alle* $x \in]a, b[$: $f''(x) > 0$, *dann ist* f *streng konvex.*

- *Ist für alle* $x \in]a, b[$: $f''(x) < 0$, *dann ist* f *streng konkav.*

Beweis: Wir betrachten ohne Beschränkung der Allgemeinheit den Fall $f''(x) > 0$. Es seien $x_1, x_2 \in]a, b[$ Für die Funktion

$$g(x) := f(x_1) + \frac{x - x_1}{x_2 - x_1}(f(x_2 - f(x_1)) - f(x)$$

gilt $g(x_1) = g(x_2) = 0$ und

$$\begin{aligned}
g'(x) &= \frac{f(x_2) - f(x_1)}{x_2 - x_1} - f'(x) \\
&= f'(\xi) - f'(x), \quad x_1 < \xi < x_2 \quad \text{(Mittelwertsatz)} \\
&= f''(\eta)(\xi - x), \quad \eta = x + \Theta(\xi - x), 0 < \Theta < 1,
\end{aligned}$$

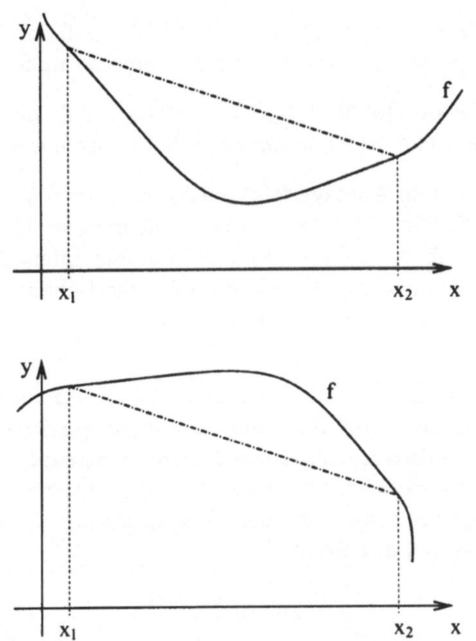

Bild 6.11: Konvexe (oben) und konkave Funktion

und das ist > 0 für $x_1 < x < \xi$, und < 0 für $\xi < x < x_2$. Damit ist g streng monoton wachsend in $[x_1, \xi]$ und streng monoton fallend in $[\xi, x_2]$. Insbesondere folgt $g(x) > 0$ für alle $x \in]x_1, x_2[$. ∎

Von besonderem Interesse bei einer Funktion sind auch diejenigen Punkte, in denen sie von konvexem zu konkavem Verhalten wechselt. Diese Punkte heißen Wendepunkte einer Funktion.

Satz 6.8.3 *Sei* $f : [a, b] \to \mathbf{R}$ *eine Funktion, deren dritte Ableitung noch stetig ist.*

- *Ist* $x_0 \in]a, b[$ *ein Wendepunkt, dann gilt* $f''(x_0) = 0$.

- *Gilt für $x_0 \in]a, b[$: $f''(x_0) = 0, f'''(x_0) > 0$, dann ist x_0 ein Wendepunkt und f wechselt von konkav nach konvex.*

- *Gilt für $x_0 \in]a, b[$: $f''(x_0) = 0, f'''(x_0) < 0$, dann ist x_0 ein Wendepunkt und f wechselt von konvex nach konkav.*

Beweis: Die erste Aussage folgt sofort aus Satz 6.8.2 und der Stetigkeit von f''. Die folgende Aussage sieht man so: Gilt $f''(x_0) = 0$ und $f'''(x_0) > 0$, dann ist $f''(x) < 0$ in einem Intervall $]x_0 - \varepsilon, x_0[$ und $f''(x_0) > 0$ in $]x_0, x_0 + \varepsilon[$. Dann folgt die Behauptung aus Satz 6.8.2. Die dritte Aussage beweist man analog. ∎

Wir können nun im Prinzip gegebene Funktionen mit Hilfe der Differentialrechnung auf Extrema und Wendepunkte untersuchen. Nimmt man die Untersuchung von Symmetrieeigenschaften, des Verhaltens für $|x| \to \infty$ und des Verhaltens an singulären Stellen (Pole) dazu, dann spricht man von einer Kurvendiskussion.

Wir wollen uns das Beispiel

$$y = f(x) = \frac{-x^2 + 2x - 1}{x + 1}$$

genauer ansehen. Die Funktion f kann nur dort Nullstellen haben, wo der Zähler Nullstellen hat. Wir erhalten

$$-x^2 + 2x - 1 = 0 \quad \Leftrightarrow x^2 - 2x + 1 = 0$$
$$(x - 1)^2 = 0$$

und damit die doppelte Nullstelle

$$x_{1/2} = 1.$$

Die erste Ableitung ist

$$f'(x) = \frac{-x^2 - 2x + 3}{(x + 1)^2}$$

und die zweite ist

$$f''(x) = \frac{-8}{(x + 1)^3}.$$

Kandidaten für Extrema sind alle Punkte mit $f'(x) = 0$, also die Nullstellen von $-x^2 - 2x + 3$. Diese ergeben sich zu $x_3 = -3$ und $x_4 = 1$. Wegen $f''(-3) > 0$ liegt dort nach Satz 6.8.1 ein strenges lokales Minimum vor. Wegen $f''(1) < 0$ liegt dort ein Maximum der Funktion.

Die Suche nach Wendepunkten $f''(x) = 0$ scheitert wegen der unerfüllbaren Bedingung $-8 = 0$, es gibt also keine Wendepunkte.

Interessant ist jedenfalls das Verhalten der Funktion bei $x = -1$, da dort der Nenner verschwindet. Wegen

$$f(x) = \frac{-x^2 + 2x - 1}{x + 1} = -x + 3 - \frac{4}{x + 1}$$

lassen sich die Grenzwerte berechnen. Es gilt

$$\lim_{x \to -1^-} f(x) = +\infty, \qquad \lim_{x \to -1^+} f(x) = -\infty,$$

die Funktion strebt dort also linksseitig nach $+\infty$ und rechtsseitig nach $-\infty$. Ebenfalls sehen wir sofort

$$\lim_{x \to -\infty} f(x) = +\infty, \qquad \lim_{x \to +\infty} f(x) = -\infty.$$

Es ist weiterhin leicht zu sehen, daß f für Werte $x \in]-\infty, -1[$ nach Satz 6.8.2 streng konvex ist, da $f''(x) > 0$ ist. Für $x \in]-1, \infty[$ ist f streng konkav, da dort $f''(x) < 0$ gilt.

Die Funktion, über die wir nun schon so viel wissen, ist in Abbildung 6.12 dargestellt.

6.9 Die Regeln von de l'Hospital

Bei einer Kurvendiskussion kann es vorkommen, daß sogenannte unbestimmte Ausdrücke der Form $0/0$ oder ∞/∞ auftreten. Damit meint man Grenzwerte $\lim_{x \to x_0} \frac{f(x)}{g(x)}$, wo f und g gegen 0 oder beide gegen ∞ gehen. Die Regeln von de l'Hospital geben Auskunft über solche Fälle.

GUILLAUME FRANCOIS ANTOINE DE L'HOSPITAL (1661-1704)

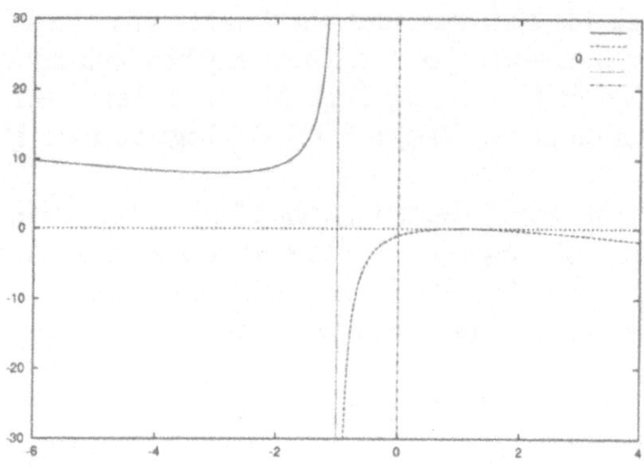

Bild 6.12: $f(x) = \frac{-x^2+2x-1}{x+1}$

hatte zu schlechte Augen, um Offizier sein zu können. Da er bereits früh eine hervorragende Begabung für die Mathematik gezeigt hatte, wandte er sich ganz mathematischen Studien zu. Er las Leibniz und korrespondierte mit JOHANN BERNOULLI. Die nach ihm benannten Regeln stammen aber von Bernoulli! Es gab eine Absprache zwischen Johann Bernoulli und de l'Hospital, daß der erstere dem letzteren gegen Geld seine neuesten mathematischen Resultate zukommen lassen sollte. De l'Hospital war dann der erste, der ein Lehrbuch über die damals junge Differential- und Integralrechnung schrieb. Erst nach seinem Tod fühlte sich Bernoulli nicht mehr an die Verabredung gebunden und beanspruchte das Recht auf die Entdeckungen im de l'Hospitalschen Lehrbuch für sich.

Bild 6.13: De l'Hospital

Die Familie der Bernoullis stellt in der Geschichte der Ana-

Bild 6.14: Jakob Bernoulli

lysis ein einzigartiges Phänomen dar. Der mathematische Lehrstuhl der Universität Basel war 105 Jahre lang mit einem Bernoulli (nicht immer mit demselben!) besetzt. Unter den bedeutendsten Mathematikern aller Zeiten sind die Brüder JAKOB BERNOULLI (27.12.1654-1705) und JOHANN BERNOULLI (27.7.1667-1.1.1748), sowie einer der Söhne Johanns, DANIEL BERNOULLI (1700-1782).

Jacob Bernoulli wurde in Basel geboren und studierte auf Wunsch seines Vaters Theologie. Heimlich eignete er sich mathematische Kenntnisse an, zu denen er sich mehr hingezogen fühlte als zur theologischen Wissenschaft. Er reiste nach Abschluß des Studiums von 1676 bis 1680 durch die Schweiz und Frankreich und verdiente sein Geld als Hauslehrer. Im Jahr 1681 beginnt er eine große Reise nach den Niederlanden und England, in deren Verlauf er große Wissenschaftler wie Hudde, Boyle und Hooke persönlich kennenlernt. Als er im Oktober 1682 nach Basel zurückkehrt, hält er dort Vorlesungen über Experimentalphysik und gewann so den Lehrstuhl für Mathematik an der Universität Basel.

Er studierte die Werke von Wallis, Barrow und Descartes und begründete die vollständige Induktion. Begeistert las er die erste Veröffentlichung von Leibniz zur Differentialrechnung und wandte sich mit Fragen an ihn. Leibniz antwortete allerdings erst sehr spät, so daß die Brüder Jakob und Johann sich bereits selbst mit der Differentialrechnung vertraut gemacht hatten. Jakobs erste Arbeit zu diesem Thema, die 1691 in den *Acta Eruditorum* veröffentlicht wurde, enthält erstmalig das Wort *Integral*. Mit Leibniz verband Jakob ein lebhafter Briefwechsel, in dessen Verlauf Perlen der mathematischen Analysis entstanden sind.

Der um 13 Jahre jüngere Bruder Johann wurde von Jakob mit der Mathematik vertraut gemacht. Auf Wunsch des Vaters wurde Johann aber zunächst (nebenbei) Mediziner. Johann war ein rascher

Denker mit schneller Auffassungsgabe, Jakob der tiefgründigere. Ihr Verhältnis war geprägt durch einen immerwährenden intellektuellen Wettstreit, der auch vor persönlichen Beleidigungen nicht haltmachte. Der streitsüchtigere war zweifelsohne Johann, der sich sogar mit seinem Sohn Daniel überwarf und ihn des Plagiats beschuldigte, als dieser einen Preis der Pariser Akademie gewann.

In diesem Wettstreit entstand eine ganze Disziplin der Mathematik – die Variationsrechnung. Dort geht es darum, aus einer Vielfalt von Funktionen mit Hilfe der Differential- und Integralrechnung eine in einem bestimmten Sinne optimale Funktion auszuwählen.
Berühmt ist das Brachistochronen-problem. Gegeben sind zwei Punkte A und B in der Ebene, wobei A oberhalb von B liegen soll, und gesucht ist diejenige Kurve, auf der eine Massenkugel in kürzester Zeit unter dem Einfluß der Schwerkraft von A nach B läuft.
Dieses Problem wurde in den *Acta Eruditorum* 1696 von Johann gestellt, der zur Lösung eine Frist setzte, die verlängert werden mußte. Im Mai 1697 enthielten die *Acta* dann die Lösungen der beiden verfeindeten Brüder und auch Leibniz sandte die richtige Lösung – es handelt sich um die Zykloide – ein.
Jakobs Beitrag trug den Titel *Lösung*

Bild 6.15: Johann Bernoulli

der Aufgabe meines Bruders, dem ich dafür eine andere vorlege, woraus sich die Stimmung der Zeit ablesen läßt. Johann ließ sich provozieren und teilte Leibniz eine falsche Lösung mit. Jakob fragte mehrmals bei seinem Bruder an, ob dieser sich wirklich sicher sei, was Johann stets bejahte. Daraufhin publizierte Jakob eine vernichtende Kritik der brüderlichen Lösung und fügte hinzu, daß er, Jakob, nie daran geglaubt hätte, daß sein Bruder die richtige Lösung finden würde!

Daniel Bernoulli, der zweite Sohn Johanns, wurde in Groningen geboren. Obwohl seine mathematischen Fähigkeiten früh erkennbar waren, bestimmte ihn der Vater zu einer Kaufmannslaufbahn. Zweimal mußte Daniel eigenmächtig die Lehre beenden, bis der Vater ein Medizinstudium erlaubte. Im Jahr 1725 erhielt er einen Ruf an die Akademie St. Petersburg. Nach der Berufung LEONHARD EULERS nach St. Petersburg ergab sich eine fruchtbare Zusammenarbeit dieser zwei großen Mathematiker, aber Daniel vertrug das Klima nicht und kehrte 1733 nach Basel zurück und übernahm den Lehrstuhl für Anatomie und Botanik. Im Jahr 1750 übernahm er den Lehrstuhl für Physik.

Seine bedeutendste Leistung ist sein Werk *Hydrodynamica sive de viribus et motibus fluidorum* (Hydrodynamik oder über die Kräfte und Bewegungen der Flüssigkeiten), mit dem er die Hydrodynamik in weiten Bereichen begründete. Vieles geht dabei auf Arbeiten mit Euler zurück, nach dem die Bewegungsgleichungen eines kompressiblen, reibungsfreien Fluides heute benannt sind. In der Strömungsmechanik spielt die nach Daniel benannte *Bernoullische Gleichung* eine zentrale Rolle.

Bild 6.16: Daniel Bernoulli

Wir wollen uns nun wieder den de l'Hospitalschen Regeln zuwenden. Aus beweistechnischen Gründen schicken wir eine Variante des schon bekannten Mittelwertsatzes voraus.

Satz 6.9.1 (2.ter Mittelwertsatz) *Sind die Funktionen* f, g *stetig auf* $[a, b]$ *und differenzierbar auf* $]a, b[$, *und gilt* $g'(x) \neq 0$ *für alle* $x \in]a, b[$, *dann gibt es einen Punkt* $x_0 \in]a, b[$, *so daß*

$$\frac{f'(x_0)}{g'(x_0)} = \frac{f(b) - f(a)}{g(b) - g(a)}$$

gilt.

Beweis: Auf Grund der Voraussetzung $g' \neq 0$ auf ganz $]a, b[$ gilt $g(a) \neq g(b)$. Die Funktion

$$\tilde{f}(x) := f(x) - g(x)\frac{f(b) - f(a)}{g(b) - g(a)}$$

erfüllt dann die Voraussetzungen des Satzes von Rolle. Daher gibt es ein $x_0 \in\,]a, b[$ mit

$$0 = \tilde{f}'(x_0) = f'(x_0) - g'(x_0)\frac{f(b) - f(a)}{g(b) - g(a)}.$$

Damit kommen wir zur ersten de l'Hospitalschen Regel.

Satz 6.9.2 (Regel von de l'Hospital für 0/0) *Sind* $f, g :\,]a, b[\to$ **R** *differenzierbar,* $x_0 \in\,]a, b[$ *mit* $f(x_0) = g(x_0) = 0$ *und gilt* $g'(x) \neq 0$ *für* $x \neq x_0$, *dann folgt*

$$\lim_{x \to x_0} \frac{f(x)}{g(x)} = \lim_{x \to x_0} \frac{f'(x)}{g'(x)},$$

falls der Grenzwert auf der rechten Seite existiert.

Beweis: Der zweite Mittelwertsatz liefert für $x \neq x_0$

$$\frac{f(x)}{g(x)} = \frac{f(x) - f(x_0)}{g(x) - g(x_0)} = \frac{f'(\xi)}{g'(\xi)}$$

mit $\xi = x_0 + \Theta(x) \cdot (x - x_0), 0 < \Theta(x) < 1$. ∎

Der Satz gilt natürlich auch für die entsprechenden einseitigen Grenzwerte. Konvergiert der Bruch $f'(x)/g'(x)$ wieder gegen 0/0, dann kann mit dem Satz natürlich auch mit entsprechender höherer Ableitung fortgefahren werden. Schließlich zeigt die Substitution $y := 1/x$, daß der Satz auch für Grenzwerte $\lim\limits_{x \to \pm\infty}$ richtig ist.

Satz 6.9.3 (Regel von de l'Hospital für ∞/∞) *Ist* $x_0 \in\,]a, b[$ *und sind* $f, g :\,]a, b[\backslash\{x_0\} \to$ **R** *und ihre Ableitungen stetig, und gilt weiter*

$$\lim_{x \to x_0} f(x) = \lim_{x \to x_0} g(x) = \infty$$

und $g'(x) \neq 0$ *für* $x \neq x_0$, *dann gilt auch*

$$\lim_{x \to x_0} \frac{f(x)}{g(x)} = \lim_{x \to x_0} \frac{f'(x)}{g'(x)},$$

falls der Grenzwert auf der rechten Seite existiert.

Beweis: Wir zeigen die Behauptung für die rechtsseitigen Grenzwerte. Dazu sei $K := \lim_{x \to x_0} \frac{f'(x)}{g'(x)}$. Zu $\varepsilon > 0$ wähle $\delta_1 > 0$ mit

$$\left| \frac{f'(x)}{g'(x)} - K \right| < \varepsilon$$

für alle $x \in]x_0, x_0 + \delta_1[$. Sei nun $x_1 \in]x_0, x_0 + \delta_1[$ fest gewählt. Für $x \in]x_0, x_1[$ erweitere man

$$\frac{f(x)}{g(x)} = \frac{f(x)}{f(x) - f(x_1)} \cdot \frac{g(x) - g(x_1)}{g(x)} \cdot \frac{f(x) - f(x_1)}{g(x) - g(x_1)}.$$

Diese Erweiterung läßt sich vornehmen, falls $f(x) \neq f(x_1)$ und $g(x) \neq g(x_1)$ gilt. Wegen $f(x) \to \infty$ und $g(x) \to \infty$ für $x \to x_0^+$ läßt sich das jedoch nach eventuell weiterer Einschränkung auf ein kleineres Teilintervall $x \in]x_0, x_0 + \delta_2[$ erreichen.

Aus der obigen Umformung erhält man mit Hilfe des zweiten Mittelwertsatzes

$$\begin{aligned}
\frac{f(x)}{g(x)} &= \frac{1 - g(x_1)/g(x)}{1 - f(x_1)/f(x)} \cdot \frac{f'(\xi)}{g'(\xi)} \\[2mm]
&= \left(1 + \frac{f(x_1)/f(x) - g(x_1)/g(x)}{1 - f(x_1)/f(x)} \right) \frac{f'(\xi)}{g'(\xi)},
\end{aligned}$$

also

$$\left| \frac{f(x)}{g(x)} - K \right| \leq \left| \frac{f(x_1)/f(x) - g(x_1)/g(x)}{1 - f(x_1)/f(x)} \right| \left| \frac{f'(\xi)}{g'(\xi)} \right| + \left| \frac{f'(\xi)}{g'(\xi)} - K \right|.$$

Der erste Bruch auf der rechten Seite konvergiert für $x \to x_0$ gegen 0. Es gibt also $0 < \delta < \delta_2$ mit

$$\left| \frac{f(x_1)/f(x) - g(x_1)/g(x)}{1 - f(x_1)/f(x)} \right| < \varepsilon$$

für $x \in]x_0, x_0 + \delta[$. Damit folgt für $x \in]x_0, x_0 + \delta(\varepsilon)[$

$$\left| \frac{f(x)}{g(x)} - K \right| \le \varepsilon(|K| + \varepsilon) + \varepsilon$$

und damit $\lim\limits_{x \to x_0^+} f(x)/g(x) = K$.   ∎

Zur Illustration betrachten wir

$$\lim_{x \to 0} \frac{\sin(x)}{x},$$

was unserem Fall 0/0 entspricht. Die erste Regel liefert

$$\lim_{x \to 0} \frac{\sin(x)}{x} = \lim_{x \to 0} \frac{\cos(x)}{1} = 1.$$

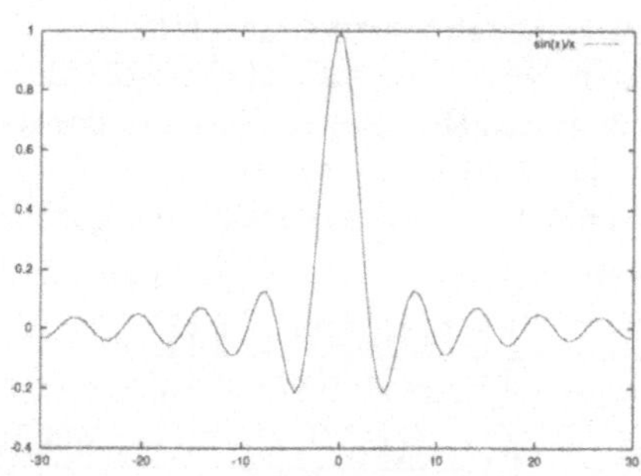

Bild 6.17: Die Funktion $y = \frac{\sin(x)}{x}$

7 Das Zeitalter der Logarithmen

7.1 Piraten und Edelmänner

Gegen Ende des 15. Jhds. entdeckt Kolumbus Amerika. Wie wir alle wissen, wollte er eigentlich den Seeweg nach Indien finden, weshalb die amerikanischen Ureinwohner heute nicht *Amerikaner* sondern Indianer heißen. Wie konnte so ein Patzer geschehen? Zitieren wir aus dem hervorragenden Buch [48] von Dava Sobel:

Bild 7.1: Sir Francis Drake

Jeder fähige Seemann kann die geometrische Breite anhand der Tageszeit, des Sonnenstandes oder durch Ermittlung der Höhe bekannter Sterne über dem Horizont ziemlich genau bestimmen. Christoph Kolumbus fuhr 1492 in einer geraden Linie über den Atlantik, immer den Breitengrad entlang, und mit seiner Methode hätte er es fraglos bis Indien geschafft, wenn ihm Amerika nicht dazwischengekommen wäre.

Es gab also große Navigationsprobleme (insbesondere das Problem der Bestimmung des Längengrades, das erst im 18. Jhd. durch einen englischen Uhrmacher gelöst wurde). Je mehr Seefahrer sich aufmachten, umso deutlicher wurden die Mängel der zeitgenössischen Positionsbestimmung. Zur einfachen Navigation reichte die Bestimmung von Winkeln und die Auswertung der Winkelfunktionen, da aber damals keiner der Seeleute besonders beschlagen in der Kunst der Mathematik war, bestand große Nachfrage nach tabellierten Daten, so daß sich aus den gemessenen Größen aus einer Tabelle die gewünschte Information entnehmen ließ.

Es war die Zeit der großen Seefahrer und -räuber: Frobisher. Hawkins, und insbesondere der berühmte Sir Francis Drake (ca. 1540 - 1596) legen die Grundsteine, auf denen Elisabeth I. England als internationale Großmacht etablieren kann. Drake umsegelt mit seinem Schif *Golden Hind* die Welt und macht seinen Namen damit unsterblich. Im Jahr 1588 agiert er als Vizeadmiral beim Angriff der spanischen Armada, ignoriert alle Befehle, hat Glück und das Wetter auf seiner Seite, und wird zum umjubelten Volkshelden, den die englische Nation noch heute im Herzen verehrt. Als

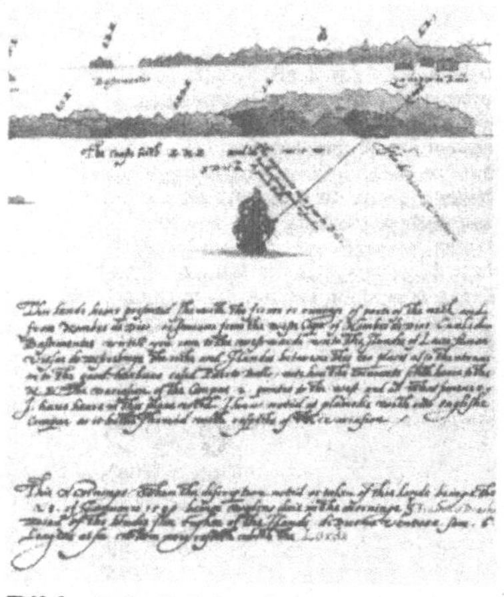

Bild 7.2: Letzte Logbucheintragung der *Golden Hind*

Literatur sind die Bücher [11] und [10] sehr zu empfehlen.

Es war auch die große Zeit von Sir Walter Raleigh (1552-1618), Günstling der Königin, Dichter und Organisator der ersten Expeditionen ins neue Land Amerika. Ihm verdanken wir den Tabak, den er aus Amerika nach England importierte.

Er wird 1584 zum Ritter geschlagen und fällt in Ungnade, weil er eine Liebesbeziehung zur Zofe der Königin, Bessy Throckmorton, einging. Unter James I. wird gegen ihn die Todesstrafe verhängt, die aber in lebenslange Haft im Tower umgewandelt wird, wo er 1614 sein berühmtes Buch *History of the World* schrieb. 1616 wird er

Bild 7.3: Die Golden Hind

entlassen, um das sagenhafte Goldland *El Dorado* zu finden. Als die Expedition gescheitert zurückkommt, wird das Todesurteil vollstreckt. Sehr spannend zu lesen sind Raleighs Reisebeschreibungen [42]. Er war mit dem wohl größten Mathematiker und Naturforscher seiner Zeit, Thomas Harriot, befreundet, auf den wir später noch eingehen werden.

Mit einem ähnlichen, aber in ihrem Umfang deutlich größeren, Datenproblem sahen sich die Astronomen dieser Zeit konfrontiert. Hier galt es, aus umfangreichem Datenmaterial, das durch Beobachtung hervorgegegangen war, Tabellen über die Bewegung der Planeten zu erstellen, wobei zahllose Multiplikationen nötig waren.

In beiden Fällen war die Zurückführung der Multiplikation auf die Addition der entscheidende Durchbruch.

Gleichzeitig ist diese Zeit aber auch die Geburtsstunde der Interpolation und – damit eng verbunden – der Differenzenrechnung. Man konnte natürlich nicht alle benötigten Werte (z.B. in einer Logarithmentabelle) tabellieren. War nun ein Wert zwischen zwei tabellierten Werten gesucht, mußte dieser Wert aus den tabellierten interpoliert werden. Wer die Funktion $y = \log x$ kennt, weiß, daß es für große x weise sein mag, mit einem linearen Polynom zu interpolieren; für einen Bereich um $x = 2$ reicht das allerdings nicht aus, da die Krümmung der Funktion dort beachtlich ist.

7.2 Napier und Briggs

JOHN NAPIER, der kauzige achte *Laird of Merchiston*, wird 1550 geboren und tritt 1593 mit seiner Publikation *A Plaine Discovery of the Whole Revelation of Saint John* hervor. In dieser Schrift sucht er mit (pseudo)mathematischen Methoden zu beweisen, daß der Papst der Antichrist der Johannesapokalypse ist. Er sagt weiterhin den Weltuntergang für das Jahr 1786 vorher. Im Vorwort *To the Godly and Christian Reader* dieser Schrift schreibt er [20]:

Although I have but of late attempted to write so high a work, for preventing the apparant danger of Papistry arising within this Island; yet in truth it is no few yeers since first I began to precogitate the same: For in my tender yeers and barneage at

Saint Androes at the Schools, having on the one part contracted a loving familiarity with a certain Gentleman, &c., a Papist;

and on the other part being attentive to the Sermons of that worthy man of God, Master Christopher Goodman, teaching upon the Apocalypse, I was so moved in admiration against the blindnesse of Papists that could not most evidently see their seven-hilled-city, Rome, painted out there so lively by Saint John, as the Maker of all Spiritual Whoredom, that not only burst I out in continuall reasoning against my said familiar, but also from henceforth I determined with myself (by the assistance of God's spirit) to employ my studie and diligence to search out the remanent my-

Bild 7.4: John Napier

steries of that holy Book; as to this hour (praised be the Lord) I have been doing, at all such times as I might have occasion.

Bild 7.5: Stifels Buch

Von 1594 bis 1614 zieht er sich auf seinen Familiensitz im schottischen Merchiston zurück und entwickelt eine frühe Form der Logarithmen. Wie wichtig die damit bewerkstelligte Zurückführung der Multiplikation auf die Addition war, zeigt Johannes Kepler, der bereits 1614 die Napierschen Logarithmen begeistert aufnimmt und mit ihrer Hilfe aus seinem Datenmaterial das dritte Planetengesetz schließt (Fahrstrahlen (Verbindungsgeraden von der Sonne zum Planeten) überstreichen in gleichen Zeiten gleiche Flächen).

Die erste Publikation aus dem Jahr

1614 trägt den Titel *Mirifici Logarithmorum Canonis: Descriptio* (Beschreibung der wundervollen Tafeln der Logarithmen), und gibt noch keinen Hinweis auf die Art der Berechnung. Erst posthum, 1619, erscheint *Mirifici Logarithmorum Canonis: Constructio* (Berechnung der wundervollen Tafeln der Logarithmen), in der die Hintergründe der Logarithmen dargelegt werden.

Bevor wir uns mit Napiers Erfindung näher beschäftigen wollen, ist ein Hinweis auf die Ursprünge der Idee, Multiplizieren auf Addieren zurückzuführen, angebracht. Napier baut sein Gerüst nämlich auf einer von dem Augustinermönch MICHAEL STIFEL (ca.1487-1567) erkannten Merkwürdigkeit auf. Stifel schrieb in seiner 1544 publizierten *Arithmetica Integra* eine A-Skala auf, die die Zahlen $0, 1, 2, 3, 4, \ldots$ enthielt, und darunter eine G-Skala, die der Funktion $2^x, x \in$ A-Skala, entspricht.

$$
\begin{array}{ccccccccc}
0 & 1 & 2 & 3 & 4 & 5 & 6 & 7 & 8 & \cdots \\
1 & 2 & 4 & 8 & 16 & 32 & 64 & 128 & 256 & \cdots
\end{array}
$$

Stifel beobachtete nun, daß das Produkt zweier Zahlen der G-Skala durch Addition der korrespondierenden Zahlen der A-Zahlen berechnet werden kann. Ein Beispiel wäre $4 \cdot 16$ auf der G-Skala. Die Summe der entsprechenden A-Zahlen ist $2 + 4 = 6$ und unterhalb der Zahl 6 in der A-Skala finden wir als Ergebnis 64. Stifel ist übrigens auch der Erfinder des Wortes *Exponent* für die Zahlen auf der A-Skala. Für alle Oldies: Stifel entdeckte damit das Prinzip des Rechenschiebers (Ein Rechenschieber ist ein archaisches Instrument, mit dem vergreiste Grufties – wie der Autor – in der Jungsteinzeit multiplizierten und dividierten.)!

Stifel war ein glühender Verehrer Martin Luthers, trotzdem nicht frei von schwärmerischem Gedankengut. Er sagte ebenfalls einen Weltuntergang voraus, und zwar für den 18. Oktober 1533 um 8 Uhr morgens. Einen Weltuntergang vorherzusagen, den man selbst noch miterleben könnte, ist eine gewagte Sache. So erhält Stifel denn auch, als seine Prognose nicht eintritt, Hausarrest von seinem weltlichen Dienstherrn. Trotzdem muß Stifel seinen Glaubensfreunden teuer gewesen sein, denn nicht umsonst hat der große Melanchton das Vorwort der *Arithmetica Integra* geschrieben.

Napier erkannte, daß Stifels Abstände auf der G-Skala viel zu groß waren, um für die Praxis relevant zu sein. Das Produkt $4 \cdot 16$ gaben die Skalen mühelos her, aber $5 \cdot 15$ war schon nicht mehr machbar. Dabei verschlimmert sich diese Situation, wenn man auf der G-Skala zu höheren Zahlen läuft[1]. Aus diesem Grund startete Napier mit

$$\frac{g_{i+1}}{g_i} := 1 - 10^{-7} = 0.9999999$$

für zwei aufeinanderfolgende Zahlen der G-Skala, d.h.

$$\begin{aligned}
g_1 &:= 10^7 = 10000000 \\
g_2 &= (1 - 10^{-7})10^7 = 9999999 \\
g_3 &= \cdots = 9999998 \\
&\vdots
\end{aligned}$$

und definierte seinen Logarithmus (Nog = Napiers Logarithmus) als

$$Nog(x) = \text{Anzahl der Multiplikationen von } 10^7 \text{ mit } 1 - 10^{-7},$$
$$\text{bis das Ergebnis x ist}$$

Sie sollten sich keine Mühe geben, Napiers Definition zu verstehen! Seine Funktion $Nog(x)$ ist bei $x = 10^7$ gerade 0 und wächst, wenn x kleiner wird. Wir möchten von unserem heutigen Logarithmus doch etwas anderes!

Und auch damals sah einer sofort die Schwächen des Napierschen Logarithmus! Es handelte sich um HENRY BRIGGS (1556-1630), der in Yorkshire geboren wurde, Professor am Gresham College in London war, und der 1619 als Professor nach Oxford, auf einen der beiden von Sir Henry Savile eingerichteten Lehrstühle, berufen wurde. Es ist kein Portrait von Briggs überliefert worden, aber es gibt einen Grabstein in der Kapelle des Merton College[2] in Oxford, das Sie unbedingt besuchen sollten[3]. Der Stein ist von wundervoller Schlichtheit und trägt als einzige Aufschrift *Henricus Briggius*. Offenbar

---

[1] Kein Wunder, denn die Funktion $y(x) = 2^x$ wächst für $x > 1$ rapide an!

[2] Das Merton College spielte bereits in Kapitel 4 eine große Rolle!

[3] Auf dem Innenhof, dem *Quadrangle*, hat der Erfinder der *Hobbits* und des *Herrn der Ringe*, J.R.R. Tolkien, Motorradfahren gelernt.

paßt die Schlichtheit des Grabsteines hervorragend zur Genialität des Engländers und läßt einige seiner großen Charaktereigenschaften ahnen.

Briggs spielt, neben seiner Rolle als Erfinder der 'wahren' Logarithmen, eine bedeutende Nebenrolle in der Geschichte des *Calculus.* Er war ein Meister in der Differenzenrechnung, die dem Calculus vorausging und schließlich in ihm mündete. Goldstine [21] schreibt über ihn: *Brigg's techniques were purely arithmetical and indicate that he must have been one of the very first, if not the first, to use the calculus of finite differences with great facility.* Die Beschäftigung mit der Differenzenrechnung entstammt Briggs Lebensziel, die Navigation auf See sicherer zu machen.

Bild 7.6: Napiers Buch

Dazu muß er Formeln entwickeln, die Interpolation in Tabellen ermöglichen. Im Jahr 1615 besucht er Napier in Schottland. Er erkennt die Mängel der Napierschen Logarithmen und publiziert 1617 eine Tafel unter dem Titel *Logarithmorum Chilias Prima,* die erstmalig Logarithmen zur Basis 10 enthält.

Nun gilt endlich $\log 1 = 0$ und $\log 10 = 1$, denn es ergibt sich die Beziehung

$$\log x = \frac{\text{Nog}1 - \text{Nog}x}{\text{Nog}1 - \text{Nog}10}$$

als Beziehung zwischen den Briggschen (log) und den Napierschen Logarithmen. Sieben Jahre später erscheint die *Arithmetica Logarithmica.*

Bild 7.7: Grabplatte in der Merton College Chapel

7.3   Thomas Harriot

Ein weiterer genialer Geist aus der Elisabethanischen Ära, ein Mathematiker und Naturforscher ersten Ranges, ist THOMAS HARRIOT (1560-1621). Wie Briggs so war auch Harriot sehr an den Navigationsproblemen seiner Zeit interessiert, durch seine Freundschaft mit Walter Raleigh war er aber noch viel expliziter in diese Materie verstrickt. Neben Briggs gilt Harriot als eigentlicher Vater der Differenzenrechnung, die er zur Interpolation in Tabellen verwendete und zur Perfektion brachte.

Raleigh entsendet ihn auf eine Expedition ins neubesiedelte Virginia. Harriot entfaltet dort seine Gabe der Naturbeobachtung und kehrt zurück auf eine Professur in Oxford. Seine Freundschaft zu Raleigh und insbesondere die hohe Anerkennung des Dukes of Northumberland erlauben ihm ein gesichertes Leben in Wohlstand, im Rahmen dessen er sich ganz seinen mathematischen und naturphilosophischen Studien widmet. Ganz in der Angst verfangen, kirchliche Autorität könne aus seinen Schriften Häresie ableiten, hielt er sich mit Veröffentlichungen derart zurück, daß erst die Forschungen Shirleys [45] ab der Mitte unseres Jahrhunderts zu Tage brachten, um welch ein Genie es sich bei ihm handelte.

Er ist der eigentliche Erfinder des Fernrohres (vor Galilei!). Mit seiner Hilfe beobachtete Harriot den Mond und hinterließ und eine nach dem Auge gezeichnete Karte, nach der Neil Armstrong hätte navigieren können! Das heute nach Kepler benannte Problem der dichtesten Kugelpackung stammt von Harriot. Es ging aus der Aufgabe hervor, die Anzahl der zu Pyramiden gestapelten Kanonenkugeln zu berechnen, wenn man nur die Höhe der Pyramide kennt.

Die Lösung dieser Aufgabe lag Raleigh am Herzen, da sie für seine Männer im Kampf unschätzbare Information barg. Nichts lag näher, als seinen Hausmathematiker Harriot zu bauftragen... Harriot dachte weiter und überlegte, ob die von den Soldaten verwendete Stapeltechnik wohl die dichtest mögliche sei und stellte fest, daß er diese offensichtliche Tatsache nicht beweisen konnte! Daraufhin schrieb er Kepler, der erst gar nicht das Problem sah, der sich aber weiter damit beschäftigte, ohne zu einer Lösung zu gelangen. Noch heute ist dieses Problem ungelöst! Harriot gehörte wie Raleigh, der den Tabak von Amerika nach Europa

Bild 7.8: Thomas Harriot

brachte, zu den ersten Rauchern. Da er jämmerlich an Nasenkrebs sterben mußte, liegt der Verdacht nahe, daß er auch das erste Opfer des Tabaks wurde.

Eine Anekdote, die in Abbildung 7.9 festgehalten ist, besagt, daß als Raleigh in seinem Haus erstmalig ein Pfeifchen entzündete, sein Diener glaubte, er ginge in Flammen auf, und ihn mit Hilfe eines Eimer Wassers löschte!

Bild 7.9: Raleigh wird gelöscht

Auch Raleigh war wissenschaftlich nicht unbeschlagen. Als Königin Elisabeth darüber sinnierte, wieviel der Rauch einer Pfeife wohl wiegt, wog Raleigh den frischen Tabak, rauchte ihn, und wog danach die im Pfeifenkopf verbliebene Asche. Die Gewichtsdifferenz mußte im Rauch stecken!

Bevor wir uns wieder der Mathematik zuwenden wollen, ist es hier an der Zeit, etwas über die Computertechnik zu sagen! Man kann sich vielleicht vorstellen, daß Leute, die ständig in Tabellen interpolieren müssen, sich irgendwann nach einer Maschine sehnen, die diese Tätigkeit automatisch durchführt. In der Tat ist das Zeitalter der Logarithmen die Geburtsumgebung des Computers!

7.4   Die Entwicklung der Rechentechnik

Menschen sind für stupide Routineaufgaben nicht geeignet, schon gar nicht, wenn diese Tätigkeiten sich immer wiederholen. Unsere Industrie hat das recht spät gelernt und z.B. die stupiden Automontagestrecken so aufgemotzt, daß die Arbeiter sich nicht mehr wie Maschinen mit zwei möglichen Handgriffen fühlen müssen. In der Mathematik ist diese Erkenntnis wesentlich älter!

Spätestens seit Stifels Entdeckung der A- und G-Skala und deren Umsetzung in Form von Logarithmen lag die Erfindung des Rechenschiebers in der Luft (siehe meine früheren Bemerkungen dazu). So ist es nicht verwunderlich, wenn dieses Kleinod menschlicher Rechentechnik fast gleichzeitig an mehreren Stellen Europas auftaucht. Einen Vorläufer des

Bild 7.10: Wilhelm Schickard

Rechenschiebers erfindet in England EDMUND GUNTER (1581-1626) im Jahr 1620. Die wahren Erfinder sind in WILLIAM OUGHTRED (1575-1660) und, unabhängig davon, RICHARD DELAMAIN zu finden. Delamain publiziert seine Erfindung mit Gebrauchsanweisung 1630, Oughtred kam wohl 1632 zu seiner Erfindung, vergl. [22].

Nun ist ein Rechenschieber eine tolle Sache, aber immerhin muß ich den Stellenüberschlag noch im Kopf machen und die Ergebnisse sind stets nur so genau, wie ich geschoben habe (es handelt sich um ein Analoggerät). Der Wunsch nach einem echten Computer, der die vier Grundrechenarten automatisch beherrscht, lag also nahe.

Es war WILHELM SCHICKARD (1592-1635), Professor für orientalische Sprachen, Astronomie, Mathematik und Geodäsie in Tübingen, der im Jahre 1623 die erste Rechenmaschine vorlegte. Sein Ziel, wie konnte es anders sein, war der digitale Umgang mit Logarithmen. An seinen Kollegen Kepler schreibt er 1623 stolz: *Ferner dasselbe was Du rechnerisch gemacht hast, habe ich kürzlich auf mechanischem Wege versucht, und eine ... Maschine konstruiert, welche*

*gegebene Zahlen augenblicklich zusammenrechnet: addiert, sub-
trahiert, multipliziert und dividiert. Du würdest hell auflachen,
wenn Du da wärest und erlebtest, wie sie die Stellen links, wenn
es über einen Zehner oder Hunderter weggeht, ganz von selbst
erhöht, bzw. beim Subtrahieren ihnen etwas wegnimmt...*

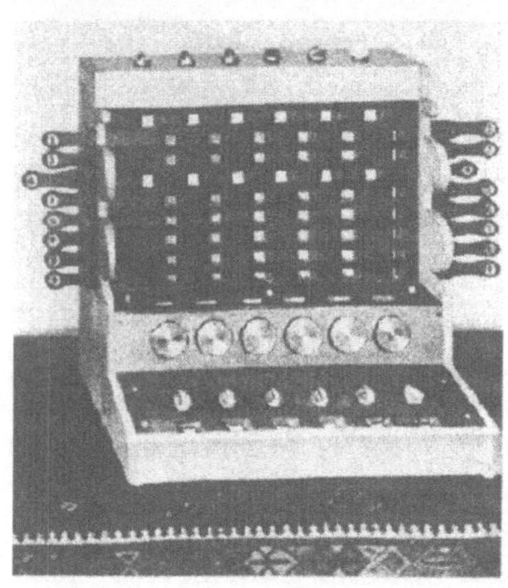

Bild 7.11: Schickards Maschine

Schickards Maschine ist uns durch seine eigenen Zeichnungen in seinem Nachlaß (siehe Abbildung 7.12) erhalten geblieben und sie wurde an einigen Orten tatsächlich originalgetreu rekonstruiert, so etwa an seiner Heimatuniversität Tübingen, von der das in der nebenstehenden Abbildung gezeigte Photo stammt.

Unter der Leitung von Herrn Prof. Lange ist auch an der RWTH Aachen eine Schickard-Maschine nachgebaut worden. Durch den Weggang von Herrn Lange an die TU Hamburg-Harburg ist sie jetzt in seinem Büro zu besichtigen!

Schickard ließ eine Kopie seiner Maschine für Kepler anfertigen. Durch einen Brand im Hause des Mechanikers wurde diese Kopie jedoch zerstört. Mehr noch: Schickard kehrte nie wieder zu den Ideen seiner Rechenmaschine zurück, so sehr hatte ihn der Verlust getroffen.

Natürlich ist eine solch frühe Maschine noch sehr behäbig und das Dividieren ging nicht besonders komfortabel von der Hand. Trotzdem ist es beeindruckend, wenn man das kleine Maschinchen durch Drehen am Räderwerk in Betrieb nimmt. Durch simple 10-zähnige Zahnradtechnik hatte Schickard ein Hauptproblem der damaligen Feinmechanik einfach ausgeschaltet: Er kam mit groben Holzzahnrädern zurecht.

Im Jahr der Schickardschen Erfindung, 1623, wird am 19. Ju-

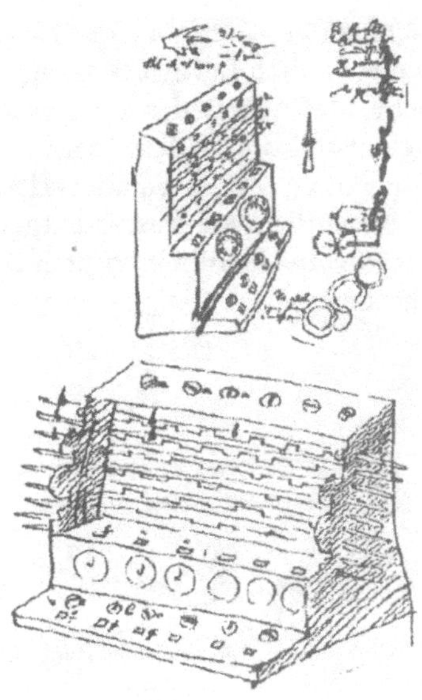

Bild 7.12: Zeichnungen aus Schickards (oben) und Keplers Nachlaß

ni in Frankreich ein weiterer Protago-
nist der automatischen Rechentechnik
geboren, BLAISE PASCAL. Als mathematisches Wunderkind schreibt er bereits
im Alter von 16 Jahren eine Abhandlung über Kegelschnitte. Mit 20 stellte er acht funktionierende Additionsma-
schinen her (genannt: *Pascaline*), die seinen Ruf durch geschickte Vermarktung
festigten. Es handelt sich dabei um eine sogenannte *Zweispeziesmaschine*, d.h.
sie konnte nur addieren und subtrahieren
und war damit der Schickardschen Maschine deutlich unterlegen.

Bild 7.13: Blaise Pascal

Neben Rechenmaschinen beschäftigte sich Pascal mit physikalischen Fragestellungen wie etwa dem Luftdruck (seinem Namen verdanken wir die physikalische Maßeinheit des *Hektopascal*), aber auch mit religiösen und religionsphilosophischen Fragen.

Durch Überlegungen zu Wahrscheinlichkeiten bei Glücksspielen – eine Theorie die wesentlich von Pascal mitgestaltet wurde – entwickelte er das Pascalsche Dreieck, in dem die Koeffizienten von $(a+b)^n$ aufgelistet sind.

n=0				1			
n=1			1		1		
n=2		1		2		1	
n=3	1		3		3		1
n=4 1	4	6	4	1		

Das Pascalsche Dreieck liest sich dabei folgendermaßen: Für $n = 4$ erwarten wir in $(a+b)^4$ die Produkte

$$(a+b)^4 = p_{04}a^4 + p_{14}a^3b + p_{24}a^2b^2 + p_{34}ab^3 + p_{44}b^4.$$

Die Koeffizienten p_{i4} sind nun genau diejenigen Zahlen, die im Pascalschen Dreieck in der Zeile $n = 4$ gefunden werden können, d.h.

$$(a+b)^4 = a^4 + 4a^3b + 6a^2b^2 + 4ab^3 + b^4.$$

Weiterhin interessant ist, daß das Pascalsche Dreick dadurch aufgebaut ist, daß jede Zahl darin die Summe der beiden links und rechts über ihr stehenden Zahlen ist!

Über Pascals Beiträge zur Entwicklung der frühen Infinitesimalrechnung wird noch zu sprechen sein.

In der Nacht vom 23. auf den 24. November 1654 hat Pascal eine mystische Erleuchtung. Von diesem Moment an trägt er ein seltsames Schriftstück in seinem Rock eingenäht und wendet sich von der Welt ab. Pascal selbst schreibt von einer *Nacht des Feuers* und die auf dem Schriftstück niedergelegten Fragmente verraten eine Unterwerfung Pascals unter Gott und Jesus Christus. Er wird Einsiedler und schreibt eine Apologie des Christentums, die berühmte *Pensées*. Allerdings beherzigt Pascal weiterhin die Lehren der Wissenschaft, in dem er außerordentlich methodisch vorgeht. So prüft er etwa die Lebenswege, die zur Überzeugung führen können.

In einer letzten Kraftanstrengung legt er noch eine umfangreiche Studie zu Flächen-, Inhalts- und Schwerpunktbestimmungen vor, der als gewichtiger Beitrag zur Infinitesimalrechnung gilt.

In einem Brief aus dem Jahr 1660 an Fermat verabschiedet er sich aber endgültig von der Mathematik. Er stirbt 1662, im Alter von 39 Jahren. Mit

Bild 7.14: Pascals Maschine

seiner Programmiersprache Pascal, die sich in den 70er und 80er Jahren großer Beliebtheit erfreute, hat Niklaus Wirth ihm ein spätes Denkmal gesetzt.

Der nächste echte Fortschritt kam von GOTTFRIED WILHELM LEIBNIZ ab 1671 durch die Entwicklung der Staffelwalze. Das war ein Zahnrad, dessen Zahnlänge über dem Umfang stetig wuchs. Damit war nun das lästige Problem des Stellenübertrags endgültig gelöst. Allerdings waren die mechanischen Fertigungstoleranzen zu Leibnizens Zeiten noch so groß, daß nur ein ausgesuchter Mechanicus ein funktionierendes Exemplar dieser Vierspeziesmaschine zu bauen in der Lage war. Leibniz kannte die Schickardsche Maschine nicht und er entwarf seine Vierspeziesmaschine vor Pascals Zweispeziesmaschine. Bereits 1671 schreibt er an Herzog Johann Friedrich in Hannover: *In Mathematicis*

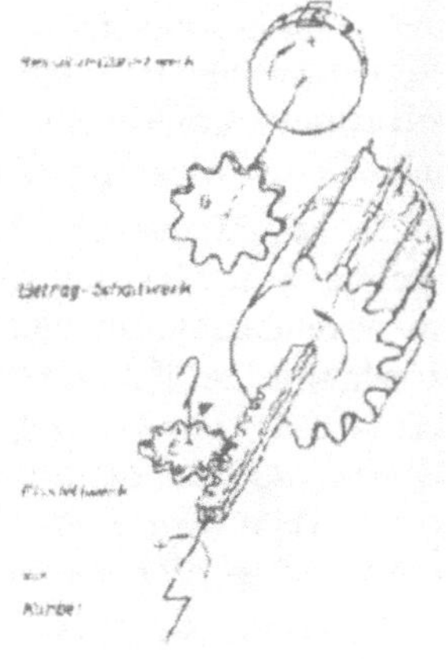

Bild 7.15: Staffelwalze

und Mechanicis habe ich vermittels artis combinatoriae einige Dinge gefunden die in praxi vitae von nicht geringer importanz zu achten, und erstlich in Arithmeticis eine Maschine, so ich eine Lebendige Rechenbanck nenne, dieweil dadurch zu wege gebracht wird, daß alle zahlen sich selbst rechnen, addiren subtrahiren multipliciren dividiren ...

Die Rechenmaschinen der folgenden Zeiten sind allesamt Staffelwalzenmaschinen, wie in nebenstehender Abbildung gezeigt. Während die Leibnizsche Maschine ein rechteckiger Kasten ist, aus dem die Antriebskurbel seitlich hervorragt, sind die Maschinen des 18. Jahrhunderts von LEUPOLD, BRAUN und HAHN allesamt in Dosenform ausgeführt, wobei die Antriebskurbel zentral angeordent ist. Das Photo zeigt neben der Leibnizschen Maschine eine Maschine von Hahn

Bild 7.16: Staffelwalzenmaschinen

(erdacht zwischen 1770-74) und eine sehr moderne kleine Staffelwalzenmaschine, die CURTA, die 1948 von CURT HERZSTARK entwickelt wurde und bis vor einigen Jahren in großer Zahl in Betrieben und Forschungseinrichtungen gefunden werden konnte. Heute befinden sich alle drei Maschinen im Deutschen Museum in München.

Es ist interessant, daß zu Zeiten des 18. Jahrhunderts die Schickardsche Maschine weitgehend vergessen war. Allerdings wurde das Andenken daran zumindest an Schickards Universität bewahrt. So schreibt der Tübinger Professor Johann G. F. von Bohnenberger (1765-1831): *Merkwürdig ist, was fast gar nicht bekannt zu sein scheint, daß Schickard eine Rechenmaschine erfunden hat ..., so hat Schickard damit im wesentlichen eben das geleistet, was Hahn und Müller mit ihren neueren ähnlichen Maschinen ...*

Trotz aller Bemühungen war es seit Napiers Zeiten niemanden gelungen, eine echte Differenzenmaschine zu bauen, mit denen sich Tabellen von komplizierten Funktionen erstellen ließen. Es blieb dem

England des 19. Jahrhundert vorbehalten, einen genialen Privatier hervorzubringen, dem dieses Unternehmen glücken sollte.

Charles Babbage (1791-1871) studierte in Cambridge und war Mathematiker, Ökonom, Techniker, Politiker und Philosoph und damit einer der Vertreter der englichen Universalgelehrten des 19. Jahrhunderts. Durch ein ihm vererbtes Vermögen seines Vaters, eines Bankiers, war es ihm Zeit seines Lebens möglich, sich in finanzieller Sorglosigkeit seinen Studien zu widmen. Durch ein national geprägtes Festhalten an der Newtonschen Notation der Infinitesimalrechnung, worüber an anderer Stelle noch genauer zu sprechen sein wird, war die englische Mathematik weit hinter die kontinentaleuropäische zurückgefallen. Babbage gehörte zu den

Bild 7.17: Charles Babbage

Reformkräften zur Hebung der mathematischen Bildung und war ihre treibende Kraft. Im Jahr 1828 erhielt er einen Ruf auf den Lucasianischen Lehrstuhl der Universität Cambridge. 1839 tritt er zurück, ohne je in Cambridge gelebt und ohne je eine Vorlesung gehalten zu haben!

Die Herstellung von Tabellen komplizierter Funktionen mit Hilfe der Differenzenrechnung läßt sich an folgendem Beispiel veranschaulichen. Wir wollen das Polynom

$$p(n) := n^2 + n + 41$$

für $n \in \mathbb{N}$ tabellieren. Als Vorwärtsdifferenz führen wir $\Delta p := p(n+1) - p(n)$ ein und höhere Differenzen, die durch $\Delta^k p := \Delta(\Delta^{k-1} p)$ rekursiv definiert sind. Für $n = 0, 1, \ldots, 5$ tragen wir die Werte $p(n)$ sowie die erste und zweite Differenz in einer Tabelle ein.

n	p(n)	Δp	$\Delta^2 p$
0	41		
		2	
1	43		2
		4	
2	47		2
		6	
3	53		2
		8	
4	61		2
		10	
5	71		

Wir wir sehen, sind die Differenzen der Differenzen konstant 2 (warum?). Möchte man jetzt $p(n)$ für große Werte von n berechnen, dann benötigt man keine Multiplikation mehr! Vielmehr geht man zur Berechnung von $p(6)$ so vor:

Es ist stets $\Delta^2 p = 2 \Rightarrow$ Daher $\Delta p = 10 + 2 \Rightarrow$ Daher $p(6) = p(5) + 12 = 83$

usw. für größere Werte von n. Um 1830 hat Babbage die Idee einer Difference Engine, einer Maschine, mit deren Hilfe sich Tabellen automatisch berechnen lassen. Obwohl er von der

Bild 7.18: Zentraleinheit der Differenzenmaschine

Britischen Regierung nicht unwesentliche finanzielle Unterstützung erhält, läuft die Maschine nie richtig, denn er hat große mechanische Probleme zu überwinden. Eine laufende Maschine, die tatsächlich in Betrieb war, wurde nach Babbages Plänen 1835 durch Scheutz und Wiberg in Schweden gebaut. Babbages Hauptproblem ist aber offenbar seine eigene Phantasie! Im Jahr 1833 hat er die Vision einer

Analytical Engine, die im Gegensatz zur Differenzenmaschine für allgemeine Berechnungen eingesetzt werden soll. Babbage plant eine Lochkartensteuerung und seine Pläne zeigen, wie dicht er mit seinem Entwurf bereits an der Architektur heutiger Computer war[4].

Bild 7.19: Lady Ada

Beim Entwurf der Maschine erhält er tatkräftige Hilfe von der hochintelligenten ADA COUNTESS OF LOVELACE, der Tochter des Lord Byron. Man hat ihr durch eine Programmiersprache, ADA, ein bleibendes Denkmal gesetzt. Allerdings handelt es sich bei ADA um eine Entwicklung des amerikanischen *Department of Defense*, die außerhalb der einschlägigen Anlagen keine weitere Verbreitung gefunden hat.

Das Schicksal der *Analytical Engine* war für Babbages Erfindungen typisch. Er verstrickte sich in Details, baute Modelle, entwickelte bereits weiter, wo der Vorläufer noch nicht mal das Stadium des Prototyps erreichte. Entnervt zog sich die Britische Regierung aus der Finanzierung zurück. Babbage starb, ohne jemals seinen ersten Universalrechner in Betrieb gesehen zu haben. Dennoch gebührt ihm das Verdienst, als erster über programmgesteuerte Rechner nachgedacht zu haben [28].

Wir beenden die kleine Historie der maschinellen Rechentechnik mit JANOS (JOHANN, JOHNNY) VON NEUMANN, (8.12.1903-8.2.1957). Von Neumann wurde als Wunderkind mit einem silbernen Löffel im Mund geboren, denn seine Familie gehörte zur österreich-ungarischen Finanzaristokratie. Bereits als Achtjähriger war von Neumann im Kopfrechnen nicht zu schlagen. Er studierte Mathematik, promovierte 1926 in Budapest, und legte fast gleichzeitig das Diplomexamen für Physik und Chemie in Zürich ab. Er wandte sich daraufhin nach Berlin, wo er sich im Jahr 1928 habilitierte. In

---

[4]Es gab eine Zentraleinheit, eine Ein-/Ausgabeeinheit, und einen (mechanischen) Speicher!

Göttingen war er fasziniert von Hilberts Idee, die Mathematik zu axiomatisieren. Aus dieser Zeit stammen Beiträge zur Mengenlehre, Logik und Beweistheorie. Die zu dieser Zeit durch Heisenberg und andere quantengeschwängerte Göttinger Luft lies ihn nicht unbeeindruckt und so arbeitete er an der Urbarmachung der Gruppentheorie für die neue Quantenphysik. Sein damals erschienenes Buch wird noch heute verkauft! Bereits 1928 interessiert er sich für eine Theorie der Spiele; ein Gebiet, das er gemeinsam mit dem Ökonomen Morgenstern begründet hat. Es folgen Beiträge zur Funktionalanalysis und Statistik. Durch die Aktivitäten der nationalsozialistischen Verbrecher ist das *Institute for Advanced Study* in Princeton in der glücklichen Lage, ihn für sich zu gewinnen [43]. Er wird Deutschland nicht mehr wiedersehen.

Von Neumanns Name ist untrennbar verknüpft mit dem *Manhatten*-Projekt [27], [44], das ja bekanntlich die Entwicklung der amerikanischen Atombombe (und später dann der Wasserstoffbombe) zum Ziel hatte. Da sich niemand vorstellen konnte, wie ein Zünder auszusehen hatte, der eine verteilte Masse spaltbaren Materials plötzlich so komprimiert, daß die kritische Masse überschritten und die Bombe gezündet wird, waren einige Experten ernsthaft besorgt um die Machbarkeit der Bombe. Von Neumann dachte kurz über das Problem nach

Bild 7.20: Das Ehepaar von Neumann

und entwickelte einen Implosionszünder. So wie die Bildröhre eines Fernsehgerätes durch den starken Unterdruck im Inneren nicht ex-, sondern implodiert, so ersann von Neumann einen Mechanismus, bei dem das spaltbare Material durch Implosion *nach innen* zusammengebracht wurde. Unser nachfolgendes Photo ist sehr typisch für von Neumann. Es wurde zu Beginn eines Ausrittes in der Nähe des Forschungslaboratoriums Los Alamos geschossen. Alle tragen die für einen solchen Ausritt angemessene Kleidung – Jeans, Hüte, grobe Hemden. Nur von Neumann, am oberen Bildrand, trägt einen grauen Anzug mit Krawatte und einem ordnungsgemäß in der Reverstasche sitzenden Taschentuch. Pikanterweise schaut auch sein Pferd in die entgegengesetzte Richtung!

In der Zeit des Manhatten-Projektes entwickelte von Neumann die Theorie der finiten Differenzenverfahren zur Lösung von Detonationsproblemen. Noch heute ist das Verfahren von von Neumann und Richtmyer in einschlägigen Kreisen ein Begriff. Durch den Zwang zur Simulation von Teilchenbewegungen (Neutronen) erfindet er in dieser Zeit mit seinem Freund ULAM eine statistische Simulationsmethode, der die beiden im Scherz den Namen *Monte-Carlo-Methode* geben. Diese Klasse von Verfahren ist aus der heutigen Mathematischen Physik, Numerik, Finanzmathematik und vielen anderen Gebieten

Bild 7.21: Ein Ausflug in die Wüste bei Los Alamos

nicht mehr wegzudenken. In seinen letzten Lebensjahren befaßt er sich stark mit dem Bau von Computern, da er in seiner Manhatten-Phase lernen mußte, daß sich die interessantesten mathematischen

Probleme nur numerisch angehen lassen. Die Architektur heutiger Prozessoren mit zentralem Rechenregister, Speicher und Adressierung heißt nach ihm die *von Neumann-Architektur*. Besonders interessant fand er die Idee, daß sich Automaten selbst reproduzieren können. Er gründete mit seinen Überlegungen die Theorie der zellulären Automaten, die heute als wichtige Modelle paralleler Rechner dienen und in der Simulation nichtlinearer physikalischer Prozesse eine eigenständige Rolle spielen. Es ist eine Ironie des Schicksals, daß wir heute skalare Rechnerarchitekturen nach von Neumann benennen, sein Name in der Architektur paralleler Systeme, deren Vater er unbestreitbar ist, aber keine Verwendung findet

Von Neumann liebte das Leben und die Frauen! Es ist belegt, daß er unter Tische kroch, um einen prüfenden Blick auf die Beine einer Sekretärin zu werfen! Seine Parties waren schon in Göttingen berühmt und einer seiner Spitznamen in Amerika war *Johnny Lustig*. Um so tragischer erscheint sein Ende. Er wird nach einem plötzlichen Sturz ins Krankenhaus eingeliefert, wo man einen Gehirntumor diagnostiziert. Der geniale, lebenslustige Mann, der noch kurz vor seinem Tod regelmäßig von Regierungsvertretern konsultiert wird, erleidet die für ein denkendes Wesen schrecklichste Todesart, das langsame Absterben des Gehirns. Der als Jude geborene, zum Atheisten gewordene von Neumann läßt sich kurze Zeit vor seinem Tod katholisch taufen. Auf der Fahrt zur Beerdigung sagte Bradbury, der Nachkriegsdirektor von Los Alamos [32]:

> *Wenn Johnny jetzt da ist, wo er seiner Meinung nach hingehen werde, dann muß es dort jetzt einige sehr interessante Diskussionen geben.*

Der wahre Erbauer der ersten universellen Rechenmaschine war ein deutscher Bauingenieur, KONRAD ZUSE, in der Zeit während des zweiten Weltkrieges. Heuet ist Zuse international als Erfinder des programmgesteuerten Rechners anerkannt und eine große wissenschaftliche Forschungsstätte ersten Ranges, das *Konrad-Zuse-Zentrum* in Berlin, trägt seinen Namen. Nach dem Krieg hatte Zuse mit seiner legendären Maschine Z3 noch einigen Erfolg in Deutschland, aber der Druck von amerikanischen Herstellern (insbesondere

IBM) wurde Anfang der 60er Jahre so groß, daß Zuses Firma nicht bestehen konnte. Wie bereits Leibniz dachte Zuse nicht nur über die technische Realisierung seiner Maschine nach, sondern war auch an logischen Kalkülen interessiert. Von ihm stammen Arbeiten zum *rechnenden Raum*, die leider zu wenig bekannt geworden sind. Zuse starb hochbetagt 1998.

7.5 Der Hauptsatz

Wir haben uns bereits sehr detailliert mit Differential- und Integralrechnung beschäftigt. Dabei stand bei der Integralrechnung das Problem der Flächenberechnung im Vordergrund, bei der Differentialrechnung war es das Tangentenproblem, von dem aus wir gestartet sind. Nun wollen wir den Zusammenhang zwischen beiden Problemen ergründen. Man sollte sich an dieser Stelle unbedingt vor Augen halten, daß die beiden Probleme – Berechnung von Tangenten und Berechnung von Flächeninhalten – sehr alte Probleme sind. Die Erkenntnis, daß beide Aufgaben eng verwandt sind, war die zündende Idee, die den Erfolg der Analysis begründete.

Gegeben seien zwei Funktionen $F, f : [a, b] \to \mathbf{R}$. Ist F differenzierbar auf $[a, b]$ und gilt $F'(x) = f(x)$ für alle $x \in [a, b]$, dann heißt F eine Stammfunktion von f.

Natürlich kann eine Stammfunktion nicht eindeutig bestimmt sein, denn mit F ist ja sicher $F + c$ für jede beliebige Konstante c auch eine Stammfunktion. Wir können aber daraus bereits schließen, daß für zwei Stammfunktionen F_1 und F_2 von f die Differenz $F_1 - F_2$ eine Konstante ist.

Damit kommen wir nun zum heiligen Gral der Analysis.

Satz 7.5.1 (Der Hauptsatz) *Es sei* $f : [a, b] \to \mathbf{R}$ *stetig.*

- $F(x) := \int_a^x f(\xi)\, d\xi$ *ist eine Stammfunktion von* f.

- *Ist* F *eine Stammfunktion von* f, *dann gilt*

$$\int_a^b f(\xi)\, d\xi = F(b) - F(a).$$

Beweis:

- Wähle $h \neq 0$ so, daß $x, x + h \in [a, b]$. Dann folgt

$$
\begin{aligned}
\left| \frac{1}{h}(F(x+h) - F(x)) - f(x) \right| &= \frac{1}{|h|} \left| \int_a^{x+h} f(\xi)\, d\xi - \int_a^x f(\xi)\, d\xi \right. \\
&\qquad\quad \left. - \int_x^{x+h} f(x)\, d\xi \right| \\
&= \frac{1}{|h|} \left| \int_x^{x+h} (f(\xi) - f(x))\, d\xi \right| \\
&\leq \sup_{\substack{|\xi - x| \leq h \\ \xi \in [a,b]}} \{ |f(\xi) - f(x)| \}
\end{aligned}
$$

und das konvergiert für $h \to 0$ gegen 0, da f nach Voraussetzung stetig auf $[a, b]$ und damit gleichmäßig stetig ist.

- Nach unseren einleitenden Bemerkungen über Stammfunktionen gilt

$$
F(x) = \int_a^x f(\xi)\, d\xi + c, \quad c = \text{const.}
$$

Damit folgt

$$
F(b) = \int_a^b f(\xi)\, d\xi + c, \quad F(a) = \int_a^a f(\xi)\, d\xi + c = c,
$$

und alles ist gezeigt. ∎

Tangentenberechnung und Inhaltsbestimmung sind also inverse Operationen! Erst das Erkennen dieses Tatbestandes durch Leibniz und Newton konnte die ganze Kraft des *Calculus* entfesseln.

Man macht sich leicht klar, daß der Beweis auch für stückweise stetige f gültig bleibt. Dann muß man an den Sprungstellen die einseitige Differenzierbarkeit verwenden.

Eine beliebige Stammfunktion zu f heißt das unbestimmte Integral und man schreibt

$$\int f(x)\,dx.$$

Mit Hilfe des Hauptsatzes können wir nun die Ableitungstabelle in Kapitel 6 'umdrehen', d.h. wir können schreiben

$$\int x^n\,dx \;=\; \frac{1}{n+1}x^{n+1}+c \quad (n\neq -1)$$

$$\int \frac{1}{x}\,dx \;=\; \int \frac{dx}{x}=\ln|x|+c \quad (x\neq 0)$$

$$\int \sin x\,dx \;=\; -\cos x+c$$

$$\int \cos x\,dx \;=\; \sin x+c.$$

Sehr viele weitere Integrale findet man in den einschlägigen Formelsammlungen.

In dem jederman nur wärmstens zu empfehlenden Buch [51] von Friedrich Wille befindet sich eine Vertonung des Hauptsatzes in Form einer Hauptsatzkantate, und zwar mit Beweis (und natürlich den Noten)! Im Wintersemester 1997/98 hat mich ein aus Ingenieurstudenten gebildeter Spontanchor in meiner Vorlesung *Mathematik für Ingenieure* damit überrascht, mit einem tragbaren Klavier auf der Bühne des Audimax an der TU Hamburg-Harburg zu erscheinen und diese Kantate perfekt vorzutragen! Hier findet der zukünftige Mathematiklehrer also Anknüpfungspunkte an den Musikunterricht und ganz neue Formen des Unterrichts tun sich auf!

Wir wollen nun dazu kommen, Integrationsregeln anzugeben. Hier begegnen wir nun einem eigentümlichen Umstand. Jede differenzierbare Funktion ist mit Hilfe unserer elementaren Ableitungsregeln ableitbar, d.h. die Ableitung ist explizit angebbar. Bei der Integration gibt es Funktionen, die sich hartnäckig gegen die Integration wehren, bei denen man das Integral also schlichtweg nicht ausrechnen kann. Ein klassisches Beispiel ist die sogenannte Fehler-

funktion

$$\mathrm{erf}(x) := \frac{2}{\sqrt{\pi}} \int_0^x e^{-\xi^2}\, d\xi,$$

die in vielen Gebieten der Mathematik eine Rolle spielt. Zu dieser Klasse gehört ebenfalls der Integralsinus

$$\mathrm{Si}(x) := \int_0^x \frac{\sin \xi}{\xi}\, d\xi.$$

Nun aber zurück zu unseren Integrationsregeln. Eine triviale Regel, die wir daher gar nicht zu beweisen brauchen, ist

$$\int (\alpha f(x) + \beta g(x))\, dx = \alpha \int f(x)\, dx + \beta \int g(x)\, dx,$$

wenn f und g stückweise stetig sind. Viel interessanter sind die folgenden Regeln.

Lemma 7.5.1 (Partielle Integration) *Sind* $f, g : [a, b] \to \mathbf{R}$ *differenzierbar und ihre Ableitungen stetig, dann gilt*

$$\int f(x)g'(x)\, dx = f(x)g(x) - \int f'(x)g(x)\, dx.$$

Im Fall von bestimmten Integralen lautet die Regel

$$\int_a^b f(x)g'(x)\, dx = (f(b)g(b) - f(a)g(a)) - \int_a^b f'(x)g(x)\, dx.$$

Beweis: Der Beweis ist auch die allerbeste Merkregel für die partielle Integration. Man schreibt die Produktregel

$$(fg)' = f'g + fg'$$

hin, löst nach fg' auf, und integriert:

$$\int f(x)g'(x)\, dx = \int (f(x)g(x))'\, dx - \int f'(x)g(x)\, dx.$$

Lemma 7.5.2 (Substitutionsregel) *Ist* $\Phi : [a, b] \to [c, d]$ *differenzierbar und seine Ableitung stetig und* $f : [c, d] \to \mathbb{R}$ *stetig mit Stammfunktion* F, *dann gilt*

$$\int f(\Phi(\xi))\Phi'(\xi)\, d\xi = F(\Phi(\xi)),$$

bzw. für das bestimmte Integral

$$\int_a^b f(\Phi(\xi))\Phi'(\xi)\, d\xi = \int_{\Phi(a)}^{\Phi(b)} f(\xi)\, d\xi.$$

Beweis: Wie bei der partiellen Integration folgt der Beweis nach einer Ableitungsregel, diesmal mit der Kettenregel

$$\frac{d}{d\xi} F(\Phi(\xi)) = f(\Phi(\xi)) \cdot \Phi'(\xi),$$

wobei $f(x) = \frac{d}{dx} F(x)$ ist. ∎

Als Beispiel möge das Integral

$$\int \sin^2 x\, dx = \int (\sin x)^2\, dx$$

dienen. Wir schreiben

$$\int \sin^2 x\, dx = \int \sin x \cdot \sin x\, dx,$$

interpretieren den ersten Sinus als f und den zweiten als g', und erhalten nach der Regel der partiellen Integration

$$\int \sin x \cdot \sin x\, dx = \sin x(-\cos x) + \int \cos^2 x\, dx.$$

Nun kann man auf die Idee kommen, das Integral über $\cos^2 x$ wieder mit der Produktregel zu behandeln. Dann sieht man sich aber in einem ewigen Kreis gefangen! Sinnvoller ist hier die Verwendung von $\sin^2 x + \cos^2 x = 1$, was dem Satz des Pythagoras am Einheitskreis

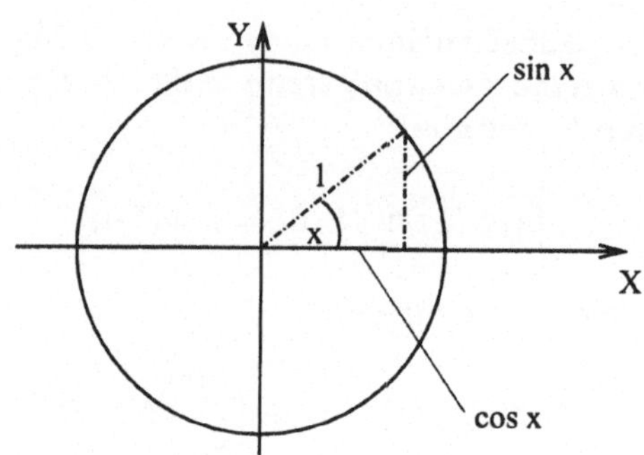

Bild 7.22: Pythagoras am Einheitskreis

nach Abbildung 7.22 entspricht. Damit erhält man

$$\int \sin^2 x \, dx \;=\; \sin x(-\cos x) + \int \cos^2 x \, dx$$

$$\;=\; \sin x(-\cos x) + \int (1 - \sin^2 x)\, dx$$

und das Integral auf der rechten Seite läßt sich nach links bringen:

$$2\int \sin^2 x \, dx = -\sin x \cdot \cos x + x + c$$

und damit die Lösung

$$\int \sin^2 x \, dx = \frac{1}{2}(x - \sin x \cos x) + \tilde{c}.$$

Zur Illustration der Substitutionsregel betrachten wir

$$\int_{-a}^{a} \sqrt{1 - \left(\frac{x}{a}\right)^2}\, dx$$

und verwenden die Substitution

$$x = \Phi(\xi) = a \cos \xi.$$

Damit ist

$$\frac{dx}{d\xi} = -a \sin \xi \quad \Rightarrow \quad dx = -a \sin \xi \, d\xi.$$

Ist $x = -a$, dann ist offenbar $\xi = \pi$, und bei $x = a$ ist $\xi = 0$. Einsetzen in unser Integral führt auf

$$
\begin{aligned}
\int_{-a}^{a} \sqrt{1 - \left(\frac{x}{a}\right)^2} \, dx &= \int_{\pi}^{0} \sqrt{1 - \cos^2 \xi}(-a \sin \xi) \, d\xi, \\
&= a \int_{0}^{\pi} \sin^2 \xi \, d\xi, \\
&= \frac{a}{2} \left[(\pi - \sin \pi \cos \pi) - (-\sin 0 \cos 0) \right] = \frac{a\pi}{2}.
\end{aligned}
$$

7.6 Noch ein Mittelwertsatz

Zum Schluß unseres Exkurses in die Zusammenhänge zwischen Differential- und Integralrechnung gehört noch eine erneute Fassung des Mittelwertsatzes – jetzt für die Integralrechnung.

Satz 7.6.1 (Mittelwertsatz) *Sei* $f : [a, b] \to \mathbf{R}$ *stetig,* $p : [a, b] \to \mathbf{R}$ *integrierbar und* $p(x) \geq 0$ *für* $x \in [a, b]$*. Dann gibt es einen Punkt* $\zeta \in [a, b]$ *mit*

$$\int_{a}^{b} f(x)p(x) \, dx = f(\zeta) \int_{a}^{b} p(x) \, dx.$$

Beweis: Wegen der Stetigkeit nimmt f auf $[a, b]$ Minimum und Maximum an. Wegen $p(x) \geq 0$ folgt dann

$$\min_{x \in [a,b]} f(x) \cdot p(x) \leq f(x)p(x) \leq \max_{x \in [a,b]} f(x) \cdot p(x)$$

und hieraus folgt nach Integration

$$\min_{x \in [a,b]} f(x) \int_{a}^{b} p(x) \, dx \leq \int_{a}^{b} f(x)p(x) \, dx \leq \max_{x \in [a,b]} f(x) \int_{a}^{b} p(x) \, dx.$$

Gilt $\int_a^b p(x)\,dx = 0$, dann folgt die Behauptung unmittelbar aus dieser Abschätzung. Im anderen Fall benötigt man den Zwischenwertsatz für stetige Funktionen und diese Abschätzung. ∎

Am bekanntesten ist der obige Mittelwertsatz im Fall der konstanten Funktion $p \equiv 1$,

$$\int_a^b f(x)\,dx = f(\zeta)(b - a).$$

Dies ist (im wesentlichen) der uns bereits bekannte Mittelwertsatz der Differentialrechnung, nun für eine Stammfunktion F von f aufgeschrieben.

8 Die Arithmetik des Unendlichen

8.1 Die Reihenlehre

Es sind zwei kraftvolle Flüsse, die sich im 17.Jahrhundert zum mächtigen Strom der Infinitesimalrechnung vereinigen, zum einen die speziellen Methoden zur Tangenten- und Flächenberechnung und zum zweiten der virtuose Umgang mit unendlichen Reihen.

Nimmt man an, daß sich eine Funktion f in eine unendliche Reihe

$$f(x) = \sum_{k=0}^{\infty} a_k x^k$$

entwickeln läßt, und nimmt man weiter an, daß man die Ableitung f' durch gliedweise Ableitung dieser Reihe gewinnen darf (und daran zweifelte im 17.Jhdt. niemand!), dann kann man mit Hilfe der einfachsten Ableitungsregel $(x^n)' = nx^{n-1}$ die Ableitung

$$f'(x) = \sum_{k=1}^{\infty} k a_k x^{k-1}$$

der (u.U. sehr komplizierten) Funktion f bestimmen. Der weitere Vorteil dieser Prozedur besteht darin, mit der Ableitung nun wieder eine durch eine unendliche Reihe beschriebene Funktion gewonnen zu haben.

So folgt aus der Reihe

$$\frac{1}{1+x} = 1 - x + x^2 - x^3 + \ldots,$$

die wir schon in Abschnit 3.9 durch die Manipulationen Grandis kennengelernt hatten, durch gliedweise Integration die Mercatorsche
Reihe

$$\ln(1 + x) = x - \frac{x^2}{2} + \frac{x^3}{3} - \frac{x^4}{4} + \ldots$$

für den natürlichen Logarithmus.

NIKOLAUS MERCATOR (1620-1687), einer der Begründer der *Reihenlehre*, stammte aus Norddeutschland und wirkte als Astronom
und Mathematiker in Kopenhagen und London. Als Wasserkunstin-
genieur machte er sich einen Namen in Paris.

Durch die Arbeiten von Mercator und anderen wurde Newton
genötigt, seine eigenen Arbeiten zur Reihenlehre zu publizieren. Seine Untersuchungen zur Binomialreihe

$$(1 + x)^\alpha = 1 + \binom{\alpha}{1}x + \binom{\alpha}{2}x^2 + \ldots = \sum_{k=0}^{\infty} \binom{\alpha}{k}x^k, \quad \alpha \in \mathbf{R}$$

waren bahnbrechend. Die Binomialkoeffizienten $\binom{\alpha}{k}$ (lies: α über
k) sind definiert als

$$\binom{\alpha}{k} := \frac{\alpha \cdot (\alpha - 1) \cdot \ldots \cdot (\alpha - k + 1)}{k!}.$$

Für $\alpha \in \mathbf{N}$ vereinfacht sich diese Definition zu

$$\binom{\alpha}{k} = \frac{\alpha!}{k!(\alpha - k)!}$$

für $k \leq \alpha$ und $\binom{\alpha}{k} = 0$ für $k > \alpha$. Damit reduziert sich die Binomialreihe auf ein (endliches) Polynom, z.B.

$$(1 + x)^3 = 1 + 3x + 3x^2 + x^3.$$

Solche Ausdrücke haben wir aber bei der Diskussion des Pascalschen
Dreiecks untersucht und daher müssen die Binomialkoeffizienten $\binom{\alpha}{k}$
gerade die Einträge im Pascalschen Dreieck sein!

Ist $\alpha \notin \mathbb{N}$, dann liefert die Binomialreihe interessante Entwicklungen wie

$$\frac{1}{1+x} = 1 - x + x^2 - x^3 + \ldots$$

für $\alpha = -1$ oder

$$\sqrt{1+x} = 1 + \frac{1}{2}x - \frac{1}{8}x^2 + \frac{1}{16}x^3 - \ldots$$

für $\alpha = 1/2$. Um Newtons Leistung dabei ganz würdigen zu können, muß man wissen, daß nichtganze Exponenten unbekannt waren und man höchstens bei Wallis eine erste Idee dazu findet.

Die Wallisschen Vorarbeiten und Newtons Weg zur Binomialreihe sind bei Edwards [12] ganz wunderbar beschrieben.

8.2 Potenzreihen

Wir haben bereits bei der Diskussion der Taylor-Reihen gesehen, daß man manchmal Funktionen als unendliche Reihen der Form

$$f(x) = \sum_{k=0}^{\infty} a_k x^k \qquad (8.1)$$

darstellen kann. Ich erinnere da an die Exponentialfunktion, die durch die Reihe

$$e^x = \sum_{k=0}^{\infty} \frac{1}{k!} x^k = 1 + x + \frac{x^2}{2} + \frac{x^3}{3!} + \ldots$$

gerade definiert wird. Reihen der Form (8.1) sind in der Analysis unglaublich nützlich und heißen Potenzreihen. Den richtigen Kick bekommen Potenzreihen erst, wenn man komplexe Zahlen betrachtet (das sind die reellen Zahlen erweitert um Wurzeln aus negativen Zahlen. Man hat dann Zahlen wie $i := \sqrt{-1}$ und jede komplexe Zahl schreibt sich als $z = a + ib$ mit reellen Zahlen a und b), aber wir wollen im Reellen bleiben.

Bei den unendlichen Reihen mit Zahlen war die Konvergenz über die Folge der Partialsummen definiert. Wir wollen dies nun auf Potenzreihen übertragen und haben es daher mit Funktionenfolgen $(f_n)_{n\in N}, f_n : D \to R$ zu tun! Dabei tritt nun ein weiterer wichtiger Konvergenzbegriff auf. Bekannt ist die punktweise Konvergenz. Eine Funktionenfolge heißt punktweise konvergent, wenn für $n \to \infty$ und jedes x

$$f_n \to f \quad :\Leftrightarrow \quad \lim_{n\to\infty} f_n(x) = f(x)$$

gilt.

Dies ist nun ein sehr schwacher Konvergenzbegriff, wie das folgende Beispiel zeigt. Wir betrachten die Funktionenfolge $f_n(x) := x^n$ auf $[0, 1]$. Die Randpunkte werden von vornherein ausgenommen, da stets $f_n(0) = 0$ und $f_n(1) = 1$ gilt. Für großes n schmiegen sich die Funktionen immer weiter an die x-Achse an und der punktweise Limes auf $]0, 1[$ ist tatsächlich 0. Obwohl alle Folgenglieder stetige Funktionen sind, ist damit die Grenzfunktion aber unstetig, denn es gilt ja stets $f_n(1) = 1$! Das ist gar nicht die Art und Weise, wie wir uns die Konvergenz von Funktionen vorstellen! Wir brauchen also einen anderen Konvergenzbegriff.

8.3   Gleichmäßige Konvergenz

Unsere Vorstellung von Funktionenkonvergenz $f_n \to f$ sollte so beschaffen sein, daß die maximale Differenz zwischen f_n und f kleiner wird. Mit anderen Worten sollten sich fast alle f_n für großes n in einem ε-Schlauch um f befinden. Daher nennen wir eine Folge von Funktionen $(f_n)_{n\in N}$ für $n \to \infty$ gleichmäßig konvergent gegen f, wenn

$$\lim_{n\to\infty} \sup_{x\in D} |f_n(x) - f(x)| = 0$$

gilt. Für den Ausdruck $\sup_{x\in D} |f_n(x) - f(x)|$ des maximalen Abstandes hat man noch einen anderen Begriff, nämlich die Supremums-

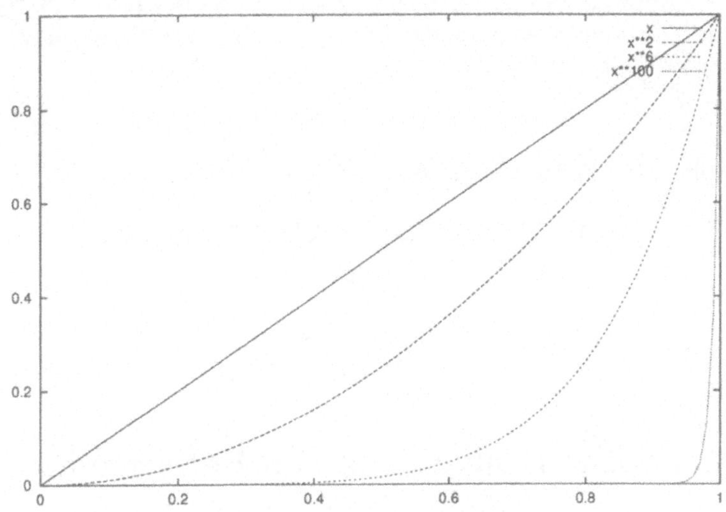

Bild 8.1: Konvergenz der Folge x^n

oder Maximumsnorm

$$\|f\|_\infty := \sup_{x \in D} |f(x)|,$$

so daß sich die Bedingung für gleichmäßige Konvergenz als

$$\lim_{n \to \infty} \|f_n(x) - f(x)\|_\infty = 0$$

schreibt. Unsere Folge $f_n(x) = x^n$ aus dem vorhergehenden Abschnitt ist also nicht gleichmäßig konvergent, denn es gilt auf $[0, 1]$ stets $\|f_n - f\|_\infty = 1$.

Der Begriff der gleichmäßigen Konvergenz befriedigt nun unsere Ästhetik, denn es gilt

Satz 8.3.1 *Konvergiert die Folge* $(f_n)_{n \in \mathbb{N}}$ *der stetigen Funktionen* $f_n : D \to \mathbb{R}$ *für* $n \to \infty$ *gleichmäßig gegen eine Funktion* f, *dann ist* f *auch stetig auf* D.

Beweis: Wir zeigen die Stetigkeit von f im Punkt $x_0 \in D$. Dazu sei $\varepsilon > 0$ und n so groß, daß $\|f_n - f\|_\infty < \varepsilon/3$ gilt. Ferner sei $\delta > 0$ so gewählt, daß für alle $x \in D$

$$|x - x_0| < \delta \quad \Rightarrow \quad |f_n(x) - f_n(x_0)| < \varepsilon/3$$

gilt. Dann findet man für diese x

$$
\begin{aligned}
|f(x) - f(x_0)| \;&\leq\; |f(x) - f_n(x)| + |f_n(x) - f_n(x_0)| + |f_n(x_0) - f(x_0)| \\
&<\; \frac{\varepsilon}{3} + \frac{\varepsilon}{3} + \frac{\varepsilon}{3} = \varepsilon.
\end{aligned}
$$

∎

8.4　Zur Konvergenz von Potenzreihen

Wir wenden uns nun wieder den durch unendliche Funktionenreihen definierten Funktionen zu. Zu Beginn steht ein Weierstraßsches Resultat, welches über die gleichmäßige (und nebenbei auch über die absolute) Konvergenz einer Funktionenreihe Auskunft gibt.

Satz 8.4.1 (Majorantenkriterium von Weierstraß) *Gegeben seien Funktionen* $f_k : D \to \mathbf{R}$. *Gilt für* $b_k \in \mathbf{R}$, *daß für alle* $x \in D$ *stets*

$$|f_k(x)| \leq b_k \quad und \quad \sum_{k=0}^{\infty} b_k < \infty$$

erfüllt ist, dann ist die Reihe

$$\sum_{k=0}^{\infty} f_k(x)$$

gleichmäßig und absolut konvergent auf D.

Beweis: Die punktweise Konvergenz und die absolute Konvergenz folgen aus dem Majorantenkriterium für unendliche Reihen nach Satz 3.10.1. Für die gleichmäßige Konvergenz schätzen wir mit $f(x) := \sum_{k=0}^{\infty} f_k(x)$ **ab**

$$\left| \sum_{k=0}^{m} f_k(x) - f(x) \right| \;\overset{\text{punktweise Konvergenz}}{\leq}\; \left| \sum_{k=m+1}^{\infty} f_k(x) \right|$$

$$\leq \sum_{k=m+1}^{\infty} |f_k(x)|$$

$$\leq \sum_{k=m+1}^{\infty} b_k < \varepsilon$$

für alle $m \geq N(\varepsilon)$ nach dem Cauchy-Kriterium für die Reihe $\sum b_k$. ∎

Nun kommen zwei sehr wichtige Sätze, die die Betrachtung gleichmäßiger Stetigkeit rechtfertigen. Der folgende Satz ist bereits mit Satz 8.3.1 erledigt worden.

Satz 8.4.2 *Sind die* f_k *stetig und ist* $f(x) := \sum_{k=0}^{\infty} f_k(x), x \in D$, *gleichmäßig konvergent auf* D, *dann ist auch* f *stetig.*

Das folgende Resultat gibt Auskunft über die Vertauschbarkeit von Differentiation und Summation.

Satz 8.4.3 *Sind die Funktionen* $f_k : [a,b] \to \mathbf{R}$ *differenzierbar auf* $[a,b]$ *und sind die Reihen* $f(x) := \sum_{k=0}^{\infty} f_k(x), g(x) :=$ $\sum_{k=0}^{\infty} f_k'(x)$ *gleichmäßig konvergent auf* $[a,b]$, *dann ist auch* f *differenzierbar und es gilt*

$$\frac{d}{dx} \sum_{k=0}^{\infty} f_k(x) = \sum_{k=0}^{\infty} \frac{df_k}{dx}(x), \quad x \in [a,b].$$

Beweis: Wir wählen ein $x_0 \in [a,b]$ Die Funktionen

$$F_k(x) := \begin{cases} \frac{f_k(x) - f_k(x_0)}{x - x_0} & ; \quad x \neq x_0 \\ f_k'(x_0) & ; \quad x = x_0 \end{cases}$$

sind nach Voraussetzung stetig auf $[a, b]$. Aufgrund des Mittelwertsatzes angewendet auf die Teilsummen von $\sum f_k(x)$ und der gleichmäßigen Konvergenz der Reihe $\sum f_k'(x)$ folgt für alle $m \geq n \geq N(\varepsilon), x \in [a, b]$ mit $\xi = \xi(x, n, m)$:

$$\left| \sum_{k=n}^{m} F_k(x) \right| = \left| \sum_{k=n}^{m} f_k'(\xi) \right| < \varepsilon.$$

Damit ist die Reihe $\sum_{k=0}^{\infty} F_k(x)$ gleichmäßig konvergent auf $[a, b]$. Es folgt

$$
\begin{aligned}
\sum_{k=0}^{\infty} f_k'(x_0) \;&=\; F(x_0) = \lim_{\substack{x \to x_0 \\ x \in [a,b]}} \sum_{k=0}^{\infty} \frac{f_k(x) - f_k(x_0)}{x - x_0} \\
&=\; \lim_{\substack{x \to x_0 \\ x \in [a,b]}} \frac{1}{x - x_0} \left(\sum_{k=0}^{\infty} f_k(x) - \sum_{k=0}^{\infty} f_k(x_0) \right) \\
&=\; \frac{d}{dx} \left[\sum_{k=0}^{\infty} f_k(x) \right] \Bigg|_{x=x_0} .
\end{aligned}
$$

    Wir beschließen unseren Ausflug in die Potenzreihenkonvergenz mit dem

Satz 8.4.4 *Zu jeder Potenzreihe gibt es eine Zahl* $0 \leq r \leq \infty$, *den sogenannten* **Konvergenzradius**, *mit den Eigenschaften*

$$|x - x_0| < r \;\Rightarrow\; \sum_{k=0}^{\infty} a_k(x - x_0)^k \;\text{absolut konvergent}$$

$$|x - x_0| > r \;\Rightarrow\; \sum_{k=0}^{\infty} a_k(x - x_0)^k \;\text{divergent}$$

Weiterhin konvergiert die Potenzreihe auf jedem Intervall $|x - x_0| \leq \rho$ *mit* $\rho < r$ *gleichmäßig.*

Für den Konvergenzradius gilt die Formel von Cauchy und Hadamard

$$r = \frac{1}{\limsup\limits_{k \to \infty} \sqrt[k]{|a_k|}},$$

wobei $1/\infty := 0$ *und* $1/0 := \infty$ *zu setzen ist.*

Beweis: Wir definieren $r := \sup\limits_{\sum_{k=0}^{\infty} a_k w^k \text{ konvergiert}} \{|w|\}$. Damit ist die Potenzreihe für jedes x mit $|x - x_0| > r$ divergent. Im Fall $r = 0$ ist die Behauptung klar, da die Potenzreihe dann nur im Punkt $x = x_0$ (absolut) konvergiert.

Sei nun $r > 0$ und $0 < \rho < r$. Dann gibt es ein $w \in \mathbf{R}$, $|w| > \rho$, so daß $\sum_{k=0}^{\infty} a_k w^k$ konvergiert. Die Folge $(a_k w^k)_{k \in \mathbf{N} \cup \{0\}}$ ist insbesondere beschränkt, d.h. es gibt ein $M > 0$ so daß für alle $k \geq 0$ gilt: $|a_k w^k| \leq M$.

Für $|x - x_0| \leq \rho < w$ folgt

$$|a_k(x - x_0)^k| = |a_k w^k| \left| \frac{x - x_0}{w} \right|^k \leq M \left| \frac{x - x_0}{w} \right|^k.$$

Da $\left| \frac{x - x_0}{w} \right| < 1$ gilt, konvergiert die Reihe $\sum_{k=0}^{\infty} \left| \frac{x - x_0}{w} \right|^k$, denn das ist gerade die geometrische Reihe! Nach dem Weierstraßschen Majorantenkriterium konvergiert demnach auch die Reihe $\sum_{k=0}^{\infty} a_k(x - x_0)^k$ absolut und gleichmäßig im Intervall $|x - x_0| \leq \rho$.

Die Formel von Cauchy und Hadamard ist eine Folgerung aus dem Wurzelkriterium für unendliche Reihen, denn es gilt für alle $k \geq k_0$:

$$\sqrt[k]{|a_k(x - x_0)^k|} \leq q < 1 \quad \Leftrightarrow \quad \limsup\limits_{k \to \infty} \sqrt[k]{|a_k(x - x_0)^k|} < 1$$

$$\Leftrightarrow \quad \limsup\limits_{k \to \infty} \sqrt[k]{|a_k|}|x - x_0| < 1$$

$$\Leftrightarrow \quad |x - x_0| < \frac{1}{\limsup\limits_{k \to \infty} \sqrt[k]{|a_k|}}.$$

9 Newton, Leibniz und die fleischgewordene Analysis

9.1 Isaac Newton

Beginnen wir der Höflichkeit halber mit SIR ISAAC NEWTON (1643-1727). Ungefähr einhundert Jahre nach Newtons Tod schrieb LAGRANGE über Newton: *Er ist der Glücklichste, das System der Welt kann man nur einmal entdecken.*
Bereits aus dieser Einschätzung wird deutlich, daß Newton in erster Linie ein genialer Naturforscher und Physiker war.
Nach neuem, gregorianischen, Kalender am 25.Dezember 1642 (alt: 4.Januar 1643) als Sohn eines Landpächters im Dörfchen Woolsthorpe nahe der englischen Stadt Grantham an der Ostküste Mittelenglands geboren, begann er sein Leben als kränkelndes Kind. Sein Vater starb, bevor der Sohn geboren wurde, und die Mutter, die ein zweites Mal heira-

Bild 9.1: Isaac Newton

tete, wurde wieder schnell zur Witwe. Der junge Isaac, als ältester von vier Geschwistern, war dazu ausersehen, für das Auskommen der Familie zu sorgen. Dieser interessierte sich aber weit mehr für Bücher als für landwirtschaftliche Tätigkeiten. Sehr früh wird von Experimenten mit Wassermühlen und Drachen berichtet, mit denen Isaac die Dorfbewohner in Angst und Schrecken zu versetzen pflegte. Durch die Vermittlung einsichtiger Verwandter erhielt der Junge in Grantham eine ausgezeichnete Schulbildung und startete 1661 am Trinity College in Cambridge als wenig bemittelter Student. Er studierte während der ersten Jahre den *Euklid* und hat das kopernikanische Weltsystem kennengelernt.

Sein Lehrer ISAAC BARROW, von dem bereits die Rede war, wurde schnell sein Freund und erkannte das Genie. Barrow war Inhaber des erst 1663 eingerichteten Lucasianischen Lehrstuhls für Naturwissenschaften, benannt nach dem Stifter Lucas. Dieser Lehrstuhl verpflichtete Barrow, wöchentlich Vorlesungen über Arithmetik, Geometrie, Astronomie oder andere mathematische Disziplinen anzubieten. Durch Barrow wird Newton in die Optik eingeführt. Im Buch *Lectiones Opticae et Geometricae* schreibt Barrow

> *Unser berühmter und wissensreicher Kollege Dr. I. Newton hat dieses Manuskript durchgesehen, einige notwendige Korrekturen vorgenommen und persönlich einiges hinzugefügt, was sich an mehreren Stellen angenehm bemerkbar macht.*

Bereits im Jahr 1669 tritt Barrow zu Gunsten Newtons von seinem Lehrstuhl zurück; ein wohl einzigartiger Fall in der Geschichte unserer Wissenschaft. Newton vertritt diesen Lehrstuhl, den heute der berühmte Physiker STEPHEN HAWKING inne hat, bis 1701. Alle seine bedeutenden Entdeckungen fallen in diesen Zeitraum.

Seine wohl schöpferischste Phase, in der auch die Infinitesimalrechnung entstand, war jedoch 1666/1667, als die Pest über das Land tobte. Aus Angst vor Ansteckung verließ Newton Cambridge und zog sich nach Woolthorpe zurück. In ländlicher Stille konzipierte Newton in dieser Zeit bahnbrechende Ideen zur Optik, Gravitationstheorie, klassischen Mechanik und zur Infinitesimalrechnung.

Der an Optik sehr interessierte Newton ist auch Erfinder eines Spiegelfernrohres, dessen erstes Exemplar er 1668 eigenhändig fertigstellt. Dieses sehr kleine Modell war bereits geeignet, um die Jupitermonde zu erkennen, was mit dem damals berühmten Linsenfernrohr des GALILEI nicht erkennbar war. Im Jahr 1671 legt Newton der *Royal Society* ein größeres Exemplar vor, dessen hoher Wert von einer Kommission, der unter anderen ROBERT HOOK und CHRISTOPHER WREN, der Erbauer der St. Pauls-Kathedrale, angehören, bestätigt wird.

Bekannt ist die Geschichte, daß Newton sein Gravitationsgesetz dadurch fand, daß ihm beim Nachdenken unter einem Apfelbaum ein Apfel auf den Kopf gefallen sein soll. Mit allergrößter Wahrscheinlichkeit ist diese Anekdote eine für Kinder erdachte Geschichte. Sie stammt übrigens von dem Philosophen VOLTAIRE, der mit dieser Geschichte die Newtonsche Theorie auf dem Kontinent bekannt machen wollte. Was historisch belegbar ist, ist Newtons Folgerung des Gravitationsgesetzes aus den KEPLERschen Planetengesetzen etwa 1665/66. Danach ist die Anziehung zwischen Massen dem Quadrat der Entfernung umgekehrt proportional. Newton selbst schreibt dazu:

In dem gleichen Jahre (1666) begann ich über die Gravitation nachzudenken, die sich bis zur Mondbahn erstreckt, und ich fand, wie die Kraft abzuschätzen ist, mit welcher eine Kugel, die innerhalb einer Sphäre rotiert, auf die Fläche dieser Sphäre drückt. Aus der Regel Keplers, daß die Perioden der Planeten das Verhältnis anderthalb zu den Entfernungen von den Zentren ihrer Bahnen haben, folgerte ich, daß die Kräfte, welche die Planeten in ihren Bahnen halten, umgekehrt proportional zu den Quadraten ihres Abstandes von den Zentren sein müssen, um welche sie sich drehen. Hieraus weiter schließend verglich ich die Kraft, die notwendig ist, um den Mond in seiner Bahn zu halten, mit der Schwerkraft auf der Oberfläche der Erde, und fand, daß sie fast genau gleich sind. All dies ereignete sich in den zwei Pestjahren

*1665 und 1666, da ich damals in der Blüte meiner er-
finderischen Kräfte war und mehr als jemals später
über Mathematik und Philosophie nachdachte.*

Wie so vieles blieben seine Ergebnisse lange unpubliziert. Erst sein
Kontakt mit dem großen Astronomen EDMUND HALLEY und die
Nachricht HOOKEs, selbst dicht an ein Gesetz über die Gravitation
gekommen zu sein, brachten ihn dazu, 1685 die Abhandlung *De motu*
(Über die Bewegung) bei der *Royal Society* zu hinterlegen.

Bereits 1669 vollendet er eine Schrift über die Reihenlehre mit
dem Titel *De Analysi per aequationes numero terminorum infini-
tas*, die erst 1711 im Druck erscheint. Das Jahr 1671/72 sieht die
Niederschrift einer zusammenfassenden Darstellung seiner Fluxionenrechnung, wie er seine Differential- und Integralrechnung nennt.
Sie erscheint 1736 in englischer Übersetzung unter dem Titel *Method
of Fluxions*.

Mit der Hilfe eines Sekretärs ging er daraufhin an die Niederschrift eines großen Werkes. Von diesem Sekretär wissen wir, daß
Newton in der Zeit der Niederschrift Nächte durcharbeitete, mit wenigen Stunden Schlaf auskam, mürrisch war und alle anderen Aktivitäten ruhen ließ. Am 28.4.1686 wird das Manuskript mit dem Titel
Philosophiae naturalis principia mathematica (Mathematische Prinzipien der Naturlehre) der ROYAL SOCIETY übergeben und Mitte
1687 erscheint es im Druck. Dieses Werk [38] ist das für die Naturwissenschaften wichtigste und bahnbrechendste Werk ihrer Geschichte.
In ihm wird die Physik als Wissenschaft geformt, die von da an zwei
Jahrhunderte lang von einem Triumph zum nächsten schreitet. Erst
mit EINSTEINs Relativitätstheorie dringt menschlicher Verstand in
Bereiche vor, in denen die Newtonsche Physik nicht mehr gültig ist.
Newton definiert die grundlegenden Begriffe *Masse* und *Kraft* und
formuliert ein Axiomensystem der Mechanik. Dieser Aufbau gestat-
tet es ihm, Gesetze der Planetenbewegung ebenso zu untersuchen
wie Gezeiten und die Bewegung von Flüssigkeiten.

In den Jahren des Erscheinens der *Principia* wird England durch
politische Umbrüche erschüttert. Im Jahr 1688 landet Wilhelm von
Oranien in England, der König Jacob II., der die Universität Cambridge gegen ihren Widerstand rekatholisieren wollte, muß fliehen.

Newton wird für zwei Jahre als Abgeordneter seiner Universität ins Parlament nach London gewählt. Es ist nur eine einzige Wortmeldung in diesen zwei Jahren belegt. Danach soll Newton darum gebeten haben die Fenster zu schließen, weil es zog!

Zwischen 1690 und 1693 stürzt Newton in eine schwere Krise. Er zeigt alle Zeichen schwerer Geistesverwirrtheit, schreibt bitterböse Briefe mit übelsten Verdächtigungen an Freunde und leidet an Depressionen. Man hat vermutet, daß ein durch seinen Hund verursachter Brand in seinem Laboratorium so wichtige Manuskripte vernichtet hat, daß Newton darüber in eine zeitweilige Geistesstörung verfallen ist. In jüngster Zeit wird allerdings die Variante einer Quecksilbervergiftung vorgezogen. Hingezogen zu alchemistischen Experimenten verbringt Newton nämlich in dieser Zeit viel Zeit im Labor und ist stundenlang giftigsten Dämpfen ausgesetzt. Glücklicherweise erholt er sich, findet aber nie wieder zu alten Interessen zurück. Im Jahr 1699 wird er Direktor der Münze und übersiedelt 1701 nach Aufgabe des Lehrstuhls nach London. 1703 wird er Präsident der *Royal Society*, 1705 wird er in den Adelsstand erhoben.

Im Privatleben soll er sehr unleidlich gewesen sein. Gästen wurde saurer, billiger Wein vorgesetzt und sein Geiz war wohl unter seinen Freunden sprichwörtlich. In dem Prioritätsstreit mit LEIBNIZ, über den noch zu berichten sein wird, hat er ebenfalls eine wenig ehrenvolle Rolle gespielt.

Noch am 28.2.1727 leitet Newton eine Sitzung der *Royal Society*, am 4.3. erleidet er einen Gallenanfall und stirbt in der Nacht zum 21. März im Alter von 84 Jahren. Die Nation ist stolz auf ihren großen Sohn. Er erhält ein Staatsbegräbnis in der Westminster Abbey. Wenn Sie dort die Grabplatte besuchen, finden Sie die folgenden Worte (natürlich auf Englisch):

Hier ruht Sir Isaac Newton, welcher als Erster mit nahezu göttlicher Geisteskraft die Bewegungen und Gestalten der Planeten, die Bahnen der Kometen und die Fluten des Meeres durch die von ihm entwickelten mathematischen Methoden erklärte, die Verschiedenheit der Lichtstrahlen sowie die daraus hervorgehenden Eigentümlichkeiten der Farben, wel-

*che vor ihm niemand auch nur geahnt hatte, erforsch-
te, die Natur, die Geschichte und die Heilige Schrift
fleißig, scharfsinnig und zuverlässig deutete, die Ma-
jestät des höchsten Gottes durch seine Philosophie
darlegte und in evangelischer Einfachheit der Sitten
sein Leben vollbrachte. Es dürfen sich alle Sterblichen
beglückwünschen, daß diese Zierde des menschlichen
Geschlechts ihnen geworden ist. Er wurde am 25.De-
zember 1642 geboren und starb am 20.März 1727.*

9.2   Gottfried Wilhelm Leibniz

Man sagt von GOTTFRIED WILHELM LEIBNIZ (1646-1716), er sei
der letzte *Polyhistor* gewesen. Interessiert an Politik, Philosophie,
Mathematik, Physik, Geschichte, Biologie, Bergwerkswesen, Seiden-
raupenzucht, Jura, Diplomatie und vielen anderen Dingen tritt mit
ihm eine Person in unser Gesichtsfeld, die in der Weltgeschichte ein-
zigartig ist.

Er wird nach neuem Kalender am 1.Juli 1646 im von schwedischen Truppen besetzten Leipzig geboren. Sein Vater war Jurist, No-
tar und Professor der Moral an der dortigen Universität. Der Vater
stirbt bereits 1652; 1664 verliert er die Mutter. In der vorzüglichen
Bibliothek des Vaters bringt sich der achtjährige Latein bei. Im Alter von zehn Jahren liest er die lateinischen Klassiker, insbesondere
die Historiker, flüssig, mit dreizehn verfaßt er lateinische Gedichte
mit erstaunlicher Geschwindigkeit. Im Alter von 15 Jahren bezieht
er die Universität zu Leipzig und wendet sich dem Studium der Ju-
risprudenz zu, als 16jähriger publiziert er die erste philosophische
Schrift und im Jahr 1664 ist er Magister. Angeblich wegen seiner
Jugend will man ihn in Leipzig nicht zum Doktor der Rechte pro-
movieren lassen. Daher geht er an die Universität nach Altdorf (bei
Nürnberg) und promoviert dort, schlägt aber ein Angebot auf eine
Professur aus. Damals ist er 20 Jahre alt.

Da er Zweifel am Wahrheitsgehalt alchemistischer Übertreibun-

Bild 9.2: Leibniz

gen hat, tritt er dem Bund der Rosenkreuzer in Nürnberg bei. Durch geschickte Hochstapelei wird er er schnell Sekretär der Bruderschaft und hat damit die Aufgabe, die Experimente zu protokollieren. Trotz einiger Betrügereien bei Experimenten, die er aufdecken kann, wird ihn die heimliche Liebe zur Alchemie sein Leben lang nicht ganz verlassen. Während einer Englandreise 1673 ist er Gast bei den chemischen Experimenten des großen ROBERT BOYLE und später in Hannover unterstützt er vehement den Entdecker des Phosphors, Heinrich Brand, bei seinem Plan, Phosphor aus dem Urin Hannoverscher Soldaten zu gewinnen. An den Fürstenhöfen verwendete man diese kostbare Substanz zum Tränken der Kleider der Damen, denen man dann des nachts wie Glühwürmchen im Garten nachstellte.

Noch in Nürnberg macht Leibniz Bekanntschaft mit dem früheren Kanzler des Kurfürsten zu Mainz, Johann Christian von Boineburg. Dieser erkennt die hohe diplomatische Begabung des jungen Leibniz und erwirkt dessen Beschäftigung bei Johann Philipp von Schönborn, dem Mainzer Kurfürsten. Kurmainz war einerseits unter Druck des Sonnenkönigs Ludwig XIV., der die Schwäche des deutschen Reichsverbundes ausnutzen wollte, und andererseits in heftige Kämpfe gegen die Türken verstrickt, die sich anschickten, in das Reich einzufallen. Die letzte Gefahr wurde erst durch eine siegreiche Schlacht bei Wien durch Prinz Eugen von Savoyen abgewendet. Leibnizens diplomatische Aufgabe war es, den Sonnenkönig durch ein anderes Projekt von Deutschland abzulenken. Leibniz verfaßte daraufhin eine Denkschrift *Consilium Aegyptiacum*, die Frankreich eine Eroberung Ägyptens schmackhaft machen sollte. Leibniz reiste selbst nach Paris, aber die Mission scheiterte, ein Krieg war bereits losgebrochen und Leibniz wurde nicht vom König empfangen. Die Zeit in Paris, von 1672 bis 1676, wurde für Leibniz trotzdem ein voller Erfolg. In dieser Zeit machte er die Bekanntschaft einiger Wissenschaftler und reifte zum eigenständigen Naturforscher und bedeutenden Mathematiker heran.

Sein Hauptratgeber in mathematischen Fragen wurde CHRISTIAN HUYGENS. Von ihm lernt er den Umgang mit unendlichen Reihen, aber seine Selbsteinschätzung als Mathematiker ist zu dieser Zeit noch unberechtigterweise höher als sein wahres Können. Bei einem Besuch in England vom 24.1. bis 20.2.1673 wurde Leibniz durch den Sekretär der *Royal Society*, H. OLDENBURG, mit dem Mathematiker PELL bekanntgemacht, der ein Experte in der Reihenlehre war. Pell erkannte die Fähigkeiten Leibnizens, aber auch sein großes Mundwerk und stellte Leibniz ein Problem, das dieser nicht lösen konnte.

Auch mit seiner Rechenmaschine, über die wir bereits berichtet haben, machte er in London keinen Eindruck. Im Vergleich mit einer von Morland konstruierten Maschine zeigte sich zwar die prinzipielle Überlegenheit der Leibnizschen Maschine, allerdings funktionierte sie wegen mechanischer Mängel nicht und versagte bei der Vorführung. Erst in Paris, im Jahr 1674, macht Leibniz die Entdeckung der Staffelwalze, mit der die Maschine dann schließlich funktionsfähig wird. Nur mit Hilfe des brillianten Mechanikers Olivier gelingt

Bild 9.3: Christian Huygens

es, ein Exemplar fertigzustellen.

Dank der Fürsprache OLDENBURGs wird Leibniz doch in die *Royal Society* aufgenommen. Vielleicht liegen die Wurzeln des Streits mit Newton, über den später noch berichtet werden soll, in Leibnizens schlechtem Start bei diesem ersten Besuch.

Zurück in Paris wirft Leibniz sich auf mathematische Studien. Er studiert Pascal, Descartes, und andere und lernt die Ergebnisse von Wallis und anderen englischen Mathematikern kennen.

Eine der Kräfte, die ihn umtreiben, liegt in seiner Idee einer *characteristica universalis*, einer alles umfassenden, logischen Begriffssprache. Nur auf einen Kalkül gestützt will Leibniz aus allen denkbaren Aussagen die richtige herausfinden. Diese große, nicht zu verwirklichende Utopie, war die treibende Kraft hinter Leibnizens dx-Notation! Im Oktober 1675 führt er die bisher vereinzelten Methoden zur Flächenberechnung durch seine Erfindung eines Infinitesimalkalküls zusammen. Unter der Bezeichnung *Calculus* ist diese Methode in die Mathematik eingegegangen. Der Name stammt vom lateinischen *calculi* für die Rechensteine auf dem Abacus.

Am 29.Oktober 1675 schreibt er:

> *Es wird nützlich sein, statt der Gesamtheiten des Cavalieri: also statt 'Summe aller* y*', von nun an* $\int y \, dy$ *zu schreiben. Hier zeigt sich endlich die neue Gattung des Kalküls, die der Addition und Multiplikation entspricht. Ist dagegen* $\int y \, dy = y^2/2$ *gegeben, so bietet sich sogleich das zweite auflösende Kalkül, das aus* $d(y^2/2)$ *wieder* y *macht. Wie nämlich das Zeichen* $\int$ *die Dimension vermehrt, so vermindert sie das* d. *Das Zeichen* $\int$ *aber bedeutet eine Summe,* d *eine Differenz.*

Auch das Jahr 1676 bringt für Leibnizens Calculus eine Fülle neuer Resultate, so findet er in diesem Jahr die alternierende Reihe für $\pi/4$. Ein erster vorsichtiger Briefwechsel mit NEWTON kündigt sich an.

Im Jahr 1673 stirbt sein Gönner Boineburg und Leibniz muß sich nach anderer Tätigkeit umsehen. Alle Versuche, im geliebten

Paris Fuß zu fassen, scheitern. So geht er als Bibliothekar und juristischer Berater an den Hof des Herzogs von Hannover, wo er bis zu seinem Tod bleibt. Seine Reise nach Hannover führt ihn nochmals über England, wo er Einsicht in die Arbeiten Newtons bekommt. Es ist hauptsächlich dieser Besuch, der ihm später unberechtigterweise den Vorwurf des geistigen Diebstahls einbringen wird.

Bei der Weiterreise durch die Niederlande kommt es zu einem Treffen mit dem Philosophen BARUCH SPINOZA, dessen Religionskritik Leibniz nicht teilen kann. Im Dezember 1676 trifft er dann in Hannover ein. Der Herzog weiß Leibnizens Können zu würdigen, aber die Situation ändert sich schlagartig mit dessen Tod 1679. Die Nachfolger haben kein Verständnis für die wissenschaftliche Betätigung ihres Hofrates und wollen, daß er sich um die Bergwerke im Harz kümmert. Leibniz erfindet Pumpen zum Trockenlegen der Bergwerke, aber er hat insgesamt nicht viel Erfolg. Eine seiner Pumpen trieb übrigens noch bis in die 60er Jahre unseres Jahr-

Bild 9.4: Sophie Charlotte

hunderts die große Fontäne im Herrenhäuser Garten in Hannover! Dann wird Leibniz aufgefordert, eine Geschichte des Welfenhauses zu schreiben. Er beginnt diese Tätigkeit in historisch einwandfreier Form und arbeitet bis zu seinem Tod an diesem Projekt, das nie vollendet wird. In der hannoverschen Prinzessin SOPHIE CHARLOTTE fand er zu dieser Zeit eine verständnisvolle und blitzgescheite Gesprächspartnerin, deren Weggang nach Berlin und ihr früher Tod 1705 ihn sehr getroffen haben.

Mit der Bürde der Welfengeschichte und zahllosen weiteren Aufgaben und Interessen kommt seine mathematische Tätigkeit zu kurz.

Eine geplante Zusammenfassung des Calculus erscheint nicht. Mit dem Tod OLDENBURGs 1677 verliert er auch die Beziehungen zur *Royal Society*. HUYGENS versteht die infinitesimale Mathematik nicht mehr und so hat Leibniz nur noch wenige Gesprächspartner, was er durch eine unglaubliche Korrespondenz kompensiert.

Im kriegszerstörten Deutschland war selbst ein Organ zur Publikation mathematischer Einzelschriften nicht zu finden. Erst 1682 werden die *Acta Eruditorum* (Berichte der Gelehrten) gegründet, in denen sich der Siegeszug des Leibnizschen Calculus dokumentiert. Im Jahr 1684 veröffentlicht er dort seine berühmte Schrift *Nova Methodus ...* (Eine neue Methode für Maxima und Minima sowie für Tangenten, die durch gebrochene und irrationale Werte nicht beeinträchtigt wird, und eine beispiellose Art der Rechnung dafür). Hierin enthalten sind Ketten-, Produkt- und Quotientenregel, Lösung von Differentialgleichungen durch

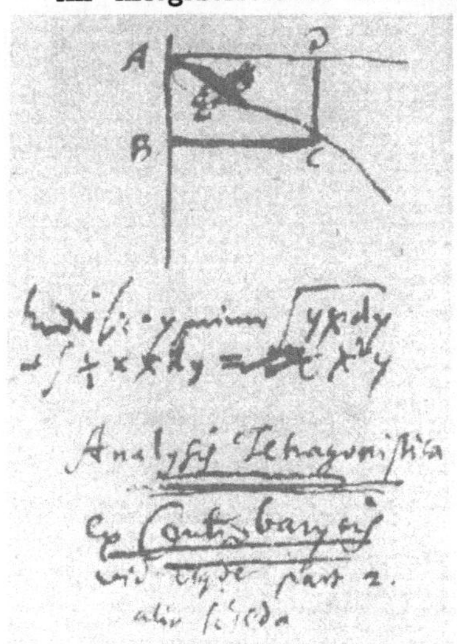

Bild 9.5: Randnotiz mit charakteristischem Dreieck und Integralzeichen

Trennung der Veränderlichen, etc., aber alles ohne Beweis. Die Bedingungen $dv = 0$ für ein Extremum sowie $ddv = 0$ für einen Wendepunkt finden sich ebenfalls in dieser Schrift. Leibniz schreibt:

Kennt man ... den obigen Algorithmus dieses Kalküls, den ich Differentialrechnung nenne, so lassen sich alle anderen Differentialgleichungen durch ein gemeinsames Rechnungsverfahren finden, es lassen sich die Maxima und Minima sowie die Tangenten erhalten

...

JAKOB BERNOULLI verwendet 1690 erstmalig den Ausdruck *Integral* und Leibniz und Bernoulli einigen sich 1698 auf die Bezeichnung

Calculus integralis, d.h. Integralrechnung.

Da Leibniz bald bemerkt, daß bei konsequenter Anwendung seines Kalküls neue transzendente Funktionen aus elementaren Funktionen entstehen, die sein algorithmisches Kalkül stören (weil man sie z.B. nicht mehr elementar integrieren kann), entwickelt er eine Methode für unendliche Reihen, die er gliedweise integriert. In der Reihenlehre erreicht er allerdings Newtons Meisterschaft nicht. Nebenbei hat Leibniz sich viel mit Mechanik und praktischen Problemen befaßt. Er untersucht den elastischen Widerstand eines Balkens und ringt mit Jakob Bernoulli um das Problem der Kettenlinie. Der Siegeszug des Leibnizschen Kalküls ist nicht mehr aufzuhalten.

Leibnizens philosophische Schriften sind nach wie vor lesenswert und ich empfehle sie für stille Stunden. Er hat mit der *Theodicée* (Rechtferti-

Bild 9.6: Die Grabplatte

gung Gottes) großen Einfluß auf die Entwicklung der Philosophie genommen und von Voltaire im *Candide* für seine Behauptung, wir lebten in der besten aller möglichen Welten, viel Spott geerntet. Seine *Monadenlehre* und die Theorie der *prästabilierten Harmonie* sind Kernstücke seiner Philosophie.

Einen Teil seiner Kraft opfert er auch der Gründung von Wissenschaftsorganisationen, so etwa der Berliner Societät der Wissenschaften, die 1700 gegründet wird.

Als Leibniz 70jährig stirbt, wird er ohne Pomp in der Neustädter Kirche zu Hannover begraben. Außer seinem Privatsekretär nimmt niemand an der Beerdigung teil. Bei Hofe war er unverstanden, die Hannoveraner Bürger nannten ihn *Löwetnix* (Glaubet nichts), da man ihm seine Verständigungsbemühungen zwischen den großen Konfessionen übelnahm. Auf seiner Grabplatte finden sich die Worte *Ossa Leibnitii* (Die Reste Leibnizens).

Unser Photo zeigt noch die Grabplatte im Originalzustand, d.h. auf dem Boden der Kirche. Vor einiger Zeit haben in der Neustädter Kirche umfangreiche Renovierungs- und Umbaumaßnahmen stattgefunden, so daß die Platte heute aufrecht steht und die eigentlichen *Ossa Leibnitii* in einer eigens angefertigten Steintruhe davor liegen.

9.3 Der Prioritätsstreit

Wir beziehen uns auf Fleckensteins wundervolle Beschreibung [17] und wollen den Streit, der die Infinitesimalrechnung begleitete, etwas beleuchten.

Es besteht heute kein Zweifel, daß Newton seine Infinitesimalrechnung etwa 10 Jahre vor Leibniz entdeckt hat. Ebenso steht außer Frage, daß Leibnizens Entdeckungen selbständig waren, jeder Plagiatsvorwurf also aus heutiger Sicht Unfug ist. Bis zur zweiten Auflage der *Principia* anerkennt sogar NEWTON die Leibnizschen Entdeckungen, denn in einer Anmerkung (Liber II, Sect.II, Prop.VII) schreibt er:

> *In Briefen, welche ich vor etwa 10 Jahren mit dem sehr gelehrten Mathematiker G. W. Leibniz wechselte, zeigte ich demselben an, daß ich mich im Besitze einer Methode befände, nach welcher man Maxima und Minima bestimmen, Tangenten ziehen und ähnliche Aufgaben lösen könne, und zwar lassen sich dieselben ebensogut auf irrationale wie auf rationale Größen anwenden. Indem ich die Buchstaben der Worte (wenn eine Gleichung mit beliebig vielen Fluenten gegeben ist, die Fluxionen zu finden und umgekehrt), welche meine Meinung aussprachen, versetzte, verbarg ich dieselbe. Der berühmte Mann antwortete mir darauf, er sei auf eine Methode derselben Art verfallen, die er mir mitteilte und welche von meiner*

kaum weiter abwich als in der Form der Worte und Zeichen.

Was meint Newton damit?

Im Gegensatz zu Leibniz versteht Newton eine Kurve $f(x, y) = 0$ als den Ort der Schnittpunkte zweier Geraden, von denen eine horizontal und die andere vertikal läuft. Er denkt sich einen Massenpunkt, der im Schnittpunkt sitzt und sich mit einer bestimmten Geschwindigkeit bewegt, und zwar mit $\dot{x}$ in horizontaler, und $\dot{y}$ in vertikaler Richtung, wobei der Punkt die Ableitung nach der Zeit symbolisiert. Diese Größen bezeichnet Newton als Fluxionen. Die Steigung der Tangenten ist dann gerade $\dot{y}/\dot{x}$. Eine Größe, die Newton durch Integration gewinnt, nennt er Fluente. Nun war Newtons Antwort auf einen Brief Leibnizens mit der Bitte um Erklärung der Newtonschen Methoden von Newton selbst mit einem Anagramm[1] beantwortet worden, also einem Buchstabenrätsel, das Leibniz völlig unverständlich vorgekommen sein muß. Das meint Newton also, wenn er vom Versetzen der Buchstaben spricht.

Jedenfalls ist diese Anmerkung aus den weiteren Auflagen der *Principia* verschwunden! Newton läßt am 26.7.1676 durch OLDENBURG einen Brief an Leibniz mit einem Bericht über seine mathematischen Entdeckungen übermitteln. Hierin befinden sich jedoch nur bereits bekannte Resultate und kein Hinweis auf Newtons Fluxionenrechnung. Leibniz erhält diesen Brief am 24.8.1676 und beantwortet ihn drei Tage später sehr offen. Leibniz schreibt:

... Wenn Ihr sagt, die meisten Schwierigkeiten lie-

---

[1]Das Anagramm lautete *6 a cc d & 13 e ff 7 i 3 l 9 n 4 o 4 q rr 4 s 9 t 12 v x*, was *Data aequatione quotcunque fluentes quantitates involvente fluxiones invenire & viceversa* heißen soll, und weiter *5 a cc d & 10 e ff h 12 i 4 l 3 m 1 o n 6 o qq r 7 s 11 t 10 v 3 x: 11 a b 3 c d d 10 e & g 10 i ll 4 m 7 n 6 o 3 p 3 q 6 r 5 s 11 t 7 v x, 3 a c & 4 e g h 6 i 4 l 4 m 5 n 8 o q 4 r 3 s 6 t 4 v, aadd & eeeeeiiimmnnooprrrsssssttuu*, was *Una methodus consistit in extractione fluentis quantitatis ex aequatione simul involvente fluxionem ejus: altera tantum in assumptione seriei pro quantitate qualibet incognita ex qua caetera commode derivari possunt, & in collatione terminorum homologorum aequationis resultantis ad eruendos terminos assumptae seriei* bedeuten sollte.

> *ßen sich durch unendliche Reihen erledigen, so will*
> *mir das nicht recht scheinen. Vieles Wunderbare und*
> *Verwickelte hängt weder von Gleichungen noch von*
> *Quadraturen ab. So zum Beispiel die Aufgaben der*
> *umgekehrten Tangentenmethode, von welchen auch*
> *Descartes eingestand, daß er sie nicht in seiner Ge-*
> *walt habe.*

Dieser Passus hat Newton sicher aufgeschreckt und ihm klargemacht,
wie weit Leibniz bereits war. Er schreibt an Oldenburg über den
trefflichen Brief, aber beteuert gleichfalls, daß seine eigenen Methoden nicht weniger kraftvoll und allgemein sind. Nun macht ihn aber
Leibnizens Bitte nach mehr Information stutzig, denn warum sollte
Leibniz Informationsbedarf haben, wenn er schon alles weiß? Newton beschleicht der Verdacht, daß Leibniz durch geistigen Diebstahl
so weit gekommen ist und er nun weiter stehlen will. So kommt es
zu dem zweiten Schreiben, in dem er die Anagramme verwendet, um
seine Erfindungen zu schützen. Leibniz beantwortet den Brief post-
wendend und legt seine Differentialrechnung in aller Offenheit dar.
Obwohl Leibniz seit seinem Besuch in England (13.10.1676) weiß,
daß seine Tangentenmethode inhaltlich nicht von der Newtons ab-
weicht, schreibt er, *vermutlich* würde sie nicht abweichen. Das macht
Newton nur noch stutziger. Er beantwortet diesen Leibnizschen Brief
nicht mehr.

Mit großer Eifersucht muß Newton den Siegeszug des Leibnizschen Calculus auf dem Kontinent durch die Bernoullis verfolgen.
Im Jahr 1699 gibt NICOLAS FATIO, der eine Rechnung mit Leibniz
zu begleichen hatte, eine Lösung des Brachystochronenproblems mit
Newtonschen Fluxionen und eröffnet mit Anklagen gegen Leibniz
den Prioritätsstreit. Fatio schreibt:

> *... daß Newton der erste und um mehrere Jahre älte-*
> *ste Erfinder dieses Kalküls war, denn dazu nötigt*
> *mich die Augenscheinlichkeit der Dinge. Ob Leibniz,*
> *der zweite Erfinder, etwas von jenem entlehnt hat,*
> *darüber sollen lieber andere als ich ihr Urteil abge-*
> *ben, denen Einsicht in die Briefe oder sonstige Hand-*
> *schriften Newtons gestattet wird. Niemanden, der*

> *durchstudiert, was ich selber an Dokumenten aufge-*
> *rollt habe, wird das Schweigen des allzu bescheidenen*
> *Newton oder Leibnizens vordringliche Geschäftigkeit*
> *täuschen.*

Leibniz antwortet in den *Acta Eruditorum* des Jahres 1700 sehr ruhig auf diese Anschuldigungen und stellt in Frage, daß Newton überhaupt etwas von Fatios Anschuldigungen weiß. Die *Acta Eruditorum*, durch den Streit der beiden Bernoulli-Brüder bereits stark auf die Probe gestellt, weigern sich, Fatios Antwort zu drucken, wodurch sich eine vortreffliche Gelegenheit geboten hätte, den Streit zu begraben.

Anläßlich einer Buchbesprechung der Newtonschen *Optik* im Jahre 1705 geht Leibniz in die Offensive. Er bezeichnet die Fluxionenrechnung als andere Schreibweise des Differentialkalküls. Newton läßt 1708 JOHN KEILL mit der Behauptung losschlagen, Leibniz sei ein Fälscher. Keill, gerade erst Mitglied der *Royal Society*, schreibt:

> *Alle diese Dinge folgen aus der jetzt so berühmten*
> *Methode der Fluxionen, deren erster Erfinder ohne*
> *Zweifel Sir Isaac Newton war, wie das jeder leicht*
> *feststellen kann, der die Briefe von ihm liest, die*
> *Wallis zuerst veröffentlicht hat. Dieselbe Arithmetik*
> *wurde dann später von Leibniz in den Acta Erudi-*
> *torum veröffentlicht, der dabei nur den Namen und*
> *die Art und Weise der Bezeichnung wechselte.*

Nun verliert Leibniz seine diplomatische Fassung und begeht einen fatalen Fehler: In der Hoffnung, eine neutrale Institution könnte entscheiden, ruft er die *Royal Society* um Hilfe an. Die Society setzte einen Ausschuß ein, der Leibniz von vorneherein den Prozeß machen sollte. Newton hielt sich dabei vornehm im Hintergrund, zog aber die Drähte, an denen sich seine Kreaturen bewegten. In scheinbar objektiver Weise betrachtete der Ausschuß eine gezielte Auswahl der Newtonschen und Leibnizschen Briefe und kam zu dem Schluß, daß Keill kein Vorwurf zu machen sei und Newton der erste Erfinder des neuen Kalküls war. In einer für Leibniz vernichtenden Schrift *Commercium epistolicum D. Johannis Collins, et aliorum de Analy-*

si promota: Jussu Societas Regiae in lucem editum, 1712 in London publiziert, wird so getan, als sei der geistige Diebstahl bereits bewiesen. Heute ist klar, daß Newton diesen Bericht der Kommission mitredigierte.

Damit war für Newton der Fall erledigt. Die *Commercium epistolicum* wurden großen Gelehrten kostenlos zugestellt und später dem Buchhandel übergeben. Der Streit schlug daraufhin so große Wellen, daß sich selbst König Georg I. von England dafür interessierte.

Was ist von dem Streit geblieben? Die englische Mathematik hat in nationalem Stolz fest an der Newtonschen Fluxionsrechnung gehangen. Durch Leibnizens geniale Notation brauste der Siegeszug des Calculus daher nur über den Kontinent, denn wirkliche Rechnungen waren mit Newtons Punktnotation nur schwer und von Eingeweihten durchzuführen. Erst im 19. Jahrhundert wurde in Cambridge unter Mithilfe von Charles Babbage eine Gesellschaft gegründet, die das *dot-age* (Punkt-Zeitalter) in England beenden und die Leibnizsche Notation einführen sollte. Pikanterweise ist das *dottage* eine Form des Altersstarrsinns!

9.4 Gewöhnliche Differentialgleichungen

Gewöhnliche Differentialgleichungen sind so alt wie der Calculus und wurden bereits von NEWTON und LEIBNIZ mit großem Geschick gelöst. Worum geht es?

Stellen wir uns vor, wir würden an einer Feder F eine Masse m befestigen und an einer Zimmerdecke aufhängen. Dann ziehen wir die Masse ein wenig, so daß sich die Feder dehnt, und markieren die Entfernung zur Zimmerdecke als Auslenkung zur Zeit $t = 0$, die wir mit y_0 bezeichnen wollen.

Nun lassen wir die Masse los, die Zeit beginnt zu laufen, und das Gewicht wird an der Feder auf und ab schwingen. Wie genau sieht die Funktion $t \mapsto y(t)$ aus, die die Schwingung beschreibt? Dazu schauen wir in die Physik und nehmen ein lineares Federgesetz an. Danach ist die Federkraft proportional zur Auslenkung und den Proportionalitätsfaktor nennt man Federkonstante K. Damit ist die

Federkraft in y-Richtung mathematisch beschrieben durch $\mathcal{F}_F = Ky(t)$. Nach NEWTONs zweitem Bewegungsgesetz gilt *Kraft=Masse* × *Beschleunigung*. Da die Geschwindigkeit die erste Ableitung der Auslenkung nach der Zeit ist (also $y'(t)$), ist die Beschleunigung gerade die zweite Ableitung der Auslenkung, also $y''(t)$. Damit gilt nach Newton $\mathcal{F}_m = my''(t)$. Beide Kräfte müssen im Gleichgewicht stehen, d.h. ihre Summe muß stets verschwinden.

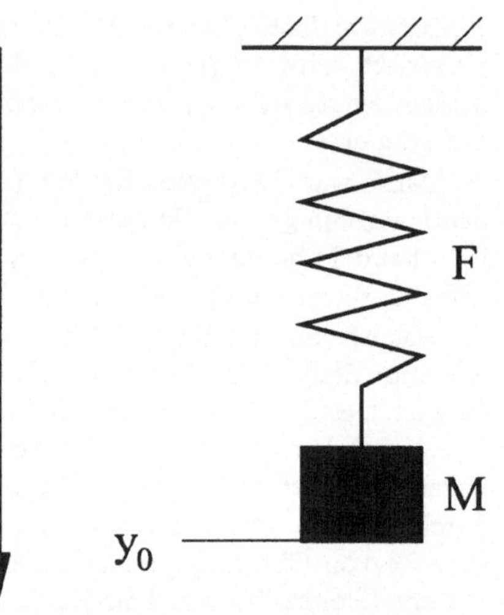

Bild 9.7: Feder-Masse-System

Damit haben wir eine Gleichung für die Bewegung der Masse gefunden, nämlich

$$my''(t) + Ky(t) = 0,$$

bzw.

$$y''(t) + \frac{K}{m}y(t) = 0.$$

Diese Gleichung enthält neben der gesuchten Funktion auch noch eine (hier: die zweite) Ableitung. Daher nennt man solche Gleichungen Differentialgleichungen. Unsere Differentialgleichung heißt gewöhnliche Differentialgleichung, weil die gesuchte Funktion nur von einer Variablen, nämlich t, abhängt. Ansonsten würden unter Umständen noch Ableitungen nach anderen Variablen auftreten und man würde von einer partiellen Differentialgleichung sprechen.

Wir wissen bereits etwas über die Lösung unserer gewöhnlichen Differentialgleichung! Zur Zeit $t = 0$ muß die Bedingung $y(0) = y_0$

erfüllt sein, weshalb man von einer Anfangsbedingung spricht. Wir werden gleich sehen, daß man eine weitere Anfangsbedingung für die Anfangsgeschwindigkeit $y'(0)$ benötigt, da unsere Differentialgleichung wegen der auftretenden zweiten Ableitung eine Gleichung zweiter Ordnung ist.

Wir können an dieser Stelle nicht die Lösungstheorie für gewöhnliche Differentialgleichungen zweiter Ordnung diskutieren, da sie den Gebrauch komplexer Zahlen umfaßt. Da wir bereits wissen, daß es sich bei der Lösung um eine Schwingung handelt, können wir den Ansatz

$$y(t) = c_1 \sin\left(\sqrt{\frac{K}{m}}\right) + c_2 \cos\left(\sqrt{\frac{K}{m}}\right)$$

versuchen. Die beiden Konstanten c_1 und c_2 sind Integrationskonstanten[2]. Für die Ableitungen ergeben sich

$$y'(t) = c_1\sqrt{\frac{K}{m}}\cos\left(\sqrt{\frac{K}{m}}\right) - c_2\sqrt{\frac{K}{m}}\sin\left(\sqrt{\frac{K}{m}}\right)$$

$$y''(t) = -c_1\frac{K}{m}\sin\left(\sqrt{\frac{K}{m}}\right) - c_2\frac{K}{m}\cos\left(\sqrt{\frac{K}{m}}\right),$$

und durch Einsetzen in die Differentialgleichung erhält man

$$y''(t) + \frac{K}{m}y(t) = -c_1\frac{K}{m}\sin\left(\sqrt{\frac{K}{m}}\right) - c_2\frac{K}{m}\cos\left(\sqrt{\frac{K}{m}}\right)$$
$$+ \frac{K}{m}\left(c_1\sin\left(\sqrt{\frac{K}{m}}\right) + c_2\cos\left(\sqrt{\frac{K}{m}}\right)\right) = 0.$$

Damit ist eine allgemeine Lösung der Schwingungsgleichung gefunden, denn sie enthält ja noch zwei Konstanten. Kennt man die

---

[2] Sind $u(t)$ und $v(t)$ Lösungen von $y''(t) + ay(t) = 0$, dann auch $w(t) := c_1 u(t) + c_2 v(t)$, **denn** $w''(t) + aw(t) = c_1 u''(t) + c_2 v''(t) + ac_1 u(t) + ac_2 v(t) = c_1 \underbrace{(u''(t) + au(t))}_{=0} + c_2 \underbrace{(v''(t) + av(t))}_{=0} = 0.$

Anfangsbedingungen, dann lassen sich die Konstanten bestimmen und man erhält eine spezielle Lösung der Differentialgleichung. Wir sehen nun, daß wir zwei Anfangsbedingungen benötigen, um die beiden Konstanten c_1 und c_2 zu bestimmen. Ist neben der Anfangsauslenkung y_0 noch die Anfangsgeschwindigkeit y_0' bekannt, dann ist die spezielle Lösung durch die Konstanten

$$y(0) \;=\; c_2 = y_0$$

$$y'(0) \;=\; c_1 \sqrt{\frac{K}{m}} = y_0' \quad \Rightarrow \quad c_1 = y_0' \left(\frac{K}{m}\right)^{-1/2}$$

bestimmt.

Wir wollen hier einfachere Differentialgleichungen betrachten, und zwar solche von erster Ordnung, die wir in der Form

$$y' = f(t, y)$$

schreiben wollen. Dabei ist y natürlich eine gesuchte Funktion $t \mapsto y(t) \in \mathbf{R}$, $t \geq 0$, und die rechte Seite eine Abbildung

$$f : \begin{cases} \{t \in \mathbf{R} \mid t \geq 0\} \times \mathbf{R} & \rightarrow & \mathbf{R} \\ (t, y) & \mapsto & f(t, y) \end{cases} .$$

Viele Autoren verwenden x für t und wir werden die Bezeichnungen auch von Fall zu Fall wechseln.

Die einfachste Differentialgleichung ist

$$y' = a, \quad a = \mathrm{const.},$$

deren Lösung wir sofort mit $y(t) = at + c$ angeben können, wobei c wieder eine Konstante ist, die durch Vorgabe von einem Anfangswert $y(0) = y_0$ bestimmt werden kann. Differentialgleichung und Anfangswert zusammen nennt man Anfangswertproblem.

Etwas schwieriger ist die Gleichung

$$y' = y,$$

aber Sie wissen natürlich jetzt, daß die Funktion $y = e^t$ die Eigenschaft besitzt, sich bei Ableitung selbst zu reproduzieren. Daher ist in diesem Fall $y(t) = ce^t$ die allgemeine Lösung.

NEWTON publizierte in seiner Arbeit *Methodus Fluxionem et Sererum Infinitarium* aus dem Jahr 1671 eine Lösungsmethode durch Reihenansatz und erläuterte seine Methode am Beispiel

$$y' = 1 - 3t + y + t^2 + ty$$
$$y(0) = 0,$$

wobei er x an Stelle von t schrieb. Er setzt die Lösung an in der Form

$$y(t) = a_0 + a_1 t + a_2 t^2 + a_3 t^3 + \ldots$$

und gewinnt die unbekannten Koeffizienten rekursiv. Da der Anfangswert $y(0) = 0$ ist, muß $a_0 = 0$ gelten. Einsetzen von $y(t) = a_1 t + a_2 t^2 + \ldots$ in die rechte Seite der Differentialgleichung liefert:

$$y' = 1 - 3t + a_1 t + a_2 t^2 + \ldots + t^2 + a_1 t^2 + a_2 t^3 + \ldots$$
$$= 1 + (a_1 - 3)t + (a_2 + a_1 + 1)t^2 + \ldots$$

und aus der Integration folgt

$$y = t + \frac{a_1 - 3}{2} t^2 + \frac{a_2 + a_1 + 1}{3} t^3 \ldots .$$

Die Reihe geht also weiter mit t und damit ist $a_1 = 1$. Nun setzt man

$$y(t) = t + a_2 t^2 + a_3 t^3 + \ldots$$

wieder in die rechte Seite ein,

$$y' = 1 - 3t + t + a_2 t^2 + a_3 t^3 + \ldots + t^2 + t^2 + a_2 t^3 + a_3 t^4 + \ldots$$
$$= 1 + (1 - 3)t + (a_2 + 2)t^2 + \ldots$$

und erhält nach Integration

$$y = t - t^2 + \ldots ,$$

also $a_2 = 1$, usw. Durch Fortsetzen dieser Prozedur gelangt er zu

$$y = t - t^2 + \frac{1}{3} t^3 - \frac{1}{6} t^4 + \frac{1}{30} t^5 - \frac{1}{45} t^5 + \ldots .$$

Leibniz war während seiner Pariser Jahre fasziniert von einem Problem, das der berühmte Anatom und Architekt CLAUDE PERRAULT stellte. Eine silberne Taschenuhr (*horologio portatili suae thecae argentae*) wird an ihrer Uhrkette über den Tisch gezogen. Welche Kurve beschreibt das Uhrengehäuse? Leibniz hat offenbar sogleich gesehen, daß eine Funktion gesucht

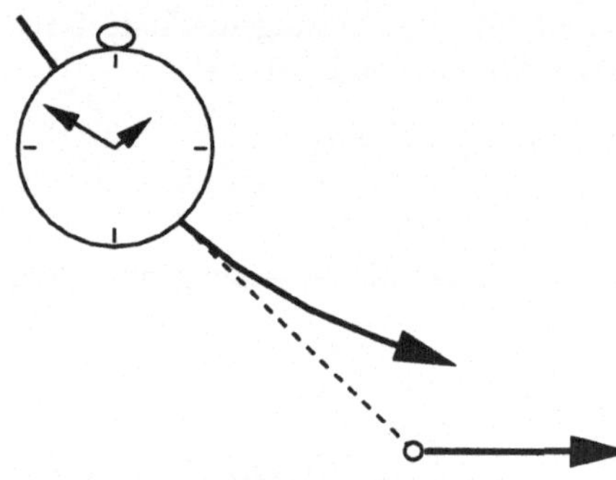

Bild 9.8: Die Uhrenkurve

wird, die in jedem Punkt eine Tangente gleicher Länge a besitzt. Die Länge der Tangente soll dabei die Länge der Strecke zwischen Tangentenpunkt auf der Kurve und Schnittpunkt mit der x-Achse sein.

Damit ist nun aber die Bestimmungsgleichung für die Uhrenkurve klar, denn aus Leibnizens Überlegungen folgt unmittelbar

$$y' = -y/b,$$

wie aus der folgenden Prinzipskizze zu sehen ist. Nun ist nach Pythagoras $y^2 + b^2 = a^2$ und wir erhalten als Differentialgleichung für die Uhrenkurve

$$y' = -\frac{y}{\sqrt{a^2 - y^2}}.$$

Leibniz vermerkt[3] stolz, daß sich viele berühmte Geister an diesem Problem ohne Erfolg versucht hätten. Er schreibt

$$\frac{dy}{dx} = -\frac{y}{\sqrt{a^2 - y^2}} \quad \Rightarrow \quad dx = -\frac{\sqrt{a^2 - y^2}}{y}\, dy,$$

---

[3]GOTHOFREDI GUILIELMI LEIBNITZII – Supplementum Geometriae Dimensioriae seugeneralissima omnium tetra gonismorum effectio per motum: Similiterque multiplex constructio linea ex data tangentium conditione, *Acta Eruditorum, Lipsiae, 385-392, 1693*

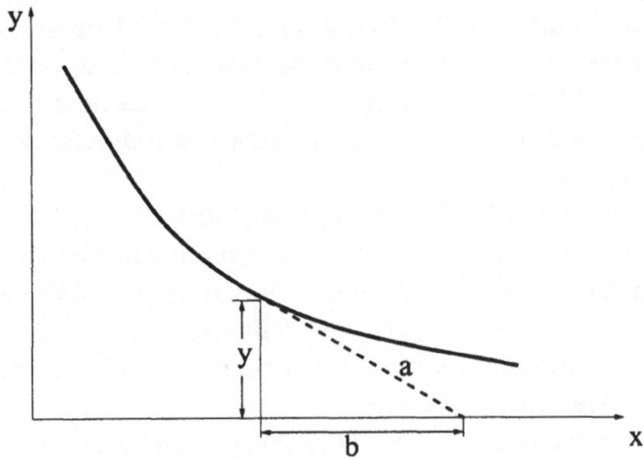

Bild 9.9: Leibnizens Idee zur Uhrenkurve

in dem er mit dx und dy rechnet wie mit reellen Zahlen und sagt, daß es *wohlbekannt* sei, daß aus dieser Integration ein Logarithmus folgt. Mit der Substitution $v := \sqrt{a^2 - y^2}$, also $a^2 - y^2 = v^2$, folgt $-y\, dy = v\, dv$ und damit

$$
\begin{aligned}
\int \frac{\sqrt{a^2 - y^2}}{y}\, dy \;&=\; \int \frac{\sqrt{a^2 - y^2}}{y^2}\, y\, dy = -\int \frac{v^2}{a^2 - v^2}\, dv \\[2mm]
&=\; \int \left(1 - \frac{a^2}{a^2 - v^2} \right) dv \\[2mm]
&=\; v - \frac{1}{2} a \int \left(\frac{1}{a+v} + \frac{1}{a-v} \right) dv \\[2mm]
&=\; v - \frac{1}{2} a \log \frac{a+v}{a-v} + c = v - a \log \frac{a+v}{\sqrt{a^2 - v^2}} + c \\[2mm]
&=\; \sqrt{a^2 - y^2} - a \log \frac{a + \sqrt{a^2 - y^2}}{y} + c,
\end{aligned}
$$

d.h

$$
x = -\int \frac{\sqrt{a^2 - y^2}}{y}\, dy + C = -\sqrt{a^2 - y^2} + a \log \frac{a - \sqrt{a^2 - y^2}}{y} + \check{C}.
$$

Diese Kurve nennt man Traktrix oder Schleppkurve. Eine solche Kurve beschreiben natürlich auch mürrische Hunde oder unwillige Mathematikstudenten, wenn man sie an einer Leine aus einer Position hinter sich her schleift, die nicht mit der eigenen Position auf einer Horizontalen liegt.

Leibniz erhielt seine Differentialgleichung für die Uhrbewegung, in dem er kleine, stückweise lineare Bewegungen der Uhr annahm. Wir werden in Form des Eulerschen Polygonzugverfahrens eine Methode zur numerischen Lösung von Differentialgleichungen kennenlernen, die Leibniz hier offenbar umgekehrt hat; d.h. er hat aus einer Polygonzugidee eine Differentialgleichung gemacht. Eine geometrische Deutung der Lösung einer Differentialgleichung, die bereits den BERNOULLIs geläufig war, erhält man direkt aus

$$y'(x) = f(x, y(x)),$$

denn jedem Punkt (x, y) wird offenbar eine Tangentensteigung y' angeheftet. Diese in der (x, y)-Ebene angehefteten Tangentenstückchen nennt man das **Richtungsfeld** der Differentialgleichung. Für die Gleichung $y' = y$ ist das Richtungsfeld und eine mögliche Lösung in Abbildung 9.10 gezeigt. Alle die Funktionen, die in das Richtungs-

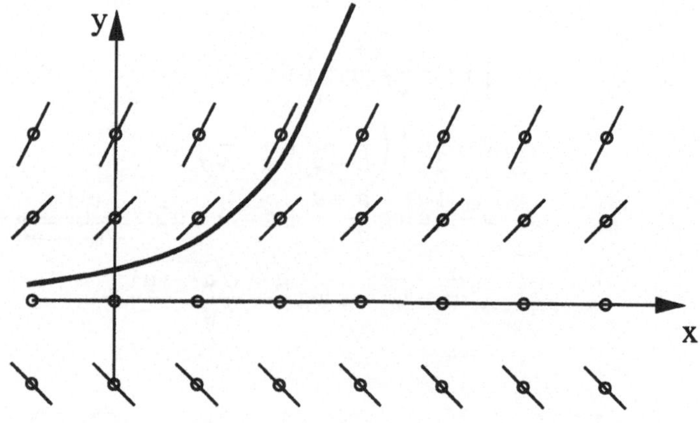

Bild 9.10: Richtungsfeld von $y' = y$

feld einer Differentialgleichung hineinpassen, kommen als Lösungen
in Frage, und häufig kann man Lösungen schon an Hand der Ski-
ze des Richtungsfeldes raten. Die Anfangsbedingung macht aus der
Schar der möglichen Lösungen eine eindeutig bestimmte, in dem ein
Punkt des Richtungsfeldes festgelegt wird, durch den die Lösung zu
verlaufen hat.

9.5 Einfache Typen

Liegt in einer Differentialgleichung erster Ordnung $y' = f(x, y)$ der
Fall $f(x, y) = u(x)v(y)$ vor, dann handelt es sich um eine Gleichung
mit trennbaren Veränderlichen. Hieran zeigt sich wieder die in-
tuitive Macht des Leibnizschen Kalküls, denn wenn man in

$$
\begin{aligned}
y' &= \frac{dy}{dx} = u(x)v(y) \\
y(x_0) &= y_0
\end{aligned}
$$

mit dx und dy so wie mit reellen Zahlen rechnet, dann kann man
die Veränderlichen x und y *trennen*, d.h. die Gleichung in die Form

$$
\frac{dy}{v(y)} = u(x)\, dx,
$$

bringen, wenn man nur $v(y) \neq 0$ für alle y in einer Umgebung von
y_0 verlangt. Dann folgt aber durch Integration sofort

$$
\int \frac{dy}{v(y)} = \int u(x)\, dx + C
$$

für die allgemeine Lösung, wobei man die Konstante C durch die
Anfangsbedingung bestimmen muß. Arbeitet man die Anfangsbedingung gleich ein, dann folgt die Lösung aus

$$
\int_{y_0}^{y} \frac{d\eta}{v(\eta)} = \int_{x_0}^{x} u(\xi)\, d\xi \tag{9.1}
$$

und Auflösen nach y.

Dieser elegenate Lösungsweg stammt – wie könnte es anders sein – von LEIBNIZ, der die Methode der Trennung der Veränderlichen im Jahr 1691 in einem Brief HUYGENS mitteilt. Da die Anfänger in unseren Analysiskursen darauf getrimmt werden, daß man mit den Differentialen dx und dy auf gar keinen Fall rechnen kann wie mit Zahlen, lohnt es sich wohl, die Methode der Trennung der Veränderlichen zu beweisen.

Satz 9.5.1 *Es sei* u *im Intervall* $I_x \subset \mathbf{R}$, *und* v *im Intervall* $I_y \subset \mathbf{R}$ *stetig und für die Anfangswerte gelte* $x_0 \in I_x, y_0 \in I_y$. *Weiterhin sei* y_0 *ein innerer Punkt von* I_y *und* $v(y_0) \neq 0$. *Dann gibt es eine Umgebung von* x_0, *in der das Anfangswertproblem*

$$y' = u(x)v(y)$$
$$y(x_0) = y_0$$

genau eine Lösung $x \mapsto y(x)$ *besitzt. Die Lösung folgt aus* (9.1) *durch Auflösen nach* y.

Beweis: Wir verwenden einen einfachen Satz, den wir nicht bewiesen haben: Ist Φ eine im Intervall $I \subset \mathbf{R}$ differenzierbare Funktion und gilt $\Phi'(x) \neq 0$ für alle $x \in I$, dann besitzt Φ eine differenzierbare Umkehrfunktion.

Wir nennen die linke Seite von (9.1) $G(y)$ und die rechte Seite $F(x)$. In einer Umgebung von y_0 gilt $v(y) \neq 0$. Also existiert $G(y)$ in dieser Umgebung und wegen $G' = 1/v \neq 0$ besitzt G eine Umkehrfunktion H. Aus (9.1), was sich in der Form $G(y) = H(x)$ schreibt, folgt wegen $y \equiv H(G(y))$ durch Auflösen nach y die Funktion

$$y(x) = H(F(x)).$$

Wir zeigen, daß $x \mapsto y(x)$ das Anfangswertproblem löst. Mit F und H ist auch $x \mapsto y(x)$ differenzierbar, und aus der Identität $G(y(x)) = F(x)$ folgt durch Differentiation

$$G'(y(x)) \cdot y'(x) = F'(x) = u(x).$$

Wegen $G' = 1/v$ genügt also y der Differentialgleichung

$$y'(x) = u(x) \cdot v(y(x)).$$

Ferner folgt aus $F(x_0) = 0$, $G(y_0) = 0$, $H(0) = y_0$, daß $y(x_0) = H(F(x_0)) = y_0$ ist. Damit ist gezeigt, daß $x \mapsto y(x)$ eine Lösung des Anfangswertproblems ist.

Um zu zeigen, daß $x \mapsto y(x)$ die einzige Lösung ist, sei $x \mapsto z(x)$ eine weitere Lösung. Solange $v(z) \neq 0$ bleibt, also sicher in einer Umgebung von x_0, gilt

$$\frac{z'(x)}{v(z(x))} = u(x).$$

Integration von x_0 bis x und Substitution $s = z(x)$ liefert

$$\int_{x_0}^{x} u(\xi)\, d\xi = \int_{x_0}^{x} \frac{z'(\xi)}{v(z(t))}\, dt = \int_{y_0}^{z(x)} \frac{d\eta}{v(\eta)}.$$

Diese Gleichung heißt aber gerade $F(x) = G(z(x))$, also $z(x) = H(F(x)) = y(x)$ und damit gibt es nur eine Lösung. ∎

Ein weiterer wichtiger Typ findet sich in Form der linearen Differentialgleichungen

$$y'(x) + a(x)y(x) = h(x).$$

Die Funktion $x \mapsto h(x)$ nennt man Inhomogenität. Im Fall $h \equiv 0$ nennt man die lineare Differentialgleichung homogen, ansonsten inhomogen.

Ist y_p eine ganz spezielle (partikuläre) Lösung der inhomogenen Gleichung und y_h die allgemeine Lösung der homogenen Gleichung $y'(x) + a(x)y(x) = 0$, dann lautet die allgemeine Lösung der inhomogenen Gleichung

$$y(x) = y_p(x) + y_h(x).$$

Setzt man diese Funktion nänmlich in die lineare Differentialgleichung ein, dann folgt

$$\begin{aligned}
h(x) &= y_p'(x) + y_h'(x) + a(x)y_p(x) + a(x)y_h(x) \\
&\Leftrightarrow \underbrace{y_h'(x) + a(x)y_h(x)}_{=0} + \underbrace{y_p'(x) + a(x)y_p(x)}_{\text{inhomogene Glg.}} = h(x).
\end{aligned}$$

Es sei nun eine lineare Differentialgleichung mit Anfangswert $y(x_0) = y_0$ gegeben. Die allgemeine Lösung y_h der homogenen Gleichung ist leicht zu bekommen, denn die ist stets durch Trennung der Veränderlichen lösbar, weil

$$\frac{dy}{y} = -a(x)\,dx$$

gilt. Integration liefert

$$y_h(t) = C \exp\left(-\int_{x_0}^{x} a(\xi)\,d\xi\right) = C e^{-\int_{x_0}^{x} a(\xi)\,d\xi} \qquad (9.2)$$

mit einer Integrationskonstanten C.

Der Trick zur Lösung der inhomogenen Gleichung geht auf JOSEPH LOUIS LAGRANGE (25.1.1736 - 10.4.1813) zurück. Er war bereits im zarten Alter von 15 Jahren (manche Autoren sagen 19 Jahren) Professor für Mathematik an der Königlichen Artillerieschule zu Turin, wo er mit Freunden die Turiner Akademie gründete. Im Jahr 1766 wurde er an die Preußische Akademie der Wissenschaften nach Berlin berufen, von wo aus er nach dem Tod Friedrichs des Großen nach Paris ging. Dort wurde er 1797 Professor an der École Poytechnique. Lagrange hat wichtige Beiträge zur Analysis geleistet, unter anderem zur Theorie der Differenti-

Bild 9.11: Lagrange

algleichungen, aber auch in der Wahrscheinlichkeitsrechnung. In der Numerik sind die nach ihm benannten Basispolynome zur Interpolation bekannt.

Lagranges Idee zur Lösung der inhomogenen Gleichung nennt man Variation der Konstanten. Dabei nimmt er an, die Integrationskonstante C in der allgemeinen homogenen Lösung (9.2) sei gar nicht konstant, sondern von x abhängig! Wird der Ansatz

$$y_p(x) := C(x) e^{-\int_{x_0}^{x} a(\xi)\,d\xi}$$

nämlich in die Differentialgleichung eingesetzt, dann folgt nach der Produktregel (und Anwendung des Hauptsatzes) $y_p'(x) = C(x)\left(-a(x)e^{-\int_{x_0}^x a(\xi)\,d\xi}\right) + C'(x)e^{-\int_{x_0}^x a(\xi)\,d\xi}$ und damit

$$C'(x)e^{-\int_{x_0}^x a(\xi)\,d\xi} - a(x)y_p(x) + a(x)y_p(x) = h(x).$$

An dieser Stelle muß sich das Produkt $a(x)y_p(x)$ herausheben. Es bleibt eine Bestimmungsgleichung für $C(x)$, nämlich

$$C'(x) = h(x)e^{-\int_{x_0}^x a(\xi)\,d\xi}.$$

Durch Integration erhält man

$$C(x) = \int_{x_0}^x h(\xi)e^{-\int_{x_0}^\xi a(\zeta)\,d\zeta}\,d\xi.$$

Betrachten wir als einfaches Beispiel das lineare inhomogene Anfangswertproblem

$$\begin{aligned} y' + y &= x \\ y(0) &= 1. \end{aligned}$$

Die allgemeine Lösung der homogenen Gleichung $y' + y = 0$ ist $y_h(x) = Ce^{-x}$. Für die Variation der Konstanten nehmen wir $y(x) = C(x)e^{-x}$ an und erhalten nach der Produktregel $y'(x) = C'(x)e^{-x} - C(x)e^{-x}$. Einsetzen in die Differentialgleichung liefert

$$\overbrace{C'(x)e^{-x} - C(x)e^{-x}}^{y'} + \overbrace{C(x)e^{-x}}^{y} = x,$$

also eine Gleichung für C', nämlich

$$C'(x)e^{-x} = x \quad \Rightarrow \quad C'(x) = xe^x.$$

Führt man nun die partielle Integration durch, ergibt sich

$$C(x) = \int xe^x\,dx = xe^x - \int e^x\,dx = e^x(x-1) + c$$

und damit folgt

$$y(x) = C(x)e^{-x} = (x-1) + ce^{-x}$$

als allgemeine Lösung des inhomogenen Problems. Zur Erfüllung der Anfangsbedingung muß $y(0) = -1 + c = 1$ gelten, was auf $c = 2$ führt. Damit ist

$$y(x) = (x-1) + 2e^{-x}$$

spezielle Lösung des Anfangswertproblems.

9.6 Numerische Methoden

Wir betrachten das Anfangswertproblem

$$\begin{aligned} y' &= f(x,y) \\ y(x_0) &= y_0 \end{aligned}$$

für eine gewöhnliche Differentialgleichung erster Ordnung. Gesucht ist die Lösung y an der Stelle $x_n > x_0$, wobei wir annehmen, daß wir die exakte Lösung nicht kennen. Diese Annahme ist für die allermeisten Differentialgleichungen gerechtfertigt, denn geschlossenen Lösungen sind nur in ganz wenigen Fällen bekannt.

Zur Konstruktion einer numerischen Methode zerlegt man das Intervall $[x_0, x_n]$ durch

$$x_k := x_0 + k\frac{x_n - x_0}{n}, \quad k = 1, \dots, n-1$$

in n gleiche Teilintervalle der Länge $h := \frac{x_n - x_0}{n}$. Um von x_k nach $x_{k+1} = x_k + h$ zu gelangen, kann man z.B. eine Taylorreihe verwenden. Wegen

$$y(x_k + h) = y(x_k) + hf(x_k, y(x_k)) + \mathcal{O}(h^2)$$

gilt in erster Näherung

$$Y(x_k + h) = Y(x_k) + hf(x_k, Y(x_k)),$$

wobei Y als Näherung für y eingeführt wurde. Die letzte Gleichung ist aber die Gleichung einer Geraden durch x_k mit der Steigung $Y'(x_k) := f(x_k, Y(x_k))$. Betrachtet man jetzt den auf Euler zurückgehenden Algorithmus

$$h := \frac{x_n - x_0}{n};$$
$$Y_0 := y(x_0);$$
$$\text{für } (k = 0, 1, 2, 3, \ldots, n-1)$$
$$x_{k+1} := x_0 + (k+1)h;$$
$$Y_{k+1} := Y_k + hf(x_k, Y_k);$$

dann ist Y_n offenbar eine Näherung an $y(x_n)$, die durch einander angehängte Geradenstückchen, also einen Polygonzug, entstanden ist. Daher nennt man diesen Algorithmus nach LEONHARD EULER Eulersche Polygonzugmethode.

Diese Methode spielt *in praxi vitae* keine Rolle, da ihr Fehler sehr groß ist. Schließlich habe wir bereits nach dem linearen Term (in h) angebrochen, so daß man von einer Methode erster Ordnung spricht.

Zur Illustration betrachten wir das Beispiel

$$y' = y$$
$$y(0) = 1$$

auf dem Intervall $[0, 5]$ und verwenden das folgende kleine C++-Programm.

```cpp
#include<fstream.h>
#include<iostream.h>
#include<math.h>


// Polygonzugmethode fuer y'=y, y(0)=1, auf [0,1]

double f(double x, double y);

void main(void)
{
    double  h, x_n,x_0,y_0;
```

```cpp
  double  xneu, yneu;
  double  x,y;
  int     n;

  ofstream AusP("Polygonzug");
  ofstream AusE("Exp(x)-Polygon");

  cout << "Teilintervalle n ---> ";
  cin >> n;

  x_n = 5.0;
  x_0 = 0.0;
  y_0 = 1.0;
  AusP << x_0 << " " << y_0 << endl;
  AusE << x_0 << " " << exp(x_0) << endl;

  h = (x_n-x_0)/(double)n;
  x = x_0;
  y = y_0;

  for(int k=0; k<n; k++)
  {
    xneu = x_0 + (double)(k+1)*h;
    yneu = y + h*f(x,y);
    x = xneu;
    y = yneu;
    AusP << x << " " << y << endl;
    AusE << x << " " << exp(x) << endl;
  }
}


// Implementierung fon f(x,y)=y

double f(double x, double y)
{
  return y;
}
```

Abbildung 9.12 zeigt den Polygonzug der Eulerschen Methode
im Fall von $n = 5$ Teilintervallen und im Vergleich dazu denjenigen

Polygonzug der entsteht, wenn man an den Intervallgrenzen jeweils die wahre Lösung $y(x) = \exp(x)$ auswertet. Die Diskrepanz ab $x = 2$ ist wirklich bedenklich. Bei der Verwendung von $n = 100$ Teilin-

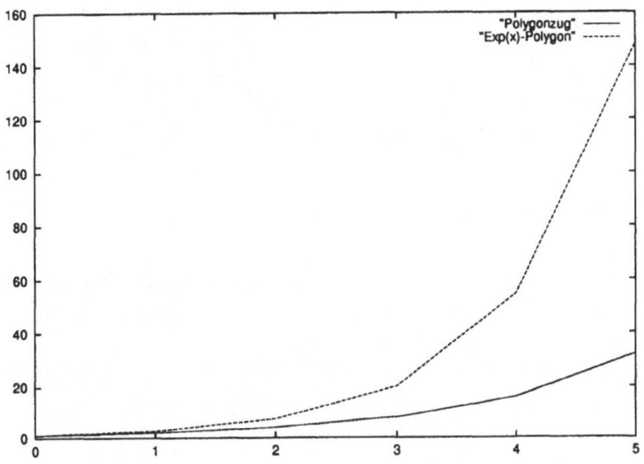

Bild 9.12: Polygonzugmethode für $n = 5$

tervallen sieht das Ergebnis bereits besser aus, wie in Abbildung 9.13 dargestellt ist. Allerdings möchte man für so harmlose Beispiele wie unseren Testfall keine solch kleinen Schritte machen müssen. Die Bedeutung der Polygonzugmethode liegt eher auf dem Gebiet der Verallgemeinerbarkeit und in der Tat lassen sich aus ihr viele praktisch wichtige Verfahren, wie etwa Runge-Kutta-Methoden, entwickeln, siehe [24].

Wir haben das Polygonzugverfahren aus einer abgebrochenen Taylor-Reihe gewonnen. Es gibt allerdings noch (mindestens) zwei andere Interpretationen, die ebenfalls aus dem Kern der Analysis erwachsen. Zum einen kann man das Polygonzugverfahren noch als numerische Differentiation betrachten, in dem man die Ableitung y' ersetzt durch den Differenzenquotienten $(Y_{k+1} - Y_k)/h$, was

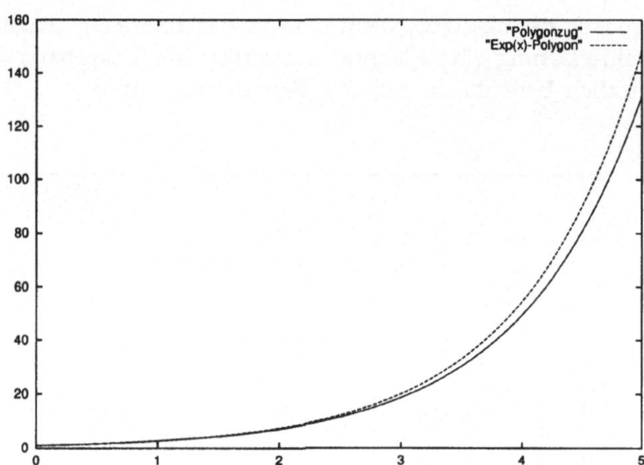

Bild 9.13: Polygonzugmethode für $n = 100$

auf

$$\frac{Y_{k+1} - Y_k}{h} = f(x_k, Y_k)$$

führt. Zum anderen kann man die Differentialgleichung aber auch über $[x_k, x_{k+1}]$ integrieren, so daß

$$y(x_{k+1}) - y(x_k) = \int_{x_k}^{x_{k+1}} f(\xi, y(\xi)) \, d\xi$$

folgt. Nun kann man das Integral mit Hilfe einer Quadraturregel diskretisieren. Nimmt man eine sehr einfache Rechteckregel, d.h. $\int_a^b f(x) \, dx \approx f(a)(b - a)$, dann erhält man wieder das Eulersche Polygonzugverfahren.

9.7   Leonhard Euler

Man hat LEONHARD EULER (15.4.1707 - 18.9.1783) die *Sonne aller Mathematiker des 18. Jahrhunderts* genannt, oder auch *fleischge-*

wordene Analysis. Niemand hat die Grenzen der Analysis so weit hinausgeschoben wie er. Es gibt kaum ein Gebiet der Analysis, auf dem er nicht forschend und schöpferisch tätig war.

Gleichzeitig hat er pädagogisch und didaktisch hervorragende Lehrbücher geschrieben, die noch Generationen nach seinem Tod die Grundlage des universitären Lehrens und Lernens darstellten. Noch heute kann man Nachdrucke Eulerscher Bücher kaufen, wie etwa die *Introductio in Analysin Infinitorum*, [14]. Im ersten Band des Analysis-Buches von Königsberger (Springer-Verlag) wird dieses Eulersche Lehrbuch als Klassiker empfohlen und Königsberger schreibt: *Dieses Buch ist eines der ersten und schönsten Lehrbücher der Analysis.*

Bild 9.14: Leonhard Euler

Dem kann ich mich an dieser Stelle nur anschließen. *Lest Euler, lest Euler, er ist unser aller Meister!*, soll der große LAPLACE seinen Studenten geraten haben und *Gauß* stellt lapidar fest: *Das Studium der Werke Eulers bleibt die beste Schule in den verschiedenen Gebieten der Mathematik und kann durch nichts anderes ersetzt werden.*

Am 15.4.1707 wird er in Basel als Sohn eines Pfarrers geboren. Die Familie zieht in das Pfarrhaus von Riehen, halberwegs zwischen Basel und Lörrach gelegen, als der kleine Leonhard etwa anderthalb Jahre alt ist. Der vom Vater unterrichtete Knabe besitzt bereits ein erstes mathematisches Lehbuch – die *Coss* – die von MICHAEL STIFEL 1553 besorgte Ausgabe der aus dem Jahre 1525 stammenden *Algebra* von CHRISTOFF RUDOLPH; nicht ganz leichte Kost für ein

Kind! Im achten Lebensjahr muß Leonhard in die Lateinschule nach Basel, die sich aber (wissenschaftlich gesehen) in einem erbärmlichen Zustand befindet. Daher engagiert der Vater den Theologen Johannes Burckhardt als Privatlehrer, der selbst ein begeisterter Mathematiker ist. Da Paulus Euler, Leonhards Vater, bei JAKOB BERNOULLI studiert hatte und großes Interesse an der Mathematik besaß, ist der mathematische Einfluß auf den jungen Euler nicht zu hoch einzuschätzen. Durch die Bekanntschaft des Vaters mit den Bernoullis wurde Leonhard Schüler Johanns, der Euler gemeinsam mit seinen Söhnen Niklaus und DANIEL BERNOULLI unterrichtete. Da Euler zudem großes Talent zeigte, verzichtete der Vater auf den Wunsch nach einer Theologenlaufbahn für seinen Sohn und ließ ihm die Freiheit, sich der Mathematik und Physik zuzuwenden. Im Jahr 1724 erhielt Euler die Würde eines Magisters der Philosophie und im Alter von 19 Jahren bewarb er sich mit einer Dissertation über die Natur des Schalls um eine Professur für Physik an der Universität Basel. Wegen seines jugendlichen Alters wurde er jedoch abgelehnt.

Der inzwischen sehr gut mit Euler befreundete Daniel Bernoulli schrieb ihm seinerzeit aus St. Petersburg, wohin er mit seinem Bruder Niklaus einem Ruf an die durch Zar Peter I. 1724 gegründete Petersburger Akademie folgte, daß dort demnächst eine Professur für Anatomie frei werden würde. Daher wandte sich Euler anatomischen Studium zu und reiste 1727 über Hamburg und Lübeck nach St. Petersburg. Dort erhielt er 1730 eine Professur für Physik, 1733 die Professur seines Freundes Daniel, der aus gesundheitlichen Gründen nach Basel zurückkehren mußte. In diesem Jahr heiratete Euler auch die in St. Petersburg lebende Schweizerin Katharina Gsell, mit der er 13 Kinder hatte, von denen nur 5 längere Zeit am Leben blieben.

In die Zeit von 1727 bis 1747 fällt Eulers erste große Schaffensperiode. Neben der Mathematik entwickelt er sich auch auf den Gebieten der Astronomie, Mechanik, Optik, Schiffbau, Artilleriewesen und Kartographie zu einem wissenschaftlichen Giganten. Zahlreiche Bücher werden verfaßt sowie eine Fülle von Aufsätzen.

Durch seine kartographischen Arbeiten fällt er dem Geographischen Departement auf, das ihn 1735 als Mitarbeiter gewinnt, um die unerforschten Weiten Rußlands zu kartographieren. Vermutlich hat er sich 1735 durch das intensive Studium von Karten eine schwere, durch Überanstrengung hervorgerufene, Krankheit zugezogen, die zum Verlust des rechten Auges führte. Im Jahr 1736 erscheint Eulers bahnbrechendes Buch *Mechanica sive motus scientia analytice exposita* (Mechanik oder die Wissenschaft von der Bewegung analytisch vor Augen geführt), in dem erstmalig die Newtonsche Punktmechanik ganz auf Basis der Differential- und Integralrechnung aufgebaut ist. Hier bilden nun Differentialgleichungen in der LEIBNIZschen Schreibweise die der Physik zugrundeliegenden Modelle.

Durch die politischen Unsicherheiten nach dem Tod der Zarin Anna 1740 bedingt nimmt Euler 1741 einen Ruf an die Berliner Akademie an, wo er 1744 zum Direktor der mathematischen Klasse avanciert. König Friedrich II., der durch die Akademie an Ansehen gewinnen wollte, hatte jedoch nie Verständnis für die Forschungen seines Mathematikers, den er lieber mit der Berechnung von Witwenkassen und Lotteriespielstrategien beschäftigte. Trotzdem blieb Euler 26 Jahre lang in Berlin und hat dort ohne Zweifel seine zweite große Schaffensperiode. Hier entstehen die mathematischen Werke, die Eulers Ruf in der Analysis begründen. Im Jahr 1744 erscheint *Methodus inveniendi lineas curvas maximi minimive proprietate gaudentes*, ein Meilenstein in der Theorie der Variationsrechnung, 1748 die *Introductio in analysin infinitorum* in zwei Bänden, 1755 die *Institutiones calculi differentialis* und von 1768 bis 1770 drei Bände der *Institutiones calculi integralis*.

Euler führt die Schreibweise $f(x)$ für eine Funktion ein , schreibt π für die Kreiszahl, $i = \sqrt{-1}$ für die imaginäre Einheit und e für die heute nach ihm benannte Eulersche Zahl.

Euler schreibt über Ballistik, 1756 über die Theorie der Wasserturbinen und 1761 entsteht eine Theorie der achromatischen Linsen. Bis ins 19.Jahrhundert hinein bleibt sein 1744 erschienenes Buch *Theoria montuum planetarum et cometarum* ein für die Astronomie maßgebliches Werk. Der auch an Theologie und Philosophie stark interesserte Euler legt mit *Briefe an eine deutsche Prinzessin* auch ein philosophisches Werk vor, in dem sich auch populäre Darstellungen der Physik finden.

Um 1765 betreibt Euler verstärkt seine Entlassung aus Berliner

Diensten, da die Spannungen mit seinem König unerträglich werden. Er folgt 1766 einem Ruf der Zarin Kathatrina II. und kehrt an die Petersburger Akademie zurück. Im gleichen Jahr erblindet auch sein anderes Auge. Trotzdem setzt er seine Arbeiten, begünstigt durch ein glänzendes Gedächtnis, ohne Produktivitätsverlust weiter fort. Im Jahr 1770 erscheint Eulers Lehrbuch zur Algebra, die *Vollständige Anleitung zur Algebra*. Dieses Buch hat Euler einem ehemaligen Schneider diktiert und den Text erst dann unverändert gelassen, nach dem der Schneider ihn verstanden hatte. Weiterhin beschäftigt er sich mit Hydrodynamik, Kreiseln und schreibt ein dreibändiges Werk *Dioptrik*. Im Jahr 1773 verliert er seine Frau und geht eine Ehe mit ihrer Halbschwester ein; wohl in der Hauptsache aus der Angst, im Alter allein zu sein.

Am 18. September 1783 stirbt Euler in St. Petersburg. Am Morgen erteilt er wie gewohnt einem Enkel Unterricht und diskutiert beim Mittagessen mit seinen Assistenten astronomische Beobachtungen. Gegen fünf Uhr spielt er ein wenig mit seinem Enkel, nimmt einen Tee zu sich und raucht, auf dem Sofa sitzend, eine Pfeife, die ihm plötzlich aus der Hand fällt. Euler soll *Meine Pfeife!* gerufen haben und versucht haben, sie aufzuheben, was ihm nicht gelang. Dann faßte er mit beiden Händen seinen Kopf, rief: *Ich sterbe!*, fiel in Ohnmacht, und verstarb kurze Zeit später. Euler hatte aufgehört zu rechnen.

Literaturverzeichnis

[1] R. ANSORGE, H.J. OBERLE – Mathematik für Ingenieure I.
Akademie Verlag, 1997

[2] ARCHIMEDES – Werke.
Wissenschaftliche Buchgesellschaft, Darmstadt, 1972

[3] W.W. ROUSE BALL – A Short Account of the History of Mathematics.
Dover Publications, 1960

[4] M.E. BARON – The Origins of the Infinitesimal Calculus.
Pergamon Press, 1969

[5] P. BECKMANN – A History of π.
St. Martin's Press, New York, 1971

[6] E.T. BELL – Men of Mathematics.
Simon & Schuster, New York, 1965

[7] A. BEUTELSPACHER – In Mathe war ich immer schlecht...
Vieweg, 1996

[8] H.-G. BIGALKE – Heinrich Heesch: Kristallgeometrie, Parkettierungen, Vierfarbenforschungen.
Birkhäuser Verlag, 1988

[9] R. BÖLLING (HRSG.) – Das Fotoalbum für Weierstraß.
Vieweg, 1994

[10] J. CUMMINS – Francis Drake.
Phoenix Giant, 1997

[11] SIR F. DRAKE – Pirat im Dienst der Queen.
Wissenschaftliche Buchgesellschaft, Darmstadt, 1998

[12] C.H. EDWARDS, JR. – The Historical Development of the Calculus.
Springer Verlag, 1982

[13] EUKLID – Die Elemente. Buch I-XIII.
Wissenschaftliche Buchgesellschaft, Darmstadt, 1980

[14] L. EULER – Einleitung in die Analysis des Unendlichen.
Springer Verlag, 1983

[15] E.A. FELLMANN – Leonhard Euler.
(rororo monographie 1995)

[16] R. FINSTER, G. VAN DEN HEUVEL – Gottfried Wilhelm Leibniz.
(rororo monographie, 1990)

[17] J.O. FLECKENSTEIN – Der Prioritätsstreit zwischen Newton und Leibniz.
Birkhäuser Verlag, Basel, El. Math. Beiheft Nr.12, 1977

[18] O. FORSTER – Analysis I.
Vieweg, Grundkurs Mathematik, 5. Aufl. 1999

[19] W. GERLACH, M. LIST – Johannes Kepler.
Piper Verlag, München, Zürich, 1987

[20] G. A. GIBSON – Napier and the Invention of Logarithms.
in: Handbook of the Napier Tercentenary Celebration or Modern Instruments and Methods of Calculations, Edited by E.M. Horsburgh; Reprint der bei G. Bell and Sons, Ltd. and the Royal Society of Edinburgh gedruckten Originalausgabe von 1914, Tomasch Publishers, Los Angeles, San Francisco, 1982

[21] H.H. GOLDSTINE – A History of Numerical Analysis from the 16th Through the 19th Century.
Springer Verlag, 1977

[22] H.H. GOLDSTINE – The Computer from Pascal to von Neumann.
Princeton University Press, 1972

[23] M. GRAEF (Herausgeber) – 350 Jahre Rechenmaschinen.
(Carl Hanser Verlag, München, 1973)

[24] E. HAIRER, S.P. NØRSETT, G. WANNER – Solving Ordinary
Differential Equations I (Nonstiff Problems).
Springer Verlag, 1987

[25] E. HAIRER, G. WANNER – Analysis by Its History.
Springer Verlag, Undergraduate Texts in Mathematics, 1996

[26] N. HENZE – Stochastik für Einsteiger.
Vieweg, 1999

[27] K. HOFFMANN – J. Robert Oppenheimer: Schöpfer der ersten
Atombombe.
Springer Verlag, 1995

[28] A. HYMAN – Charles Babbage, 1791-1871.
Klett-Cotta, 1987

[29] F. KLEIN – Vorlesungen über die Entwicklung der Mathematik
im 19.Jahrhundert.
Springer Verlag, 1979

[30] M. KLINE – Mathematics in the Western Culture.
Penguin Books, 1987

[31] K. KNOPP – Theorie und Anwendung der unendlichen Reihen.
Springer Verlag, Grundlehren der mathematischen Wissenschaften, 1964

[32] N. MACRAE – John von Neumann.
Birkhäuser Verlag, 1994

[33] H. MESCHKOWSKI – Problemgeschichte der Mathematik I.
BI Wissenschaftsverlag, 1979

[34] H. MESCHKOWSKI – Problemgeschichte der Mathematik II.
BI Wissenschaftsverlag, 1981

[35] H. MESCHKOWSKI – Problemgeschichte der neueren Mathematik.
BI Wissenschaftsverlag, 1978

[36] H. MESCHKOWSKI – Mathematiker-Lexikon.
BI Wissenschaftsverlag, 1973

[37] H. MESCHKOWSKI – Denkweisen großer Mathematiker. Ein Weg in die Geschichte der Mathematik.
Vieweg 1990

[38] I. NEWTON – Mathematische Prinzipien der Naturlehre.
Wissenschaftliche Buchgesellschaft, Darmstadt, 1963

[39] E. OESER – Kepler - Die Entstehung der modernen Wissenschaft.
Musterschmidt Verlag, Göttingen, 1971

[40] R. OSSERMAN – Geometrie des Universums. Von der Göttlichen Komödie zu Riemann und Einstein.
Vieweg, 1997

[41] J. PIEPER – Scholastik: Gestalten und Probleme der mittelalterlichen Philosophie.
Kösel Verlag, 1960

[42] SIR W. RALEIGH – Gold aus Guyana-Die Suche nach Eldorado.
Edition Erdmann, 1988

[43] E. REGIS – Einstein, Gödel & Co.
Birkhäuser Verlag, 1989

[44] R. RHODES – The Making of the Atomic Bomb.
Penguin, 1988

[45] J. W. SHIRLEY – Thomas Harriot.
Clarendon Press, Oxford, 1983

[46] S. SINGH – Fermats letzter Satz.
      Carl Hanser Verlag, 1998

[47] D.E. SMITH – A Source Book in Mathematics.
      Dover Publications, 1959

[48] D. SOBEL – Längengrad.
      btb Taschenbuch, 1996

[49] B. SUTTER – Der Hexenprozeß gegen Katharina Kepler.
      Kepler-Gesellschaft Weil der Stadt, 1984

[50] I. SZABÓ – Geschichte der mechanischen Prinzipien.
      Birkhäuser Verlag, 1977

[51] F. WILLE – Humor in der Mathematik.
      Vandenhoeck & Ruprecht, 1984

[52] H. WUSSING, W. ARNOLD – Biographien bedeutender Mathe-
      matiker.
      Aulis Verlag Deubner & Co KG, 1978

Bildnachweis

Abbildung 1 stammt aus [51]. Die Abbildungen 2.1, 2.3, 2.6, 2.10, 2.12, 2.14, 2.17, 2.18, 2.19, 3.1, 4.1, 4.3, 4.4, 4.5, 4.6, 4.7, 5.3, 5.4, 5.5, 5.9, 6.13, 6.14, 6.15, 7.4, 7.5, 7.6, 7.13, 7.14 sind sämtlich [52] entnommen. Die Bilder 7.3, 7.8 und 7.9 findet man unter http://mmbc.bc.ca/ source/ schoolnet/ exploration/ images/ boatchart/ goldenhind.jpg, http:// www.luminarium.org/ renlit/ hariotpic.htm und http:// lonestar.texas.net/ alandp/ popwip/ people/ swr.htm. Abbildungen 5.1 und 5.2 stammen aus [39], 6.7, 6.16 und 9.1 aus [50]. Die Bilder 7.10, 7.11, 7.12, 7.15, 7.16 und 9.2 stammen aus [23], Abbildungen 7.1 und 7.2 sind dem Jugendbuch *Die Seeräuber* aus der was-ist-was-Reihe des Tesloff-Verlags entnommen, 7.17 und 7.19 kommen aus [28], 7.18 aus [22] und 7.20, 7.21 aus [32]. Bilder 9.3, 9.4, 9.5 und 9.6 sind aus [16], Bild 9.14 stammt aus [15] und 9.11

ist aus [36]. Für das Photo 7.7 danke ich Herrn Prof. Dr. Gerald Warnecke, Magdeburg.

Insbesondere danken möchte ich den Autoren des wunderbaren Werkes [52], den Herren Wußing und Arnold, für ihre freundliche Unterstützung.

Index